Studien

über die

Reduction der Potentialgleichung

auf

gewöhnliche Differentialgleichungen.

Studien

über die

Reduction der Potentialgleichung

auf

gewöhnliche Differentialgleichungen.

Ein Anhang

zu Heine's Handbuch der Kugelfunctionen.

Von

Dr. **Emil Haentzschel,**

Oberlehrer an der III. Realschule zu Berlin.

Berlin.

Druck und Verlag von Georg Reimer.

1893.

Seinem Hochverehrten Lehrer

Herrn Professor Dr. A. Wangerin

in tiefster Dankbarkeit

zugeeignet

vom

Verfasser.

Vorwort.

Indem ich die folgenden Studien veröffentliche, glaube ich der mathematischen Physik zu nützen. Die ersten vier Aufsätze sind die weitere Ausführung von Gedanken, zu denen ich die Anregung durch das Studium der Wangerinschen Preisschrift erhalten habe; der fünfte und sechste Aufsatz lehnen sich namentlich an den vierten an. Den Herren Professoren Dr. E. Lampe, d. Z. Rector der technischen Hochschule zu Berlin, und Dr. A. Wangerin an der Universität zu Halle sage ich meinen besten Dank für die Förderung, die sie der Arbeit haben zu Theil werden lassen.

Berlin, den 21. August 1892.

E. Haentzschel.

Erster Theil.

Aufstellung der gewöhnlichen Differentialgleichungen.

§ 1.

Ist ein Körper gegeben, für dessen inneren oder äusseren Raum die Potentialgleichung

$$(1)\qquad \frac{\partial^2 V}{\partial x^2}+\frac{\partial^2 V}{\partial y^2}+\frac{\partial^2 V}{\partial z^2}=0$$

stattfindet, so suche man ein System krummliniger Coordinaten von der Beschaffenheit, dass die den Körper begrenzende Fläche in einer der drei sich rechtwinklig schneidenden Flächenscharen enthalten ist.

Liegt insbesondere ein Rotationskörper vor und sind t und u die krummlinigen Coordinaten zweier orthogonalen Curvenscharen in der Meridianebene eines solchen, so wähle man den Winkel ϑ, welchen eine beliebige Meridianebene mit einer festen bildet, als dritte Coordinate. Die x-Achse sei Rotationsachse. Alsdann stellen sich die rechtwinkligen Coordinaten eines Punktes, durch t, u und ϑ ausgedrückt, folgendermassen dar:

$$(2)\qquad x=F_1(t,u),\quad y=r\cos\vartheta,\quad z=r\sin\vartheta,\quad r=F_2(t,u).$$

Die Bedingung der Orthogonalität ist:

$$(3)\qquad \frac{\partial x}{\partial t}\frac{\partial x}{\partial u}+\frac{\partial r}{\partial t}\frac{\partial r}{\partial u}=0.$$

Wird (1) auf die Coordinaten x, r, ϑ transformirt, so ergiebt sich:

$$(4)\qquad \frac{\partial^2 V}{\partial x^2}+\frac{\partial^2 V}{\partial r^2}+\frac{1}{r}\frac{\partial V}{\partial r}+\frac{1}{r^2}\frac{\partial^2 V}{\partial \vartheta^2}=0.$$

Entwickelt man die Potentialfunction V in eine trigonometrische Reihe und setzt:

$$(5)\qquad V = \sum_{m=0}^{\infty} W_m(a_m \sin(m\vartheta) + b_m \cos(m\vartheta)),$$

so genügt W_m der Differentialgleichung:

$$(6)\qquad \frac{\partial^2 W}{\partial x^2} + \frac{\partial^2 W}{\partial r^2} + \frac{1}{r}\frac{\partial W}{\partial r} - \frac{m^2}{r^2} W = 0.$$

Mit Poisson[1]) schreibe man:

$$(7)\qquad W = \frac{1}{\sqrt{r}} v,$$

so entsteht:

$$(8)\qquad \frac{\partial^2 v}{\partial x^2} + \frac{\partial^2 v}{\partial r^2} - \frac{1}{r^2}\left(m^2 - \frac{1}{4}\right) v = 0.$$

Durch die Substitutionen:

$$(9)\qquad x + ir = \varrho = F(t+iu);\; x - ir = \varrho_1 = F_1(t-iu),$$

wo F_1 die conjugirt imaginäre Function zu F ist, geht (8) über in:

$$(10)\qquad \frac{\partial^2 v}{\partial\varrho\,\partial\varrho_1} + \left(m^2 - \frac{1}{4}\right) . \frac{v}{(\varrho - \varrho_1)^2} = 0.$$

Dabei ist freilich in (9) eine passende Wahl der krummlinigen Coordinaten t und u vorausgesetzt, um einen derartigen Zusammenhang mit x und r zu erhalten. Dass ein solcher stets möglich ist, hat Herr Wangerin[2]) gezeigt.

Nimmt man in (10) $(t+iu)$ bez. $(t-iu)$ zu Unabhängigen, so erhält man:

$$(11)\qquad \frac{\partial^2 v}{\partial(t+iu)\,\partial(t-iu)} + \left(m^2 - \frac{1}{4}\right)\frac{F'(t+iu) . F_1'(t-iu)}{[F(t+iu) - F_1(t-iu)]^2} \cdot v = 0.$$

Mit Herrn Wangerin knüpfe man an diese Gleichung die Bedingung:

$$(12)\qquad v = P(2t) . Q(2iu),$$

so wird:

$$(13)\qquad \frac{P''}{P} - \frac{Q''}{Q} = -\left(m^2 - \frac{1}{4}\right) \frac{F'(t+iu) . F_1'(t-iu)}{[F(t+iu) - F_1(t-iu)]^2}$$

---

[1]) Poisson, Mémoire sur l'intégration des équations linéaires aux différences partielles. Journal de l'Ecole Polytechnique. 19. Heft. Bd. 12. 1823.

[2]) Wangerin, Ueber die Reduction der Gleichung $\frac{\partial^2 V}{\partial x^2} + \frac{\partial^2 V}{\partial y^2} + \frac{\partial^2 V}{\partial z^2} = 0$ auf gewöhnliche Differentialgleichungen. Monatsberichte der Kgl. Akademie der Wissenschaften zu Berlin. 21. Febr. 1878.

und man erkennt sofort, dass die Functionen P und Q dann und nur dann durch gewöhnliche Differentialgleichungen zweiter Ordnung definirt werden, wenn die Gleichung stattfindet:

$$(14)\quad \begin{cases} -\left(m^2-\frac{1}{4}\right)\frac{F'(t+iu).F_1'(t-iu)}{[F(t+iu)-F_1(t-iu)]^2} \\ \quad =\left(m^2-\frac{1}{4}\right)\{\mu(2t)-\mu_1(2iu)\}. \end{cases}$$

Zur Bestimmung von $F(t+iu)$ differenzirt Herr Wangerin die Gleichung (14) zuerst nach t, dann nach u und erhält:

$$(15)\quad \begin{cases} \frac{F'''(t+iu)}{F'(t+iu)}-\frac{F_1'''(t-iu)}{F_1'(t-iu)}-6\frac{[F''(t+iu)+F_1''(t-iu)]}{[F(t+iu)-F_1(t-iu)]} \\ \quad +6\frac{[F'^2(t+iu)-F_1'^2(t-iu)]}{[F(t+iu)-F_1(t-iu)]^2}=0. \end{cases}$$

Substituirt man:

$$(16)\qquad t+iu=\xi,\ t-iu=\eta,$$

differenzirt dreimal nach ξ und eliminirt die Differentialquotienten von $F_1(\eta)$, so geht, wenn zur Abkürzung:

$$(17)\qquad \frac{d}{d\xi}\left(\frac{F'''\xi}{F'\xi}\right)=Z$$

gesetzt wird, die Differentialgleichung hervor:

$$(18)\quad \frac{d^2Z}{d\xi^2}-3\frac{F''(\xi)}{F'(\xi)}\frac{dZ}{d\xi}+\left[3\left(\frac{F''(\xi)}{F'(\xi)}\right)^2-\frac{F'''(\xi)}{F'(\xi)}\right]Z=0,$$

deren allgemeines Integral lautet:

$$(19)\qquad Z=12AF(\xi)F'(\xi)+12BF'(\xi).$$

Aus (17) folgt daher für die Function $F(t+iu)$ die Bestimmungsgleichung:

$$(20)\quad F'^2(\xi)=AF^4(\xi)+4BF^3(\xi)+6CF^2(\xi)+4B'F(\xi)+A'.$$

Dieser Differentialgleichung genügt jede elliptische Function zweiten Grades von ξ. Ihr Integral wird nach den von Herrn Weierstrass in seinen Vorlesungen gegebenen Formeln dargestellt durch:

$$(21)\qquad F(\xi)=a+\frac{\frac{1}{4}R'(a)}{\wp(\xi-\xi_0)-\frac{1}{24}R''(a)},$$

wo a irgend eine Wurzel der Gleichung:

$$(22) \qquad R(x) = Ax^4 + 4Bx^3 + 6Cx^2 + 4B'x + A' = 0$$

ist. A, B, C, A', B' und ξ_0 sind willkürliche, durch die Rechnung eingeführte Integrationsconstanten. Es werde weiter vorausgesetzt, dass die Invarianten

$$g_2 = AA' + 3C^2 - 4BB'$$

und

$$g_3 = ACA' + 2BCB' - A'B^2 - AB'^2 - C^3$$

der elliptischen Function $\wp(\zeta | g_2, g_3)$ reelle Grössen sind. Die Formel (21)

$$(21\,\mathrm{a}) \qquad F(\xi) = \frac{\alpha_1 + \beta_1 \wp(\xi - \xi_0)}{\alpha_2 + \wp(\xi - \xi_0)}$$

lässt für die Coefficienten α, β reelle oder complexe Grössen zu. In sofern nun jene Coefficienten Functionen einer Wurzel a von (22) sind, zu dieser aber stets, wenn sie complex ist, eine conjugirt imaginäre Wurzel gehört, — es andererseits gleichgiltig ist, welche der Wurzeln von (22) zur Reduction des unter dem elliptischen Integral auftretenden Radikandus von der vierten auf die dritte Ordnung angewandt wird, — so folgt als conjugirt imaginäre Form des Integrals (21 a):

$$(21\,\mathrm{b}) \qquad F_1(\eta) = \frac{\alpha_1' + \beta_1' \wp(\eta - \eta_0)}{\alpha_2' + \wp(\eta - \eta_0)}.$$

Wir merken noch 24 specielle Formen, welche das Integral von (20) annehmen kann, an. Zur einen Klasse derselben gehören die 12 σ-Quotienten, welche als eindeutige, doppelt-periodische Functionen zweiter Ordnung der Gleichung genügen:

$$(23) \qquad \left(\frac{d\varphi}{du}\right)^2 = (1 - (e_\mu - e_\lambda)\varphi^2)(1 - (e_\nu - e_\lambda)\varphi^2)$$

$$(24) \qquad \varphi = \frac{\sigma u}{\sigma_\lambda u}; \quad \frac{1}{\sqrt{e_\mu - e_\lambda}} \cdot \frac{\sigma_\mu u}{\sigma_\nu u}; \quad \frac{1}{\sqrt{e_\nu - e_\lambda}} \cdot \frac{\sigma_\nu u}{\sigma_\mu u};$$

$$\frac{1}{\sqrt{e_\mu - e_\lambda}} \cdot \frac{1}{\sqrt{e_\nu - e_\lambda}} \cdot \frac{\sigma_\lambda u}{\sigma u}.$$

Zu der anderen Klasse gehören die Quadrate jener 12 σ-Quotienten, für welche, wenn $\varphi^2 = \psi$ gesetzt wird, die Gleichung stattfindet:

$$(25) \qquad \left(\frac{d\psi}{du}\right)^2 = 4\psi \cdot (1 - (e_\mu - e_\lambda)\psi)(1 - (e_\nu - e_\lambda)\psi).$$

§ 2.

Die Entwickelungen des vorigen Paragraphen sind zum Theil den §§ 1 und 2 der Abhandlung des Herrn Wangerin in den Monatsberichten der Kgl. Akademie der Wissenschaften zu Berlin entnommen; die abgekürzte Darstellung derselben in dieser Form habe ich zuerst in meiner Dissertation: „Ueber die Reduction der Gleichung

$$\frac{\partial^2 V}{\partial x^2}+\frac{\partial^2 V}{\partial y^2}+\frac{\partial^2 V}{\partial z^2}=0$$

auf gewöhnliche Differentialgleichungen. Ein Beitrag zur Theorie der Lamé'schen Functionen zweiter Ordnung. Berlin, Mayer u. Müller, 1883“ gegeben und dort die so viele Vorzüge bietende Theorie der elliptischen Functionen des Herrn Weierstrass zu Grunde gelegt. Ich knüpfe folgende Bemerkung an eine Stelle der citirten Abhandlung an. Herr Wangerin schreibt: „Die Gleichungen

$$\left(\frac{\partial x}{\partial u}\right)^2+\left(\frac{\partial r}{\partial u}\right)^2=\left(\frac{\partial x}{\partial t}\right)^2+\left(\frac{\partial r}{\partial t}\right)^2$$

und

$$\frac{\partial x}{\partial t}\frac{\partial x}{\partial u}+\frac{\partial r}{\partial t}\frac{\partial r}{\partial u}=0$$

ergeben als einzige reelle Lösung zwischen x, r, t, u die Beziehung

$$x+ir=F(t+iu), \quad i=\sqrt{-1},$$

wobei F eine willkürliche reelle Function ist.“

Hierbei ist übersehen, dass es noch eine zweite Lösung giebt, nämlich:

$$r+ix=\varphi(t+iu), \tag{9a}$$

giltig, auch wenn die x-Achse Rotationsachse bleibt.

Diese Lösung findet sich in specieller Form auch in der Preisschrift[1]) des Herrn Wangerin vor, wo derselbe sowohl

$$x+ir=\cos\text{am}(t+iu)$$

als auch $r+ix=\cos\text{am}(t+iu)$ setzt.

Zur Entwickelung der Function $\varphi(t+iu)$ schreibe man (9a):

$$r-ix=\varphi_1(t-iu),$$

[1]) Wangerin, Reduction der Potentialgleichung für gewisse Rotationskörper auf eine gewöhnliche Differentialgleichung. Preisschriften der Fürstlich Jablonowski'schen Gesellschaft der Wissenschaften. No. 18. Leipzig 1875.

so ist

$$(9\beta) \qquad x+ir = i\varphi_1(t-iu),$$

d. h. es ist

$$(9\gamma) \qquad F(t+iu) = i\varphi_1(t-iu).$$

Wird dies in (20) eingesetzt, so ergiebt sich

$$(20') \quad \varphi'(\xi)^2 = -A\varphi^4(\xi) - 4Bi\varphi^3(\xi) + 6C\varphi^2(\xi) + 4B'i\varphi(\xi) - A'.$$

Die bei der Transformation auf die Weierstrass'sche Normalform sich ergebenden Invarianten sind

$$G_2 = AA' + 3C^2 - 4BB',$$

und

$$G_3 = AA'C + 2BCB' - A'B^2 - AB'^2 - C^3.$$

Setzen wir wieder voraus, die willkürlichen Integrationsconstanten A, B, C, A', B' seien so gewählt, dass G_2 und G_3 reell sind, was eintritt, wenn dieselben selbst reell oder A und A' bez. B und B' conjugirt imaginär sind, so erkennen wir, dass diese zweite Lösung von der ersten nicht wesentlich verschieden ist. Die fundamentale Function der Lösung (21) ist $\wp(\xi-\xi_0 | g_2, g_3)$, diejenige, welche zu (20′) gehört, ist $\wp(\xi-\xi_0 | G_2, G_3)$. Dabei ist

$$(\delta) \qquad G_2 = g_2; \quad G_3 = g_3.$$

Für $B = B' = 0$ tritt Symmetrie ein, so dass demnach in den zugehörigen, später noch aufzusuchenden Meridiancurven einfach x und r vertauscht werden dürfen, während die x-Achse Rotationsachse bleibt.

Für $B = B' = 0$ kann (20) in die specielle Form (23) übergeführt werden, mit den Integralen (24), deren eines $l\cos\mathrm{am}(t+iu)$, ein anderes $l\Delta\mathrm{am}(t+iu)$ ist. Unsere Bemerkung hat uns also die theoretische Grundlage, auf welcher die Preisschrift des Herrn Wangerin aufgebaut ist, voll und ganz erkennen gelehrt.

Aber wir müssen noch einen weiteren Zusatz machen. Nach Herrn Wangerin muss „F eine willkürliche reelle Function" sein; das soll doch wohl heissen, die Coefficienten des Integrals (21) müssen reell sein. Herr Wangerin hat in der That in seiner Abhandlung nur diesen Fall ins Auge gefasst und die zugehörigen Meridiancurven im § 3 derselben angegeben, deren Gleichung lautet:

$$(x^2+r^2)^2 + Ax(x^2+r^2) \pm B^2x^2 \pm C^2r^2 + E^3x = \pm D^4.$$

Lassen wir aber auch das Integral (21a) und das conjugirt imaginäre (21b) zu, so erhalten wir als Meridiancurve die Gleichung:

$$(\varepsilon) \quad \begin{cases} A(x^2+r^2)^2+Bx(x^2+r^2)+Cr(x^2+r^2)+Dx^2+Er^2+Fxr \\ \qquad +Gx+Hr+J=0, \end{cases}$$

(vergl. Haentzschel, Ueber das Cartesische Oval; Grunert's Archiv für Mathematik und Physik, Bd. 69, 1883 und Theil II dieser Arbeit), also eine wesentliche Erweiterung des von Herrn Wangerin gegebenen Resultates, da wir auf Rotationskörper achter Ordnung geführt werden. Die Trennung der Variabeln und die Aufstellung der zu (ε) gehörigen Differentialgleichungen, was also dem Fall von 4 complexen Wurzeln a entspricht, wird nun im nächsten Paragraphen zum ersten Male gegeben werden.

Gesetzt jedoch, wir hielten daran fest, dass $F(t+iu)$ eine reelle Function ist, so könnte nach Herrn Weierstrass der Ausdruck (21) doch noch nicht als die allgemeinste Form des Integrals von (20) gelten, sondern als solchen leitet Herr Weierstrass ab:

$$(21\alpha) \quad \begin{cases} F(t+iu)= \\ x_0+\dfrac{\sqrt{R(x_0)}\sqrt{4s^3-g_2s-g_3}+\frac{1}{2}R'(x_0)[s-\frac{1}{24}R''(x_0)]+\frac{1}{24}R(x_0)R'''(x_0)}{2[s-\frac{1}{24}R''(x_0)]^2-\frac{1}{2}AR(x_0)} \end{cases}$$

wo $s=\wp(t+iu)$ und x_0 eine willkürliche Constante bedeutet, so beschaffen, dass $F(t+iu)=x_0$ für $s=\infty$ wird. Ist x_0 reell und im besonderen eine Wurzel a von (22): $R(x)=0$, so geht (21α) in (21) über; ist x_0 complex und im besonderen eine Wurzel von $R(x)=0$, so geht (21α) in (21a) oder (21b) über.

(21α) führt, wie wir später zeigen werden, auf Meridiancurven von der sechzehnten Ordnung, denen Rotationskörper von der zweiunddreissigsten Ordnung entsprechen.

Haben wir so die Zahl der Meridiancurven um zwei, die allgemeiner sind als die bisher bekannten, vermehrt, so wird die Anwendung der Transformationstheorie der elliptischen Functionen auf die Differentialgleichung (20) uns zeigen, wie man aus den fundamentalen Meridiancurven unzählig viele neue erhalten kann. Demnach ist die Zahl der Rotationskörper, für welche die Reduction der Potentialgleichung auf gewöhnliche Differentialgleichungen möglich ist, eine unbegrenzte, während nach Herrn Wangerin diese Zahl nur eine beschränkte ist.

§ 3.

Wir sind jetzt imstande an die Aufstellung der gewöhnlichen Differentialgleichungen für die Functionen P und Q heranzutreten. Dazu mache ich auf die Eigenschaft der linken Seite der Gleichung (14) aufmerksam, unverändert zu bleiben, wenn statt $F(t+iu)$ gesetzt wird:

$$(26) \qquad \varphi(t+iu) = \frac{\alpha_1+\beta_1 F(t+iu)}{\alpha_2+\beta_2 F(t+iu)} \quad (\alpha, \beta \text{ reell}).$$

Es besagt dies, dass die Reduction der Potentialgleichung auf gewöhnliche Differentialgleichungen, sobald dieselbe für einen Rotationskörper überhaupt möglich ist, auch für diejenigen Körper ausführbar ist, deren Meridiancurve aus der des ersten durch die Transformation:

$$(27) \qquad x+ir = \frac{\alpha_1+\beta_1(x_1+ir_1)}{\alpha_2+\beta_2(x_1+ir_1)},$$

Inversion genannt, hervorgeht.

Die Potentialfunctionen selbst unterscheiden sich nur durch den Wert des in (7) auftretenden Factors $\frac{1}{\sqrt{r}}$.

Im Folgenden unterscheiden wir 3 Fälle, je nach der Art der Wurzeln von (22).

1. Fall. Alle 4 Wurzeln von (22) sind reell.

Die Coefficienten von (21) sind alsdann reell. Deshalb kann man zurückgehen auf:

$$F(t+iu) = \wp(t+iu \mid g_2, g_3)$$

und es lautet (14):

$$(14a) \qquad \begin{cases} -(m^2-\tfrac{1}{4})\dfrac{\wp'(t+iu).\wp'(t-iu)}{[\wp(t+iu)-\wp(t-iu)]^2} \\ = (m^2-\tfrac{1}{4})\{\mu(2t)-\mu_1(2iu)\}. \end{cases}$$

Entnimmt man aus der Weierstrass-Schwarz'schen Formelsammlung die Ausdrücke für $\wp'(t+iu)$ bez. $\wp'(t-iu)$, so folgt durch Multiplication:

$$(28) \qquad \begin{cases} \wp'(t+iu).\wp'(t-iu) = \dfrac{(\wp' t)^2.(\wp' iu)^2}{[\wp(t)-\wp(iu)]^4} \\ \times\left\{2\wp t-2\wp iu-\tfrac{1}{4}\left(\dfrac{\wp'' t}{\wp' t}\right)^2+\tfrac{1}{4}\left(\dfrac{\wp'' iu}{\wp' iu}\right)^2\right\}. \end{cases}$$

Der Factor vor der Klammer ist

$$= (\wp(t+iu)-\wp(t-iu))^2.$$

Für den Ausdruck in der Parenthese leitet man aus:

$$\wp(2t) = \wp(t) - \tfrac{1}{4}\frac{d^2}{dt^2}(lg\,\wp' t)$$

ab:

$$(29)\qquad \wp(2t) = -\left[2\wp(t) - \tfrac{1}{4}\left(\frac{\wp'' t}{\wp' t}\right)^2\right].$$

Demnach geht (14a) über in:

$$(30)\quad -(m^2-\tfrac{1}{4})\{\wp(2iu)-\wp(2t)\} = (m^2-\tfrac{1}{4})\{\mu(2t)-\mu_1(2iu)\}$$

$$(31)\qquad \mu(2t) = \wp(2t);\quad \mu_1(2iu) = \wp(2iu).$$

Aus (13) folgen die beiden gewöhnlichen Differentialgleichungen:

$$(32)\qquad \begin{cases} \alpha)\ \dfrac{d^2P}{d(2t)^2} = \{(m^2-\tfrac{1}{4})\wp\,(2t) - h^2\}\cdot P, \\ \beta)\ \dfrac{d^2Q}{d(2iu)^2} = \{(m^2-\tfrac{1}{4})\wp(2iu) - h^2\}\cdot Q, \end{cases}$$

wo h^2 eine in Beziehung auf t und u constante Grösse ist, welche durch die Nebenbedingungen der Aufgabe erst näher bestimmt wird, also immerhin variabel sein kann.

2. Fall. Es sind 2 Wurzeln reell, 2 complex.

Da es gleichgiltig ist, welche der 4 Wurzeln von (22) man zur Reduction des elliptischen Integrals auf die Normalform anwendet, so nehme man eine reelle. Dadurch ist dieser Fall auf den vorigen zurückgeführt; denn die Coefficienten von (21) sind alsdann reell.

3. Fall. Alle 4 Wurzeln sind complex.

Sind a_1 und a_2 zwei conjugirte Wurzeln der Gleichung (22), so ist

$$F(t+iu) = a_1 + \frac{\tfrac{1}{4}R'(a_1)}{\wp(t+iu) - \tfrac{1}{24}R''(a_1)},$$

$$F_1(t-iu) = a_2 + \frac{\tfrac{1}{4}R'(a_2)}{\wp(t-iu) - \tfrac{1}{24}R''(a_2)},$$

daher

$$(33)\quad \left\{ \begin{aligned} &\frac{F'(t+iu)F_1'(t-iu)}{[F(t+iu)-F_1(t-iu)]^2} = \\ &\frac{\tfrac{1}{4}R'(a_1).\tfrac{1}{4}R'(a_2)\wp'(t+iu)\wp'(t-iu)}{\left\{\begin{aligned}&(a_1-a_2)\wp(t+iu)\wp(t-iu) - \wp(t-iu)[(a_1-a_2)\tfrac{1}{24}R''(a_1) - \tfrac{1}{4}R'(a_1)] \\ &-\wp(t+iu)[(a_1-a_2)\tfrac{1}{24}R''(a_2) + \tfrac{1}{4}R'(a_2)] + \frac{(a_1-a_2)}{24^2}R''(a_1)R''(a_2) \\ &-\tfrac{1}{96}R'(a_1)R''(a_2) + \tfrac{1}{96}R'(a_2)R''(a_1)\end{aligned}\right\}^2}. \end{aligned}\right.$$

Bezeichnen wir nun, wie Herr Weierstrass es in seinen Vorlesungen gethan, die 3 Grössen e_1, e_2, e_3 in irgend einer Reihenfolge mit e', e'', e''' und nehmen an, dass für

$$x = a_2, \quad x = a_3, \quad x = a_4$$

bez.

$$s = e', \quad s = e'', \quad s = e'''$$

ist, so wird, wie Herr Weierstrass in seinen Vorlesungen gezeigt,

$$(34) \quad \begin{cases} e' \;\; = \frac{1}{4}\dfrac{R'(a_1)}{a_2 - a_1} + \frac{1}{24}R''(a_1) \\ e'' \;= \frac{1}{4}\dfrac{R'(a_1)}{a_3 - a_1} + \frac{1}{24}R''(a_1) \\ e''' = \frac{1}{4}\dfrac{R'(a_1)}{a_4 - a_1} + \frac{1}{24}R''(a_1) \end{cases}$$

und

$$(35) \quad \begin{cases} e' - e'' = \dfrac{A}{4}(a_1 - a_4)(a_3 - a_2) \\ e' - e''' = \dfrac{A}{4}(a_1 - a_3)(a_4 - a_2) \cdot \\ e'' - e''' = \dfrac{A}{4}(a_1 - a_2)(a_4 - a_3). \end{cases}$$

Nun ist:

$$\begin{aligned} e'(a_1 - a_2) &= -\tfrac{1}{4}R'(a_1) + \tfrac{1}{24}R''(a_1)(a_1 - a_2) \\ &= \tfrac{1}{4}R'(a_2) + \tfrac{1}{24}R''(a_2)(a_1 - a_2) \\ &= \frac{A}{12}\left[(a_1 + a_2)(a_3 + a_4) - 2a_1 a_2 - 2a_3 a_4\right], \end{aligned}$$

und deshalb:

$$e'^2(a_1 - a_2) + \tfrac{1}{16}\frac{R'(a_1)R'(a_2)}{(a_1 - a_2)}$$

$$= \frac{(a_1 - a_2)}{24^2} R''(a_1)R''(a_2) - \tfrac{1}{96}R'(a_1)R''(a_2) + \tfrac{1}{96}R'(a_2)R''(a_1).$$

Demnach erhält man

$$(33) \begin{cases} \dfrac{F'(t+iu)F_1'(t-iu)}{[F(t+iu) - F_1(t-iu)]^2} = \\ \dfrac{\frac{1}{16}\dfrac{R'(a_1)R'(a_2)}{(a_1 - a_2)^2}\wp'(t+iu)\wp'(t-iu)}{\left\{\wp(t+iu)\wp(t-iu) - e'[\wp(t+iu) + \wp(t-iu)] + e'^2 + \frac{1}{16}\dfrac{R'(a_1)R'(a_2)}{(a_1 - a_2)^2}\right\}^2} \cdot \end{cases}$$

Da aber

$$\tfrac{1}{16}\frac{R'(a_1)R'(a_2)}{(a_1-a_2)^2} = -\frac{A^2}{16}(a_1-a_3)(a_1-a_4)(a_3-a_2)(a_4-a_2)$$
$$= (e'-e'')(e'''-e'),$$

so ist schliesslich

$$(33)\quad \left\{\begin{aligned} &\frac{F'(t+iu)F_1'(t-iu)}{[F(t+iu)-F_1(t-iu)]^2} \\ &= \frac{(e'-e'')(e'''-e')\wp'(t+iu)\wp'(t-iu)}{\{\wp(t+iu)\wp(t-iu)-e'[\wp(t+iu)+\wp(t-iu)]-e'^2-e''e'''\}^2}. \end{aligned}\right.$$

Mit Rücksicht auf (28) ist

$$(e'-e'')(e'''-e')\wp'(t+iu)\wp'(t-iu)$$
$$= (e'-e'')(e'''-e')\frac{(\wp' t)^2(\wp' iu)^2}{[\wp t-\wp iu]^4}[\wp(2iu)-e'-(\wp(2t)-e')].$$

Für den Nenner leitet man durch Rechnung ab:

$$(36)\quad \left\{\begin{aligned} &\{\wp(t+iu)\wp(t-iu)-e'[\wp(t+iu)+\wp(t-iu)]-(e'^2+e''e''')\}^2 \\ &\qquad = \frac{(\wp' t)^2(\wp' iu)^2}{[\wp t-\wp iu]^4}(\wp(2t)-e')(\wp(2iu)-e'). \end{aligned}\right.$$

Daher endlich

$$(37)\quad \left\{\begin{aligned} &-(m^2-\tfrac{1}{4})\frac{F'(t+iu)F_1'(t-iu)}{[F(t+iu)-F_1(t-iu)]^2} \\ &= (m^2-\tfrac{1}{4})\frac{(e'-e'')(e'-e''')}{\wp(2t)-e'} - (m^2-\tfrac{1}{4})\frac{(e'-e'')(e'-e''')}{\wp(2iu)-e'} \\ &= (m^2-\tfrac{1}{4})\quad \mu(2t) \quad -(m^2-\tfrac{1}{4})\quad \mu_1(2iu). \end{aligned}\right.$$

Bedenken wir nun, dass a_1 irgend eine Wurzel von (22) bedeuten kann, so stellt e' irgend eine der Grössen e_1, e_2, e_3 dar. Die Functionen $\mu(2t)$ und $\mu_1(2iu)$ können demnach in Beziehung auf die e's drei verschiedene Werthe annehmen. Indem wir hieran erinnern, schreiben wir mit Rücksicht auf (13) die gesuchten Differentialgleichungen in der Form nieder:

$$(38)\quad \left\{\begin{aligned} \frac{d^2P}{d(2t)^2} &= \left\{(m^2-\tfrac{1}{4})\frac{(e_\lambda-e_\mu)(e_\lambda-e_\nu)}{\wp(2t)-e_\lambda}-h^2\right\}P, \\ \frac{d^2Q}{d(2iu)^2} &= \left\{(m^2-\tfrac{1}{4})\frac{(e_\lambda-e_\mu)(e_\lambda-e_\nu)}{\wp(2iu)-e_\lambda}-h^2\right\}Q. \end{aligned}\right. \qquad \begin{aligned} e_\lambda &= e_1,\ e_2,\ e_3, \\ e_\mu &= e_2,\ e_3,\ e_1, \\ e_\nu &= e_3,\ e_1,\ e_2. \end{aligned}$$

§ 4.

Es lässt sich der reciproke Charakter der Functionen μ in den Gleichungen (32) und (38) bereits in der Preisschrift des Herrn Wangerin nachweisen.

Herr Wangerin geht aus von: $x+ir = C.\cos\mathrm{am}(t+iu)$ und findet für $\mu(2t)$:

$$\mu(2t) = \left.\frac{\cos^2\mathrm{am}\,t}{\sin^2\mathrm{am}\,t.\Delta^2\mathrm{am}\,t}\right\} \text{ d. h. } = \wp\left(t\,\Big|\,\frac{\omega+\omega'}{2},\ \omega'\right)+2e_2,$$

wenn wir dies in die Weierstrass'sche Schreibweise umsetzen.

Herr Wangerin geht aus von: $r+ix = C.\cos\mathrm{am}(t+iu)$, d. h. $x+ir = iC\cos\mathrm{am}(t-iu)$ und findet für $\mu(2t)$:

$$\mu(2t) = \left.\frac{\sin^2\mathrm{am}\,t.\Delta^2\mathrm{am}\,t}{\cos^2\mathrm{am}\,t}\right\} \text{ d. h. } = \frac{1}{\wp\left(t\,\Big|\,\frac{\omega+\omega'}{2},\ \omega'\right)+2e_2}$$

in Weierstrass'schen Zeichen.

Für

$$x+ir = C\Delta\mathrm{am}(t+iu) \text{ ist } \mu(2t) = \frac{\Delta^2\mathrm{am}\,t}{\sin^2\mathrm{am}\,t.\cos^2\mathrm{am}\,t}$$

$$\text{d. h. } = \wp t+2e_1+\frac{(e_1-e_2)(e_1-e_3)}{\wp t-e_1} = \wp\left(t\,\Big|\,\frac{\omega}{2},\ \omega'\right)+2e_1;$$

für

$$r+ix = C\Delta\mathrm{am}(t+iu) \text{ ist } \mu(2t) = \frac{k^4\sin^2\mathrm{am}\,t.\cos^2\mathrm{am}\,t}{\Delta^2\mathrm{am}\,t}$$

$$\text{d. h. } = \frac{(e_2-e_3)^2}{\wp\left(t\,\Big|\,\frac{\omega}{2},\ \omega'\right)+2e_1}.$$

Wie man sieht, führt also die Vertauschung von x und r, oder das Vortreten des Factors $i=\sqrt{-1}$ auf der rechten Seite der Substitutionen, die Function $\mu(2t)$ in ihren reciproken Werth multiplicirt mit einer Constanten über, und weiter, es tritt die im § 2 abgeleitete zweite reelle Lösung zwischen x, r, t, u bereits in der Preisschrift des Herrn Wangerin auf, und zwar völlig gleichberechtigt mit der ersten Lösung, ja sogar das Problem selbst in einem wesentlichen Theile ergänzend, sobald man die Jacobi'schen Zeichen anwendet.

§ 5.

Unter den Grenz- und Sonderfällen, welche in (20) enthalten sind, haben ausser den in (23) und (25) bemerkten namentlich zwei besondere Bedeutung. Das Fundament des Integrals (21) ist die

Function $\wp(\xi-\xi_0)$, welche bekanntlich der Differentialgleichung

(39) $F'(\xi)^2 = 4F^3(\xi)-g_2F(\xi)-g_3 = 4(F(\xi)-e_\lambda)(F(\xi)-e_\mu)(F(\xi)-e_\nu)$

genügt. Der Fall, dass zwei der Wurzeln e einander gleich sind, soll nun näher betrachtet werden. Es sei

(40) $$e_\lambda = e_\mu.$$

Dann ist

$$-2\xi = \int \frac{dF}{(F-e_\lambda)\sqrt{F-e_\nu}}.$$

Durch Ausführen des Integrals findet man

(41) $$F(t+iu) = e_\nu + (e_\nu - e_\lambda)\operatorname{tg}^2(\sqrt{e_\nu-e_\lambda}(t+iu)),$$

und auch

(42) $$F(t+iu) = e_\nu + (e_\nu - e_\lambda)\operatorname{ctg}^2(\sqrt{e_\nu-e_\lambda}(t+iu));$$

doch gelten folgende Bestimmungen:

$$\sqrt{\frac{F-e_\nu}{e_\nu-e_\lambda}} = \varepsilon \operatorname{tg}(\sqrt{e_\nu-e_\lambda}(t+iu))$$

und zwar ist $\varepsilon = +1$, wenn $e_\lambda > e_\nu$, und $\varepsilon = -1$, wenn $e_\lambda < e_\nu$,

$$\sqrt{\frac{F-e_\nu}{e_\nu-e_\lambda}} = \varepsilon \operatorname{ctg}(\sqrt{e_\nu-e_\lambda}(t+iu))$$

und zwar ist $\varepsilon = -1$, wenn $e_\lambda > e_\nu$, und $\varepsilon = +1$, wenn $e_\lambda < e_\nu$.

Die zugehörigen Differentialgleichungen (32) lauten:

(32a) $$\begin{cases} \alpha) \ \dfrac{d^2P}{d(2t)^2} = \{(m^2-\tfrac{1}{4})(e_\nu-e_\lambda)\operatorname{ctg}^2(2t\sqrt{e_\nu-e_\lambda}) + (m^2-\tfrac{1}{4})e_\nu - h^2\}P, \\ \beta) \ \dfrac{d^2Q}{d(2iu)^2} = \{(m^2-\tfrac{1}{4})(e_\nu-e_\lambda)\operatorname{ctg}^2(2iu\sqrt{e_\nu-e_\lambda}) + (m^2-\tfrac{1}{4})e_\nu - h^2\}Q. \end{cases}$$

Da die e's unter Annahme der Bedingung (40) reell sein müssen, so kann von den Differentialgleichungen (38) nicht die Rede sein, wenn (39) die Function $F(\xi)$ definirt. Nehmen wir jedoch an, dass die Differentialgleichung (20) in ihrer allgemeinsten Form existirt, ausserdem nur complexe Wurzeln hat und bei der Reduction auf die Weierstrass'sche Normalform auf eine $\wp$-Function führt, für welche $e_\lambda = e_\mu$ ist, so können sich (38) auf

(38a) $$\begin{cases} \alpha) \ \dfrac{d^2P}{d(2t)^2} = -h^2P, \\ \beta) \ \dfrac{d^2Q}{d(2iu)^2} = -h^2Q, \end{cases}$$

reduciren, die sofort integrirbar sind. Die Erörterung der übrigen Grenzfälle befindet sich im III. Theil. Ein anderer Fall bedarf ebenfalls noch der Erledigung.

Für $Z=0$ wird Gleichung (18) identisch erfüllt. Alsdann folgt aus (17)

$$(43)\quad \begin{cases} \dfrac{F'''(\xi)}{F'(\xi)} = \text{const.} = 4c^2; \quad \text{oder} \\ F'(\xi)^2 = 4c^2F^2 - 8c^2\gamma F + 4c^2\gamma^2 - \dfrac{\alpha^2\beta^2}{c^2}; \end{cases}$$

das Integral dieser Gleichung lautet:

$$(44)\quad F(t+iu) = \gamma + \frac{\beta^2}{4c^2}e^{2c(t+iu)} + \frac{\alpha^2}{4c^2}e^{-2c(t+iu)},$$

wo α, β, γ willkürliche Integrationsconstanten, c^2 eine reelle, positive oder negative Grösse ist. Die zugehörigen Differentialgleichungen (32) lauten:

$$(32\text{b})\quad \begin{cases} \alpha)\ \dfrac{d^2P}{d(2t)^2} = \left\{\dfrac{(m^2-\frac{1}{4})\alpha\beta}{\left(\dfrac{\alpha e^{2ct}-\beta e^{-2ct}}{2c}\right)^2} - h^2\right\}P, \\ \beta)\ \dfrac{d^2Q}{d(2iu)^2} = \left\{\dfrac{(m^2-\frac{1}{4})}{\left(\dfrac{e^{2ciu}-e^{-2ciu}}{2c}\right)^2} - h^2\right\}Q. \end{cases}$$

Der Fall $\alpha=0$ oder $\beta=0$ ist bemerkenswerth, da alsdann

$$(45)\quad \begin{cases} \text{a)}\ F(t+iu) = \gamma + \dfrac{\alpha}{4c^2}e^{2c(t+iu)}, \quad \text{oder} \\ \text{b)}\ F(t+iu) = \gamma + \dfrac{\beta}{4c^2}e^{-2c(t+iu)} \end{cases}$$

ist. Endlich ist noch der Grenzfall $c=0$ zu behandeln. Sei $\alpha=\beta$ und $\left[\gamma+\dfrac{\alpha}{2c^2}\right]$ für $c=0$ gleich einer endlichen Grösse δ. Es ergiebt sich

$$(46)\quad F(t+iu) = \delta + \alpha(t+iu)^2,$$

welcher Fall identisch ist mit dem, dass in (39): $e_\lambda = e_\mu = e_\nu = 0$ ist.

Die Differentialgleichungen lauten:

$$(47)\quad \begin{cases} \alpha)\ \dfrac{d^2P}{d(2t)^2} = \left\{\dfrac{(m^2-\frac{1}{4})}{(2t)^2} - h^2\right\}P, \\ \beta)\ \dfrac{d^2Q}{d(2iu)^2} = \left\{\dfrac{(m^2-\frac{1}{4})}{(2iu)^2} - h^2\right\}Q. \end{cases}$$

Resultat. Die Aufgabe, für Rotationskörper die Potentialgleichung $\frac{\partial^2 V}{\partial x^2}+\frac{\partial^2 V}{\partial y^2}+\frac{\partial^2 V}{\partial z^2}=0$ auf gewöhnliche Differentialgleichungen zu reduciren, führt auf zwei Typen von Gleichungen:

$$\text{I)}\quad \frac{d^2 y}{du^2}=\{(m^2-\tfrac{1}{4})(\wp u-e_\lambda)-h^2\}y,$$

und

$$\text{II)}\quad \frac{d^2 y}{du^2}=\left\{(m^2-\tfrac{1}{4})\frac{(e_\lambda-e_\mu)(e_\lambda-e_\nu)}{\wp u-e_\lambda}-h^2\right\}y,$$

deren erster in meiner Dissertation eine eingehende Behandlung erfahren hat. Die Meridiancurven jener Körper sind die durch die Gleichungen (20) bez. (21) definirten ebenen algebraischen Isothermen-Curven, deren Anzahl um zwei Fundamentalcurven vermehrt und mit Hilfe der Transformationstheorie der elliptischen Functionen ins unbegrenzte gesteigert werden kann.

Zweiter Theil.

Aufstellung der Gleichungen für die Meridiancurven der Rotationskörper.

§ 1.

Als das Fundament der Integralgleichungen (21) des ersten Theiles haben wir die Weierstrass'sche $\wp$-Function erkannt, welche in erster Linie im Sinne der conformen Abbildung zu verwerthen ist. Es ist dies bereits von mir geschehen in der Abhandlung „Ueber das Cartesische Oval", Grunert's Archiv, Bd. 69, 1883; ich gebe kurz die Resultate an, zu denen ich gelangt bin. Man gehe aus von:

$$(1)\qquad \begin{cases} x+ir = v = \wp(t+iu) \\ x-ir = w = \wp(t-iu), \end{cases}$$

so ist

$$(2)\qquad \begin{cases} v+w = \wp(t+iu)+\wp(t-iu) \\ v.w = \wp(t+iu).\wp(t-iu). \end{cases}$$

Unter Anwendung des Additionstheorems der elliptischen Functionen lässt sich (2) auf die Form bringen:

$$(3)\qquad \begin{cases} v+w = \dfrac{2(\wp t\wp iu-\frac{1}{4}g_2)(\wp t+\wp iu)-g_3}{(\wp t-\wp iu)^2}, \\[2ex] v.w = \dfrac{(\wp t\wp iu+\frac{1}{4}g_2)^2+g_3(\wp t+\wp iu)}{(\wp t-\wp iu)^2}; \end{cases}$$

oder

$$(4)\qquad \begin{cases} \wp^2t(vw-\wp^2iu)-2\wp t\left(vw\wp iu+\frac{1}{4}g_2\wp iu+\dfrac{g_3}{2}\right) \\ \qquad +vw\wp^2iu-g_3\wp iu-\dfrac{g_2^2}{16}=0, \\ \wp^2t(v+w-2\wp iu)-2\wp t((v+w)\wp iu+\wp^2iu-\frac{1}{4}g_2) \\ \qquad +(v+w)\wp^2iu+\frac{1}{2}g_2\wp iu+g_3=0. \end{cases}$$

Die Elimination von $\wp t$ ergiebt:

$$(5)\quad \begin{cases} v^2w^2+\left(g_3\varrho_1+\frac{g_2^2}{16}\right)+(v+w)^2\varrho_1^2-2vw(v+w)\varrho_1 \\ \quad -4vw\left(\varrho_1^2-\frac{g_2}{8}\right)+(v+w)\left(\frac{g_2}{2}\varrho_1+g_3\right)=0, \end{cases}$$

$$(6)\quad \varrho_1=\wp(2iu),$$

oder auf rechtwinklige Coordinaten bezogen:

$$(7)\quad \begin{cases} (x^2+r^2)^2+\left(g_3\varrho_1+\frac{g_2^2}{16}\right)+4x^2\varrho_1^2-4x(x^2+r^2)\varrho_1 \\ \quad -4(x^2+r^2)\left(\varrho_1^2-\frac{g_2}{8}\right)+2x\left(\frac{g_2}{2}\varrho_1+g_3\right)=0. \end{cases}$$

Da nun die rechten Seiten von (3) symmetrische Functionen von $\wp t$ und $\wp iu$ sind, so ergiebt sich die Gleichung der orthogonalen Curvenschar in der Gestalt:

$$(8)\quad \begin{cases} (x^2+r^2)^2+\left(g_3\varrho+\frac{g_2^2}{16}\right)+4x^2\varrho^2 \\ \quad -4x(x^2+r^2)\varrho-4(x^2+r^2)\left(\varrho^2-\frac{g_2}{8}\right)+2x\left(\frac{g_2}{2}\varrho+g_3\right)=0, \end{cases}$$

$$(9)\quad \varrho=\wp(2t).$$

Die Functionen ϱ und ϱ_1 sind, da $\wp u$ eine gerade Function von u ist, reelle Grössen. Die durch (7) und (8) dargestellten Curven haben neun Brennpunkte. Davon sind drei reell, während die übrigen sechs imaginär sind. Nach Siebeck (Crelle's Journal, Bd. 57 und 59, 1860 u. 1861) werden die reellen Brennpunkte bestimmt durch:

$$(10)\quad \begin{cases} \frac{d\wp u}{du}=0, \\ \text{d. h.}\quad 4\wp^3u-g_2\wp u-g_3=4(\wp u-e_1)(\wp u-e_2)(\wp u-e_3)=0. \end{cases}$$

Die drei Punkte mit den Kreiscoordinaten e_1, e_2, e_3 sind also die Brennpunkte. Hierbei sind jedoch zwei Fälle zu unterscheiden, je nachdem die Discriminante der $\wp$-Function positiv oder negativ ist.

a) $g_2^3-27g_3^2>0.$

Es sind e_1, e_2, e_3 reelle Grössen, d. h. die drei reellen Brennpunkte liegen auf der x-Achse; ihre Abscissen sind beziehlich gleich e_1, e_2, e_3. Die hierdurch definirten Curven sind Cartesische Ovale im engeren Sinn.

b) $g_2^3-27g_3^2<0.$

Es seien e_1 und e_3 die beiden conjugirt imaginären Wurzeln von (10); e_2 aber die reelle Wurzel. Der eine Brennpunkt liegt auf der x-Achse und hat die Abscisse e_2; die beiden andern befinden sich auf einer Senkrechten zur x-Achse und zwar gleich weit von dieser entfernt. Die Curven sind Cartesische Ovale im weiteren Sinne.

Bezeichnet man mit λ den Parameter der beiden Curvenscharen (7) und (8), so dass

$$(11) \qquad \lambda = \varrho = \wp(2t) \quad \text{oder} \quad \lambda = \varrho_1 = \wp(2iu)$$

ist, so kann man die Gleichungen (7) und (8) in eine einzige zusammenfassen, der man die Gestalt geben kann:

$$(12) \left[(x-\lambda)^2+r^2-\tfrac{1}{2}\left(6\lambda^2-\frac{g_2}{2}\right)\right]^2 = (4\lambda^3-g_2\lambda-g_3)(2x+\lambda).$$

In dieser Form hat Cayley die Cartesische Curve studirt (vergl. Salmon-Fiedler, Höhere ebene Curven. Leipzig 1873, S. 311—312).

Man erkennt sofort, dass für

$$(13) \qquad \lambda = e_1,\ e_2,\ e_3$$

das Oval in die doppelt zu zählenden Kreise zerfällt:

$$(14) \qquad \begin{cases} s_1 = (x^2+r^2-2e_1x-(e_1^2+e_2e_3)) = 0, & \text{bez.} \\ s_2 = (x^2+r^2-2e_2x-(e_2^2+e_3e_1)) = 0, & \text{bez.} \\ s_3 = (x^2+r^2-2e_3x-(e_3^2+e_1e_2)) = 0, \end{cases}$$

deren Mittelpunkte die drei Brennpunkte e_1, e_2, e_3 sind. Für die Möglichkeit a) sind sämmtliche drei Kreise reell, für b) nur der um e_2 zu beschreibende[1]). Diese Kreise schneiden einander orthogonal; ihre Radien sind bestimmt durch:

$$(15) \qquad \begin{cases} r_1^2 = 2e_1^2+e_2e_3 = -(e_1-e_2)(e_3-e_1) \\ r_2^2 = 2e_2^2+e_3e_1 = -(e_2-e_3)(e_1-e_2) \\ r_3^2 = 2e_3^2+e_1e_2 = -(e_3-e_1)(e_2-e_3). \end{cases}$$

Mit Rücksicht auf einige a. a. O. angegebene Identitäten kann man (12) auch die Gestalt geben:

$$(16) \qquad \frac{\left(\frac{s_1}{r_1}\right)^2}{\lambda-e_1}+\frac{\left(\frac{s_2}{r_2}\right)^2}{\lambda-e_2}+\frac{\left(\frac{s_3}{r_3}\right)^2}{\lambda-e_3} = 0.$$

---

[1]) Man vergl. Formeln und Lehrsätze zum Gebrauche der elliptischen Functionen. Nach Vorlesungen von Weierstrass herausgegeben von H. A. Schwarz, 1883. S. 74; und Holzmüller, Einführung in die Theorie der isogonalen Verwandtschaften, Leipzig 1882. S. 87ff.

Diese Darstellung kann als eine Zusammenziehung der Darboux'schen gelten. Denn den Darboux'schen pentasphärischen Coordinaten im Raume entsprechen tetracyclische in der Ebene[1]). Eine orthogonale Schar von bicircularen Curven stellt sich durch die Vierkreis-Coordinaten des Herrn Darboux ausgedrückt dar als

$$\frac{\left(\frac{s_1}{r_1}\right)^2}{\mu-a_1}+\frac{\left(\frac{s_2}{r_2}\right)^2}{\mu-a_2}+\frac{\left(\frac{s_3}{r_3}\right)^2}{\mu-a_3}+\frac{\left(\frac{s_4}{r_4}\right)^2}{\mu-a_4}=0 \tag{17}$$

mit der Nebenbedingung:

$$\left(\frac{s_1}{r_1}\right)^2+\left(\frac{s_2}{r_2}\right)^2+\left(\frac{s_3}{r_3}\right)^2+\left(\frac{s_4}{r_4}\right)^2=0. \tag{18}$$

Durch die Substitution:

$$\mu=a_4+\frac{\frac{1}{4}R'(a_4)}{\lambda-\frac{1}{24}R''(a_4)}, \tag{19}$$

wo

$$R(x)=A(x-a_1)(x-a_2)(x-a_3)(x-a_4)$$

ist, geht (17) in (16) über, wenn gesetzt wird:

$$\begin{cases} e_1=\frac{1}{4}\frac{R'(a_4)}{(a_1-a_4)}+\frac{1}{24}R''(a_4) \\ e_2=\frac{1}{4}\frac{R'(a_4)}{(a_2-a_4)}+\frac{1}{24}R''(a_4) \\ e_3=\frac{1}{4}\frac{R'(a_4)}{(a_3-a_4)}+\frac{1}{24}R''(a_4). \end{cases} \tag{20}$$

Bei Herrn Darboux sind a_1, a_2, a_3, a_4, also auch e_1, e_2, e_3 reell, während hier gezeigt ist, dass conjugirt imaginäre Werthe von e_1 und e_3 und reelles e_2 — was dem Fall b) entspricht — ebenfalls einen Sinn haben, denn die Coefficienten von (12) sind auch bei dieser Möglichkeit reell. Für $e_\lambda=e_\mu$ tritt der einfach periodische Grenzfall ein; die linke Seite von (16) versagt den Dienst und man betrachte Gleichung (12); die betreffenden Cartesischen Ovale — Pascal'sche Schneckenlinien — sind von Herrn Karl Baer seiner Abhandlung: „Die Vertheilung der Elektricität auf der Fusspunktfläche einer Kugel" zu Grunde gelegt. Für den weiteren Grenzfall $e_1=e_2=e_3=0$ bez. $g_2=0$, $g_3=0$ ist wieder (12) massgebend; es entsteht eine Car-

[1]) Darboux, Sur une classe remarquable de courbes et de surfaces algébriques. Paris 1873.

dioide; man vergl. ebenfalls die Arbeit des Herrn Baer, enthalten im Jahresbericht der Oberschule (Realgymnasium) zu Frankfurt a. O., Ostern 1892.

Die Nebenbedingung (18) geht aus (17) hervor, indem man $\mu = \infty$ setzt. Setzt man in (16) den Parameter λ gleich unendlich, so erhält man: $\left(\frac{s_1}{r_1}\right)^2 + \left(\frac{s_2}{r_2}\right)^2 + \left(\frac{s_3}{r_3}\right)^2 = 0$; macht man dasselbe in (8) bez. (12), so erhält man: $-4r'^2 = 0$, folglich ist $\left(\frac{s_4}{r_4}\right)^2 = 4r^2$, d. h. der Kreis s_4 ist die x-Achse, welche hier Focalachse heisst, wenn die Grössen e reell sind. Die x-Achse schneidet nun die drei übrigen orthogonal und ist die Jacobi'sche Curve derselben. Dies alles findet sich in meiner oben genannten Untersuchung ausgeführt.

§ 2.

Das nächste würde nun sein, die Gleichung

(21) $$x_1 + ir_1 = a + \frac{\frac{1}{4}R'(a)}{\wp(t+iu) - \frac{1}{24}R''(a)}$$

zu behandeln, vorausgesetzt, dass a, $\frac{1}{4}R'(a)$ und $\frac{1}{24}R''(a)$ reell sind. Bedenken wir aber, dass für gewöhnlich nicht die Grössen A, B, C, A', B' der Gleichung

(22) $$F'(\xi)^2 = AF^4(\xi) + 4BF^3(\xi) + 6CF^2(\xi) + 4B'F(\xi) + A'$$

(Gleichung 20, Theil I)

gegeben sein werden, sondern die Meridiancurve, für welche die Coefficienten der Substitution (21) zu bestimmen sind, so erscheint es practischer die Abbildung

(23). $$x_1 + ir_1 = \frac{\alpha_1 + \beta_1 \wp(t+iu)}{\alpha_2 + \beta_2 \wp(t+iu)},$$

welche durch Combination von (21) mit dem Inversionssatz entsteht, zu untersuchen. Die α und β mögen reelle Constanten bedeuten. Führen wir Kreiscoordinaten ein und setzen

(24) $$x_1 + ir_1 = v_1, \quad x_1 - ir_1 = w_1,$$

(1) $$x + ir = v = \wp(t+iu), \quad x - ir = w = \wp(t-iu),$$

so ist

(25) $$v_1 = \frac{\alpha_1 + \beta_1 v}{\alpha_2 + \beta_2 v}, \quad w_1 = \frac{\alpha_1 + \beta_1 w}{\alpha_2 + \beta_2 w};$$

deshalb

$$(26)\left\{\begin{aligned} v &= \frac{\alpha_2 v_1 - \alpha_1}{\beta_1 - \beta_2 v_1}, \quad w = \frac{\alpha_2 w_1 - \alpha_1}{\beta_1 - \beta_2 w_1}; \\ v+w &= \frac{-2\alpha_2\beta_2 v_1 w_1 + (\alpha_1\beta_2 + \alpha_2\beta_1)(v_1+w_1) - 2\alpha_1\beta_1}{\beta_2^2 v_1 w_1 - \beta_1\beta_2(v_1+w_1) + \beta_1^2}, \\ vw &= \frac{\alpha_2^2 v_1 w_1 - \alpha_1\alpha_2(v_1+w_1) + \alpha_1^2}{\beta_2^2 v_1 w_1 - \beta_1\beta_2(v_1+w_1) + \beta_1^2}. \end{aligned}\right.$$

Diese Werthe sind in die Gleichung (5), nachdem dort ϱ_1 durch λ ersetzt ist, einzuführen. Durch Anwendung der Abkürzungen:

$$(27)\left\{\begin{aligned} &\varkappa_{12} = \alpha_1\beta_2 - \alpha_2\beta_1 \quad && h_{12} = \sqrt{\frac{g_3}{2}}\beta_1\beta_2 \quad && h_{11} = \sqrt{\frac{g_3}{2}}\beta_1^2, \; h_{22} = \sqrt{\frac{g_3}{2}}\beta_2^2 \\ f_{12} = \,&\mathfrak{f}_{12} = \alpha_1\beta_2 + \alpha_2\beta_1 && \mathfrak{h}_{12} = g_3\beta_1\beta_2 && \mathfrak{h}_{11} = g_3\beta_1^2, \quad \mathfrak{h}_{22} = g_3\beta_2^2 \\ &g_{12} = \frac{g_2}{4}\beta_1\beta_2 - \alpha_1\alpha_2 && \mathfrak{g}_{12} = \frac{g_2}{4}\beta_1\beta_2 + \alpha_1\alpha_2 && \mathfrak{g}_{11} = \frac{g_2}{4}\beta_1^2 + \alpha_1^2, \text{ u. s. w.} \end{aligned}\right.$$

nimmt die Gleichung der gesuchten Meridiancurven die übersichtliche Form an:

$$(28)\left\{\begin{aligned} &(x_1^2+r_1^2)^2[2\lambda\{f_{22}g_{22}-h_{22}^2\}+\{\mathfrak{f}_{22}\mathfrak{h}_{22}-\mathfrak{g}_{22}^2\}]+[2\lambda\{f_{11}g_{11}-h_{11}^2\}+\{\mathfrak{f}_{11}\mathfrak{h}_{11}-\mathfrak{g}_{11}^2\}] \\ &\quad -4x_1^2[\lambda^2\varkappa_{12}^2-2\lambda\{f_{12}g_{12}-h_{12}^2\}-\{\mathfrak{f}_{12}\mathfrak{h}_{12}-\mathfrak{g}_{12}^2\}] \\ &\quad -2x_1(x_1^2+r_1^2)[2\lambda\{f_{12}g_{22}+f_{22}g_{12}-2h_{12}h_{22}\}+\{\mathfrak{f}_{12}\mathfrak{h}_{22}+\mathfrak{f}_{22}\mathfrak{h}_{12}-2\mathfrak{g}_{12}\mathfrak{g}_{22}\}] \\ &\quad +4(x_1^2+r_1^2)[\lambda^2\varkappa_{12}^2+\lambda\{f_{12}g_{12}-h_{12}^2\}+\tfrac{1}{4}\{\mathfrak{f}_{11}\mathfrak{h}_{22}+\mathfrak{f}_{22}\mathfrak{h}_{11}-2\mathfrak{g}_{11}\mathfrak{g}_{22}\}] \\ &\quad -2x_1[2\lambda\{f_{21}g_{11}+f_{11}g_{21}-2h_{21}h_{11}\}+\{\mathfrak{f}_{21}\mathfrak{h}_{11}+\mathfrak{f}_{11}\mathfrak{h}_{21}-2\mathfrak{g}_{21}\mathfrak{g}_{11}\}] = 0. \end{aligned}\right.$$

$$\lambda = \varrho = \wp(2t), \quad \text{bez.} \quad \lambda = \varrho_1 = \wp(2iu). \quad \lambda \text{ reell.}$$

Für $\lambda = e_1, e_2, e_3$ entartet die Curve in die doppelt zu zählenden Kreise:

$$(29)\left\{\begin{aligned} s_1 &= (\alpha_1+\beta_1 e_1)^2-\beta_1^2(2e_1^2+e_2e_3)+(x_1^2+r_1^2)[(\alpha_2+\beta_2e_1)^2-\beta_2^2(2e_1^2+e_2e_3)] \\ &\qquad -2x_1[\alpha_1\alpha_2+e_1f_{12}-\beta_1\beta_2(e_1^2+e_2e_3)] = 0, \\ s_2 &= (\alpha_1+\beta_1 e_2)^2-\beta_1^2(2e_2^2+e_3e_1)+(x_1^2+r_1^2)[(\alpha_2+\beta_2e_2)^2-\beta_2^2(2e_2^2+e_3e_1)] \\ &\qquad -2x_1[\alpha_1\alpha_2+e_2f_{12}-\beta_1\beta_2(e_2^2+e_3e_1)] = 0, \\ s_3 &= (\alpha_1+\beta_1 e_3)^2-\beta_1^2(2e_3^2+e_1e_2)+(x_1^2+r_1^2)[(\alpha_2+\beta_2e_3)^2-\beta_2^2(2e_3^2+e_1e_2)] \\ &\qquad -2x_1[\alpha_1\alpha_2+e_3f_{12}-\beta_1\beta_2(e_3^2+e_1e_2)] = 0, \end{aligned}\right.$$

wie sich aus der Gleichung der Curve, welche (12) entspricht, sofort ergiebt.

Die Mittelpunkte dieser drei Kreise liegen bei reellen e's auf der x-Achse, welche dieselben orthogonal durchsetzt, also ihre Jacobi'sche Curve ist. Die Radien dieser drei Kreise sind gegeben durch:

$$(30)\ .\quad \begin{cases} r_1^2 = \dfrac{x_{12}^2(2e_1^2+e_2e_3)}{\{(\alpha_2+\beta_2e_1)^2-\beta_2^2(2e_1^2+e_2e_3)\}^2}, \\ r_2^2 = \dfrac{x_{12}^2(2e_2^2+e_3e_1)}{\{(\alpha_2+\beta_2e_2)^2-\beta_2^2(2e_2^2+e_3e_1)\}^2}, \\ r_3^2 = \dfrac{x_{12}^2(2e_3^2+e_1e_2)}{\{(\alpha_2+\beta_2e_3)^2-\beta_2^2(2e_3^2+e_1e_2)\}^2}. \end{cases}$$

Man ist also nach Gleichung (16) sofort im Stande die Darstellung der Meridiancurve (28) in Dreikreis-Coordinaten niederzuschreiben. Setzt man die Werthe von (26) in (12) ein, so ergiebt sich diejenige Form unserer bicircularen Curve, welche Salmon-Fiedler, Höhere ebene Curven, als Normalform bezeichnet. Herr Moutard nennt unsere Curven anallagmatische, weil sie bei der Inversion ihren Grad nicht ändern.

Die Gleichung (28) ist identisch mit der allgemeinsten Meridiancurve des Herrn Wangerin, welcher jedoch in seiner Abhandlung in den Monatsberichten der Akademie nur die Form der Gleichung angiebt, sie aber nicht explicite entwickelt.

Die Coefficienten von (28) sind Functionen der 5 Coefficienten des elliptischen Radicandus und des Parameters λ, also völlig unabhängig von einander.

Wird in (28) an Stelle von r_1^2 gesetzt: $y_1^2+z_1^2$, so ergiebt sich die Gleichung des Rotationskörpers, für welchen die Reduction der Potentialgleichung auf gewöhnliche Differentialgleichungen möglich ist.

Für $\lambda=\infty$ geht die Gleichung der Meridiancurve in diejenige der x-Achse: $r=0$ über, welche Focalachse wird, wenn $g_2^3-27g_3^2>0$ ist; für $\lambda=0$ bleibt die Curve von der vierten Ordnung. Für $e_\lambda=e_\mu$ erhält man offenbar die Inverse einer Pascal'schen Schneckenlinie, für $e_1=e_2=e_3=0$ die Inverse einer Cardioide. Die Grössen α und β können aber auch so bestimmt werden, dass (28) in eine symmetrische Siebeck'sche Curve, oder in eine Lemniskate, wobei man vortheilhaft $g_2=0$ oder $g_3=0$ setzt, u. s. w. übergeht.

Zur Meridiancurve (28) gehören die Differentialgleichungen (32) des ersten Theiles mit den Grenzfällen (32a) und (32b) für $e_\lambda=e_\mu$, und (47) für $e_1=e_3=e_2=0$. Aus meiner Dissertation ist bekannt, dass (32) Lamé'sche Functionen, (32a) und (32b) Laplace'sche Functionen und (47) Bessel'sche Functionen definirt.

§ 3.

Im § 2 des ersten Theiles haben wir behauptet, dass (28) noch nicht die allgemeinste Meridiancurve sei, sondern dass dieselbe aus der Gleichung (21) des vorigen Paragraphen hervorgeht, wenn wir dort a einen complexen Werth geben, wodurch natürlich auch $R'(a)$ und $R''(a)$ complex werden. Verknüpfen wir (21) gleich mit einer Inversion und setzen

$$(31)\quad \left\{ x_2+ir_2 = \frac{\alpha_1+\beta_1(x_0+ir_0)}{\alpha_2+\beta_2(x_0+ir_0)} = \frac{\alpha_1+\beta_1\left(a+\dfrac{b}{\wp(t+iu)-c}\right)}{\alpha_2+\beta_2\left(a+\dfrac{b}{\wp(t+iu)-c}\right)}, \right.$$

wo die α, β reell, die a, b, c complexe Grössen sind, so kann man (31) offenbar auf die Form bringen

$$(32)\qquad x_2+ir_2 = \xi+i\eta+\frac{p_1+iq_1}{\wp(t+iu)-(p_2+iq_2)},$$

oder

$$x_2-\xi+i(r_2-\eta) = \frac{p_1+iq_1}{\wp(t+iu)-(p_2+iq_2)},$$

und da es ja auf die Lage unserer Meridiancurve in Beziehung auf den Anfangspunkt der Coordinaten gar nicht ankommt, so ist endgiltig:

$$(33)\qquad x_1+ir_1 = \frac{p_1+iq_1}{\wp(t+iu)-(p_2+iq_2)}$$

zu untersuchen. Setzen wir wieder, wie früher, $x+ir = \wp(t+iu)$, so ist

$$(34)\qquad x+ir = \frac{p_1+iq_1+(p_2+iq_2)(x_1+ir_1)}{x_1+ir_1},$$

folglich

$$(35)\quad \left\{ \begin{aligned} &x^2+r^2 \\ &= \frac{p_1^2+q_1^2+(p_2^2+q_2^2)(x_1^2+r_1^2)+2(p_1p_2+q_1q_2)x_1-2(p_1q_2-q_1p_2)r_1}{x_1^2+r_1^2}, \\ &x = \frac{p_1x_1+q_1r_1+p_2(x_1^2+r_1^2)}{x_1^2+r_1^2} \end{aligned} \right.$$

in die Gleichung (8), nachdem dort ϱ durch den Parameter λ ersetzt ist, einzuführen. Es ergiebt sich eine Meridiancurve, deren Gleichung die Form hat[1]):

[1]) Man vergl. Haentzschel, Ueber das Cartesische Oval, Grunert's Archiv, Bd. 69, S. 403, 1883.

$$(36)\quad \begin{cases} A(x_1^2+r_1^2)^2+Bx_1(x_1^2+r_1^2)+Cr_1(x_1^2+r_1^2)+Dx_1^2 \\ \qquad +Er_1^2+Fx_1r_1+Gx_1+Hr_1+J=0 \end{cases}$$

und deren Coefficienten explicite lauten:

$$(37)\quad \begin{cases} A=\left((p_2-\lambda)^2+q_2^2-\frac{1}{3}\left(6\lambda^2-\frac{g_2}{2}\right)\right)^2-(4\lambda^3-g_2\lambda-g_3)(2p_2+\lambda), \\ B=\quad 4(p_1p_2+q_1q_2-\lambda p_1)\left\{(p_2-\lambda)^2+q_2^2-\frac{1}{3}\left(6\lambda^2-\frac{g_2}{2}\right)\right\} \\ \qquad\qquad -2p_1(4\lambda^3-g_2\lambda-g_3), \\ C=-4(p_1q_2-q_1p_2+\lambda q_1)\left\{(p_2-\lambda)^2+q_2^2-\frac{1}{3}\left(6\lambda^2-\frac{g_2}{2}\right)\right\} \\ \qquad\qquad -2q_1(4\lambda^3-g_2\lambda-g_3), \\ D=\quad 4(p_1p_2+q_1q_2-\lambda p_1)^2 \\ \qquad\qquad +2(p_1^2+q_1^2)\left\{(p_2-\lambda)^2+q_2^2-\frac{1}{3}\left(6\lambda^2-\frac{g_2}{2}\right)\right\}, \\ E=\quad 4(p_1q_2-q_1p_2+\lambda q_1)^2 \\ \qquad\qquad +2(p_1^2+q_1^2)\left\{(p_2-\lambda)^2+q_2^2-\frac{1}{3}\left(6\lambda^2-\frac{g_2}{2}\right)\right\}, \\ F=-8(p_1p_2+q_1q_2-\lambda p_1)(p_1q_2-q_1p_2+\lambda q_1), \\ G=+4(p_1^2+q_1^2)(p_1p_2+q_1q_2-\lambda p_1), \\ H=-4(p_1^2+q_1^2)(p_1q_2-q_1p_2+\lambda q_1), \\ J=(p_1^2+q_1^2)^2. \end{cases}$$

Die Coefficienten der Gleichung (36), welche sich auf acht reduciren lassen, sind Functionen der fünf Coefficienten des elliptischen Radicandus und des Parameters λ; folglich müssen zwischen ihnen zwei Bedingungsgleichungen existiren. Dieselben lauten:

$$(38)\quad \text{a)}\ GH-2JF=0, \qquad \text{b)}\ G^2-H^2=4J(D-E).$$

Für $\lambda=e_1,\ e_2,\ e_3$ entartet die Meridiancurve (36) in die doppelt zu zählenden Kreise:

$$(39)\quad \begin{cases} s_1=(x_1^2+r_1^2)\{(p_2-e_1)^2+q_2^2-(2e_1^2+e_2e_3)\}+2x_1\{p_1p_2+q_1q_2-e_1p_1\} \\ \qquad -2r_1\{p_1q_2-q_1p_2+e_1q_1\}+p_1^2+q_1^2=0, \\ s_2=(x_1^2+r_1^2)\{(p_2-e_2)^2+q_2^2-(2e_2^2+e_3e_1)\}+2x_1\{p_1p_2+q_1q_2-e_2p_1\} \\ \qquad -2r_1\{p_1q_2-q_1p_2+e_2q_1\}+p_1^2+q_1^2=0, \\ s_3=(x_1^2+r_1^2)\{(p_2-e_3)^2+q_2^2-(2e_3^2+e_1e_2)\}+2x_1\{p_1p_2+q_1q_2-e_3p_1\} \\ \qquad -2r_1\{p_1q_2-q_1p_2+e_3q_1\}+p_1^2+q_1^2=0, \end{cases}$$

wie sich aus dem Analogon der Cayley'schen Gleichung (12) sofort ergiebt, das man erhält, wenn man die Werthe von (35) in (12) einführt. Die Mittelpunkte dieser drei Kreise haben die Coordinaten:

$$(40)\quad \begin{cases} \text{a)}\; -\dfrac{p_1p_2+q_1q_2-e_1p_1}{(p_2-e_1)^2+q_2^2-(2e_1^2+e_2e_3)},\; \dfrac{p_1q_2-q_1p_2+e_1q_1}{(p_2-e_1)^2+q_2^2-(2e_1^2+e_2e_3)}; \\ \text{b)}\; -\dfrac{p_1p_2+q_1q_2-e_2p_1}{(p_2-e_2)^2+q_2^2-(2e_2^2+e_3e_1)},\; \dfrac{p_1q_2-q_1p_2+e_2q_1}{(p_2-e_2)^2+q_2^2-(2e_2^2+e_3e_1)}; \\ \text{c)}\; -\dfrac{p_1p_2+q_1q_2-e_3p_1}{(p_2-e_3)^2+q_2^2-(2e_3^2+e_1e_2)},\; \dfrac{p_1q_2-q_1p_2+e_3q_1}{(p_2-e_3)^2+q_2^2-(2e_3^2+e_1e_2)}; \end{cases}$$

und die Radien derselben sind gegeben durch:

$$(41)\quad \begin{cases} r_1'^2 = \dfrac{(p_1^2+q_1^2)(2e_1^2+e_2e_3)}{\{(p_2-e_1)^2+q_2^2-(2e_1^2+e_2e_3)\}^2}; \\ r_2'^2 = \dfrac{(p_1^2+q_1^2)(2e_2^2+e_3e_1)}{\{(p_2-e_2)^2+q_2^2-(2e_2^2+e_3e_1)\}^2}; \\ r_3'^2 = \dfrac{(p_1^2+q_1^2)(2e_3^2+e_1e_2)}{\{(p_2-e_3)^2+q_2^2-(2e_3^2+e_1e_2)\}^2}. \end{cases}$$

Man kann nun nach (16) sofort die Darstellung von (36) in Dreikreis-Coordinaten niederschreiben. Für die Möglichkeit $g_2^3-27g_3^2>0$ besitzt die Curve sechzehn Brennpunkte, davon sind jedoch nur vier reell; dieselben liegen auf einem Kreise. Die drei Grössen e sind reell; deshalb sind es auch die drei Kreise (39), die einander orthogonal schneiden. Dieselben werden von einem vierten Kreise, ihrer Jacobi'schen Curve, orthogonal geschnitten; man erhält denselben, wenn man in (36) $\lambda=\infty$ setzt. Die Gleichung desselben ist:

$$(42)\qquad s_4 = q_2(x_1^2+r_1^2)+q_1x_1-p_1r_1 = 0,$$

er hat den Mittelpunkt:

$$(43)\qquad -\frac{q_1}{2q_2},\; \frac{p_1}{2q_2}$$

und der Radius ist bestimmt durch:

$$r_4^2 = \frac{p_1^2+q_1^2}{4q_2^2}.$$

Der soeben erwähnte Focalkreis ist der Kreis, auf welchem die drei Mittelpunkte (40) liegen. Die Coordinaten des Mittelpunktes dieses fünften Kreises sind proportional mit $\frac{1}{q_2}$. Dieser fünfte Kreis geht wie der vierte für $q_2=0$ und $q_1=0$ in die x_1-Achse, für $q_2=0$ und $p_1=0$ in die r_1-Achse über. Werfen wir überhaupt einen Blick auf die Coefficienten (37), so erkennen wir, dass A niemals verschwinden kann. Denn da $A = 0$ identisch ist mit der Gleichung (12) für $x = p_2$, $r = q_2$, so müsste alsdann $x + ir = \wp(t + iu) = p_2 + iq_2$, d. h. $x_1 + ir_1 = \infty$ sein, wie es Gleichung (33) lehrt; von einer Meridiancurve könnte alsdann keine Rede sein. Für

$$(44) \qquad q_1 = q_2 = 0 \quad \text{sind} \quad C = 0, \;\; F = 0, \;\; H = 0.$$

Gleichung (36) wird identisch mit (28), wenn $x_2 - \xi$ statt x_1, $r_2 - \eta$ statt r_1 gesetzt wird und nachträglich der Index 2 von x und r durch den Index 1 vertauscht wird. Ausserdem bestehen die Beziehungen:

$$(45) \qquad \begin{cases} \xi = \dfrac{\beta_1}{\beta_2}; & p_1 = \dfrac{\alpha_1\beta_2 - \alpha_2\beta_1}{\beta_2^2} = \dfrac{\varkappa_{12}}{\beta_2^2}; \\ p_2 = -\dfrac{\alpha_2}{\beta_2}; & q_1 = q_2 = \eta = 0. \end{cases}$$

Für

$$(46) \qquad p_1 = q_2 = 0 \quad \text{sind} \quad B = 0, \;\; F = 0, \;\; G = 0;$$

es entsteht eine Meridiancurve, welche in so fern das Analogon zu (28) ist, als gleichsam x_1 und r_1 vertauscht worden sind oder das Achsenkreuz um 90° gedreht worden ist.

Es verlohnt sich einen Augenblick hier zu verweilen. Nach Theil I, Gleichung (20) ist:

$$(47) \quad F'^2(\xi) = AF^4(\xi) + 4BF^3(\xi) + 6CF^2(\xi) + 4B'F(\xi) + A'.$$

Gesetzt, wir hätten durch die Substitution mit reellen Coefficienten

$$(48) \qquad F(\xi) = \frac{m_1 + n_1\varphi(\xi)}{m_2 + n_2\varphi(\xi)} = x_2 + ir_2$$

die Gleichung (47) transformirt auf die Legendre'sche Normalform

$$(49) \qquad \varphi'^2(\xi) = (P_1 + Q_1\varphi^2(\xi))(P_2 + Q_2\varphi^2(\xi))$$

und wenden erst jetzt die Weierstrass'sche Substitution an

$$(50) \qquad \varphi(\xi) = a_1 + \frac{\frac{1}{4}R'(a_1)}{\wp(\xi - \xi_0) - \frac{1}{24}R''(a_1)} = x_1 + ir_1$$

so kann die Wurzel a_1 nur reell oder rein imaginär sein. Gehen wir die einzelnen Möglichkeiten durch, so haben wir:

α) Alle vier Wurzeln a reell; $g_2^3 - 27g_3^2 > 0$.

Man leite das Cartesische Oval $x + ir = \wp(\xi - \xi_0)$ her, mache die durch (50) angedeutete Inversion mit reellen Coefficienten, und alsdann die in (48) gegebene; das Endresultat ist die Curve (28).

β) Zwei Wurzeln reell, zwei complex; $g_2^3 - 27 g_3^2 < 0$.

Unterfall 1): Man verwendet zur Reduction von (49) auf (50) eine reelle Wurzel a_1, es ist alles genau so wie in α; man gelangt zur Curve (28).

Unterfall 2): Man verwendet zur Reduction auf die Weierstrass'sche Normalform eine rein imaginäre Wurzel a_1 des Radikandus (49); dann ist $\frac{1}{4}R'(a_1)$ rein imaginär, $\frac{1}{24}R''(a_1)$ aber reell, demnach kann man (50) schreiben:

$$(50\alpha) \qquad x_1 + i r_1 = i\left(\mathfrak{a}_1 + \frac{\frac{1}{4}\mathfrak{R}'(\mathfrak{a}_1)}{\wp(\xi - \xi_0) - \frac{1}{24}R''(a_1)}\right),$$

oder

$$(50\beta) \qquad r_1 - i x_1 = \mathfrak{a}_1 + \frac{\frac{1}{4}\mathfrak{R}'(\mathfrak{a}_1)}{\wp(\xi - \xi_0) - \frac{1}{24}R''(a_1)},$$

d. h. man führe die Inversion mit reellen Coefficienten am Cartesischen Oval $x + ir = \wp(\xi - \xi_0)$ durch, wie es die rechte Seite von (50β) lehrt; ersetze alsdann $x_1\}$ durch r_1 und $r_1\}$ durch $-x_1$, oder drehe die Meridiancurve um 90° im entgegengesetzten Sinne des Uhrzeigers, und führe jetzt die Inversion (48) durch. Das Endresultat ist die Curve (36); die vor der letzten Inversion entstandene Curve entspricht dem Fall (46).

γ) Alle vier Wurzeln von (47) complex; $g_2^3 - 27 g_3^2 > 0$.

Das soeben unter β) Unterfall 2) Gesagte gilt hier wörtlich.

Lässt man nun die Meridiancurve (36) um die x_1-Achse rotiren, so entsteht ein Körper von der achten Ordnung, denn es ist $r_1 = \sqrt{y_1^2 + z_1^2}$ zu setzen. Der Körper bleibt von der achten Ordnung für $\lambda = 0$; er wird auf Grund von (42) für $\lambda = \infty$ zu einem solchen von der vierten Ordnung, zu einem Kreisring, nachdem noch die in (32) angedeutete Verschiebung des Coordinatensystems vorgenommen ist. Besteht die Meridiancurve (36) aus zwei Zügen, so kann ein ringförmiger Körper achter Ordnung entstehen; in der Preisschrift des Herrn Wangerin finden sich Andeutungen über die Existenz solcher Körper, aber nur von der vierten Ordnung, vor.

Die zugehörigen Differentialgleichungen sind durch Theil I, (38) gegeben; die Sonderfälle $e_\lambda = e_\mu$ und $e_\lambda = e_\mu = e_\nu = 0$, für welche die Differentialgleichungen einfach periodische bez. algebraische Coefficienten bekommen, erfordern für die Meridiancurven (36) eine besondere Untersuchung, die an anderer Stelle geführt werden soll.

§ 4.

Wir sind in der glücklichen Lage, die Richtigkeit der Ausdrücke (37) für die Coefficienten der Gleichung (36) controlliren zu können, indem wir den Beweis antreten für die Giltigkeit der folgenden Behauptung der Weierstrass-Schwarz'schen Formelsammlung, wo es im Artikel 51 auf Seite 75 lautet: „Durch die Function

$$[\mathrm{I}] \qquad -\sqrt{\frac{\sqrt{e_2-e_3}+i\sqrt{e_1-e_2}}{\sqrt{e_2-e_3}-i\sqrt{e_1-e_2}}\cdot\frac{\wp u-e_2+i\sqrt{(e_1-e_2)(e_2-e_3)}}{\wp u-e_2-i\sqrt{(e_1-e_2)(e_2-e_3)}}}$$

wird die conforme Abbildung der einblättrigen Fläche des Rechtecks.

$$[\mathrm{II}] \qquad u=t\omega_1+t'\omega_3 \qquad (0\leqq t \lesseqgtr 1,\; 0\leqq t'\lesseqgtr 1)$$

auf die einblättrige Fläche eines Kreises mit dem Radius 1 vermittelt. Dem Mittelpunkte des Rechtecks entspricht der Mittelpunkt, jeder der beiden Mittellinien des Rechtecks entspricht ein Durchmesser des Kreises. Den Ecken des Rechtecks entsprechen die vier Punkte

$$[\mathrm{III}] \qquad \frac{\mp\sqrt{e_2-e_3}\mp i\sqrt{e_1-e_2}}{\sqrt{e_1-e_3}}.\text{“}$$

Durch Vergleichen von (32) mit [I] findet sich:

$$(51)\begin{cases}\xi=-\sqrt{\dfrac{e_2-e_3}{e_1-e_3}};\quad \eta=-\sqrt{\dfrac{e_1-e_2}{e_1-e_3}};\quad p_1=2(e_1-e_2)\sqrt{\dfrac{e_2-e_3}{e_1-e_3}};\quad p_2=e_2;\\ \qquad q_1=-2(e_2-e_3)\sqrt{\dfrac{e_1-e_2}{e_1-e_3}};\quad q_2=\sqrt{(e_1-e_2)(e_2-e_3)}.\end{cases}$$

Daher

$$(52)\begin{cases} p_1p_2+q_1q_2-\lambda p_1=2(e_1-e_2)(e_3-\lambda)\sqrt{\dfrac{e_2-e_3}{e_1-e_3}},\\ p_1q_2-q_1p_2+\lambda q_1=2(e_2-e_3)(e_1-\lambda)\sqrt{\dfrac{e_1-e_2}{e_1-e_3}},\\ (p_2-\lambda)^2+q_2^2-\frac{1}{3}\left(6\lambda^2-\dfrac{g_2}{2}\right)=-2(\lambda-e_1)(\lambda-e_3),\\ p_1^2+q_1^2=4(e_1-e_2)(e_2-e_3)=L.\end{cases}$$

Weiter aus (37):

$$(53)\quad \begin{cases} A = -(\lambda-e_1)(\lambda-e_3)L, \\ B = 4(\lambda-e_1)(\lambda-e_3)L\sqrt{\dfrac{e_2-e_3}{e_1-e_3}}, \\ C = 4(\lambda-e_1)(\lambda-e_3)L\sqrt{\dfrac{e_1-e_2}{e_1-e_3}}, \\ D = -4\dfrac{(\lambda-e_3)}{(e_1-e_3)}L[(e_2-e_3)(\lambda-e_1)+(e_2-e_1)(e_1-e_3)], \\ E = -4\dfrac{(\lambda-e_1)}{(e_1-e_3)}L[(e_1-e_2)(\lambda-e_3)+(e_2-e_3)(e_1-e_3)], \\ F = -8(\lambda-e_1)(\lambda-e_3)L\dfrac{\sqrt{(e_1-e_2)(e_2-e_3)}}{(e_1-e_3)}, \\ G = 8(\lambda-e_3)(e_2-e_1)L\sqrt{\dfrac{e_2-e_3}{e_1-e_3}}, \\ H = 8(\lambda-e_1)(e_2-e_3)L\sqrt{\dfrac{e_1-e_2}{e_1-e_3}}, \\ J = L^2. \end{cases}$$

Setzen wir dies in (36) ein, so können wir durch L heben, vorausgesetzt dass L nicht verschwindet; geschähe es, so würde sich ja [I] auf -1 oder $-i$ reduciren und von einer Lösung der Abbildungsaufgabe könnte nicht die Rede sein. Der Kreis $s_1 = 0$ wird durch die Gerade $x_1 = \sqrt{\dfrac{e_2-e_3}{e_1-e_3}}$, also einer Parallelen zur r_1-Achse, — der Kreis $s_3 = 0$ wird durch die Gerade $r_1 = \sqrt{\dfrac{e_1-e_2}{e_1-e_3}}$, also einer Parallelen zur x_1-Achse dargestellt. Der Kreis $s_2 = 0$ ist imaginär, seine Gleichung lautet:

$$s_2 = \left(x_1 - \sqrt{\frac{e_2-e_3}{e_1-e_3}}\right)^2 + \left(r_1 - \sqrt{\frac{e_1-e_2}{e_1-e_3}}\right)^2 + 1 = 0;$$

offenbar kann also von einem Niederschreiben unserer Curve in Dreikreiscoordinaten nicht die Rede sein, denn $r_1 = \infty$ und $r_3 = \infty$. Die Gleichung des Orthogonalkreises $s_4 = 0$ lautet:

$$(54)\quad s_4 = \left(x_1 - \sqrt{\frac{e_2-e_3}{e_1-e_3}}\right)^2 + \left(r_1 - \sqrt{\frac{e_1-e_2}{e_1-e_3}}\right)^2 - 1 = 0.$$

Ist das Rechteck $ABCD$ gegeben, so ist auf der Seite AB stets

$t'\omega_3 = 0$, d. h. $\varrho_1 = \wp(2t'\omega_3) = \wp(0) = \infty$. Setzen wir aber $\lambda = \varrho_1 = \infty$ in (36) ein, so ergiebt sich der Einheitskreis s_4. Auf der Seite BC ist $t\omega_1 = \omega_1$, d. h. $\varrho = \wp(2t\omega_1) = \wp(2\omega_1) = \infty$; also $\lambda = \varrho = \infty$; auch dieser Seite entspricht der Einheitskreis s_4.

Auf der Seite CD ist $t'\omega_3 = \omega_3$, d. h. $\varrho_1 = \wp(2t'\omega_3) = \wp(2\omega_3) = \infty$; also $\lambda = \varrho_1 = \infty$; auch dieser Seite entspricht der Einheitskreis s_4. Endlich auf der Seite AD ist $t\omega_1 = 0$, d. h. $\varrho = \wp(2t\omega_1) = \wp(0) = \infty$; auch dieser Seite entspricht der Einheitskreis s_4. Wir sehen also, jeder Punkt im Innern des Rechtecks ist bestimmt als Schnittpunkt zweier Curven (36), die eine mit dem Parameter $\lambda = \varrho$, die andere mit dem Parameter $\lambda = \varrho_1$; die Gesammtheit dieser Punkte wird begrenzt durch den Einheitskreis s_4, dessen Punkte den Punkten der Begrenzung des Rechtecks entsprechen. Auf der Mittellinie EF des Rechtecks, welche $\| AD$ und $\| BC$ gedacht ist, ist $t\omega_1 = \frac{\omega_1}{2}$, d. h. $\varrho = \wp(2t\omega_1) = \wp(\omega_1) = e_1$; also $\lambda = \varrho = e_1$. Der Mittellinie EF entspricht demnach der Durchmesser $x_1 = \sqrt{\frac{e_2 - e_3}{e_1 - e_3}}$, welcher hier an die Stelle des Kreises s_1 getreten ist. Auf der Mittellinie GH des Rechtecks, welche $\| AB$ und $\| CD$ gedacht ist, ist $t'\omega_3 = \frac{\omega_3}{2}$, d. h. $\varrho_1 = \wp(2t'\omega_3) = \wp(\omega_3) = e_3$; also $\lambda = \varrho_1 = e_3$. Der Mittellinie GH entspricht demnach der Kreis s_3, der sich aber hier, wie vorher gezeigt, auf den Durchmesser $r_1 = \sqrt{\frac{e_1 - e_2}{e_1 - e_3}}$ reducirt. Dem Mittelpunkt M des Rechtecks entspricht demnach der Schnittpunkt der soeben genannten Durchmesser, welcher offenbar mit dem Mittelpunkt des Einheitskreises s_4 identisch ist. — Wollen wir jetzt noch die letzte Behauptung [III] beweisen, so stellt sich in so fern eine kleine Schwierigkeit ein, als die vier Eckpunkte A, B, C, D sich als Schnittpunkte derjenigen Curven (36) darstellen, welche entstehen, wenn $\lambda = \varrho = \infty$ und $\lambda = \varrho_1 = \infty$ gesetzt wird. Dies ist aber jedes Mal der Einheitskreis, sodass sich keine bestimmten Werthe für die Coordinaten ergeben. Um solche dennoch zu erhalten, suche man die Coordinaten der Schnittpunkte des Einheitskreises s_4 mit der Curve (36) und lasse nachträglich λ unendlich gross werden. Da der Einheitskreis s_4 durch den Anfangspunkt der Coordinaten geht, so kann man seine Gleichung schreiben:

(55) $s_4 = x_1^2+r_1^2-2kx_1-2k'r_1 = 0$, d. h. es ist $x_1^2+r_1^2 = 2(kx_1+k'r_1)$. Wird dies in (36) eingeführt und dabei (53) berücksichtigt, so ergiebt sich

$$(56)\quad \begin{cases} (e_2-e_1)(\lambda-e_3)\left(x_1-\sqrt{\dfrac{e_2-e_3}{e_1-e_3}}\right)^2 \\ +(e_2-e_3)(\lambda-e_1)\left(r_1-\sqrt{\dfrac{e_1-e_2}{e_1-e_3}}\right)^2 = 0. \end{cases}$$

Aus (54) und (56) ergeben sich die vier Werthe:

$$(57)\quad \begin{cases} x_1 = \sqrt{\dfrac{e_2-e_3}{e_1-e_3}} \pm \sqrt{\dfrac{(e_2-e_3)(\lambda-e_1)}{(e_1-e_3)(\lambda-e_3)}}\,; \\ r_1 = \sqrt{\dfrac{e_1-e_2}{e_1-e_3}} \pm \sqrt{\dfrac{(e_1-e_2)(\lambda-e_3)}{(e_1-e_3)(\lambda-e_2)}}\,. \end{cases}$$

Die von Herrn H. A. Schwarz gegebenen Coordinaten sind unsere Coordinaten x_2 und r_2 aus (32). Nun ist

$$x_2 = x_1+\xi = x_1-\sqrt{\frac{e_2-e_3}{e_1-e_3}}; \quad r_2 = r_1+\eta = r_1-\sqrt{\frac{e_1-e_2}{e_1-e_3}}.$$

Setzen wir also noch $\lambda = \infty$, so ergeben sich die Coordinaten der vier Punkte in der Behauptung [III]. Bei unserem Achsenkreuz x_1, r_1 sind jene vier Punkte bestimmt durch: $A'\}\,0, 0$ (Anfangspunkt); $B'\}\,2\sqrt{\frac{e_2-e_3}{e_1-e_3}}, 0$; $D'\}\,0, 2\sqrt{\frac{e_1-e_2}{e_1-e_3}}$; $C'\}\,2\sqrt{\frac{e_2-e_3}{e_1-e_3}}, 2\sqrt{\frac{e_1-e_2}{e_1-e_3}}$. Der Mittellinie EF des Rechtecks entspricht der Durchmesser $E'F'$, wo E' die Coordinaten: $\sqrt{\frac{e_2-e_3}{e_1-e_3}}, \sqrt{\frac{e_1-e_2}{e_1-e_3}}-1$ hat, denn λ ist gleich e_1 zu setzen. Kurz (57) stellt die Coordinaten irgend eines Punktes auf der Peripherie des Kreises (54) dar; dabei ist λ entweder gleich $\varrho = \wp(2t\omega_1)$ oder gleich $\varrho_1 = \wp(2t'\omega_3)$ zu nehmen, wo t und t' durch [II] gegeben sind. — Wir knüpfen hieran folgende Bemerkung. Das von Herrn Schwarz definirte Viertel des Periodenparallelogramms, das im allgemeinen die Form eines Rechtecks hat, wird durch die Function (32) conform auf die Fläche des Kreises s_4, der Jacobi'schen Curve, so abgebildet, dass der Mittelpunkt des Rechtecks dem Mittelpunkt (Radikalcentrum) des Kreises entspricht. Den Mittellinien des Rechtecks entsprechen im allgemeinen die orthogonalen Kreise s_1 und s_3, deren Radikalachse stets durch das Radikalcentrum von s_1, s_2 und

s_3 hindurchgeht. Sollen nun den Mittellinien ebenfalls Linien entsprechen, so müssen p_2 und q_2 so gewählt werden, wie es Herr Schwarz gethan hat, damit $s_1 = 0$ und $s_3 = 0$ die Gleichungen von geraden Linien werden. Vor allem darf q_2 nicht gleich Null sein, damit nicht das Radikalcentrum in die Unendlichkeit rücke und der Kreis, welcher dem Rechteck entspricht, zu einer geraden Linie werde; wir erkennen, warum $L = 4q_2^2$ nicht gleich Null sein darf. Bisher war der Radius des Kreises s_4 beliebig. Soll derselbe gleich 1 sein, so muss $p_1^2 + q_1^2 = 4q_2^2$ sein. Die Geraden $s_1 = 0$ und $s_3 = 0$ sind Durchmesser des Kreises, wie es die Aufgabe verlangt. Herr Schwarz hat nun die nicht in der Aufgabe ausgesprochene Bedingung an diese Durchmesser geknüpft, mit den Coordinaten-Achsen $x_2 = 0$ und $r_2 = 0$ zusammenzufallen. In Folge dessen ist die doppeltperiodische Abbildungsfunction noch mit dem Factor:

$$-\sqrt{\frac{\sqrt{e_2-e_3}+i\sqrt{e_1-e_2}}{\sqrt{e_2-e_3}-i\sqrt{e_1-e_2}}}$$

behaftet; ausserdem liegen die vier Punkte, welche den vier Ecken des Rechtecks entsprechen, nicht auf den Achsen und haben die oben angegebenen Coordinaten. Lässt man die so eben angedeutete Nebenbedingung fallen, so leistet die einfachere Function

$$(\Gamma) \qquad x_2 + ir_2 = \frac{\wp(t+iu)-e_2+i\sqrt{(e_1-e_2)(e_2-e_3)}}{\wp(t+iu)-e_2-i\sqrt{(e_1-e_2)(e_2-e_3)}}$$

alles was die Aufgabe verlangt, jedoch liegen die vier Punkte, welche den vier Ecken des Rechtecks entsprechen, auf den Achsen $x_2 = 0$ und $r_2 = 0$ und haben natürlich die Coordinaten: $\left.\begin{matrix} 0, \pm 1 \\ \text{bez. } \pm 1, 0 \end{matrix}\right\}$; es ist $p_1 = 0$; $q_1 = 2q_2$; $\xi = 1$; $\eta = 0$.

Die Punkte auf der Peripherie des Einheitskreises sind bestimmt durch ihre Coordinaten:

$$x_2 = \pm \frac{2r_2}{\sqrt{L}} [(\lambda - e_2) - \sqrt{(\lambda-e_1)(\lambda-e_3)}];$$

$$r_2 = \pm \frac{\sqrt{L}}{2\sqrt{\frac{L}{4} + \{\lambda - e_2 - \sqrt{(\lambda-e_1)(\lambda-e_3)}\}^2}},$$

wodurch man im Stande ist zu jedem Punkte auf dem Umfange des

Rechtecks den entsprechenden auf der Peripherie des Kreises zu finden. Irgend ein Punkt im Innern des Rechtecks, gegeben durch seine Coordinaten (t, u), hat zum entsprechenden Punkte einen solchen im Innern des Kreises, der sich darstellt als Schnittpunkt zweier Curven (36) mit den Parametern $\wp(2t)$ bez. $\wp(2iu)$. Für die Abbildungsfunction (Γ) lauten die zu (36) gehörigen Coefficienten:

$$(53') \quad \begin{cases} A = -(\lambda-e_1)(\lambda-e_3)L, \\ B = -4(\lambda-e_1)(\lambda-e_3)L, \\ C = 0, \\ D = L(L-4(\lambda-e_1)(\lambda-e_3)), \\ E = 4L((\lambda-e_2)^2-(\lambda-e_1)(\lambda-e_3)), \\ F = -4L\sqrt{L}(\lambda-e_3), \\ G = 2L^2, \\ H = -4L\sqrt{L}(\lambda-e_2), \\ J = L^2. \end{cases}$$

§ 5.

Wir haben im § 2 des ersten Theiles darauf hingewiesen, dass auch die von uns entwickelte Meridiancurve (36), obschon allgemeiner als die allgemeinste des Herrn Wangerin, noch nicht als die allgemeinste gelten kann, denn nach Herrn Weierstrass ist als die allgemeinste Form des Integrals von Gleichung (20), Theil I. anzusehen:

$$(58) \begin{cases} F(t+iu) = \\ x_0 + \dfrac{\sqrt{R(x_0)}\sqrt{4s^3-g_2s-g_3}+\frac{1}{2}R'(x_0)[s-\frac{1}{24}R''(x_0)]+\frac{1}{24}R(x_0)R'''(x_0)}{2[s-\frac{1}{24}R''(x_0)]^2-\frac{1}{2}AR(x_0)}. \end{cases}$$

Dabei ist $s = \wp(t+iu)$, x_0 irgend eine reelle oder complexe Constante; für $s = \infty$ ist $F(t+iu) = x_0$. Die Gleichung (58) ist nun im Sinne der conformen Abbildung zu deuten; wir wollen unsere Aufgabe dahin einschränken, dass wir ermitteln, den Geraden $t =$ constans und $u =$ constans entsprechen Curven sechzehnter Ordnung; das Niederschreiben der Coefficienten der Gleichungen dieser Curven, sowie die Trennung der Variabeln behufs Aufstellung der Differentialgleichungen, wie es im I. Theile geschah, versparen wir uns für eine andere Gelegenheit. Die gestellte Aufgabe ist in so fern interessant, als nach Herrn Holzmüller (Einführung in die Theorie der isogonalen Verwandtschaften u. s. w. Leipzig, Teubner, 1882; S. 235) bisher nur ein von Herrn Lindemann (Mathematische Annalen, Bd. 19; Seite 329—331) ausgeführtes Beispiel einer irrationalen Verwandtschaft existirt, welches jedoch einfacher ist als das unsrige.

Wir nehmen drei Ebenen an; 1) die Ebene der t, u; 2) die Ebene des Cartesischen Ovals; jeder Punkt des Ovals habe die Kreiscoordinaten s, σ; so dass also $s = \wp(t+iu)$, $\sigma = \wp(t-iu)$; 3) die Ebene der aufzusuchenden Meridiancurve. Jeder Punkt dieser Curve ist definirt durch die Kreiscoordinaten $x_1+ir_1-x_0 = v$, $x_1-ir_1-\overline{x_0} = w$, wenn $\overline{x_0}$ die conjugirte Grösse zu x_0 bedeutet. Nach den Vorlesungen des Herrn Weierstrass kann (58) geschrieben werden:

$$(59)\quad \begin{cases} v^2 s^3 - s[r_0 + \tfrac{1}{2} r_1 v + \tfrac{1}{6} r_2 v^2] \\ + \tfrac{1}{4} \left\{ \left(\frac{r_1^2}{4} - 2\frac{r_0 r_2}{3} \right) + \left(\frac{r_1 r_2}{6} - r_0 r_3 \right) v + \left(\frac{r_2^2}{36} - r_0 r_4 \right) v^2 \right\} = 0. \end{cases}$$

Dabei ist

$$(60)\quad \begin{cases} r_0 = R(x_0), \quad r_1 = R'(x_0), \quad r_2 = \tfrac{1}{2} R''(x_0), \\ \qquad r_3 = \tfrac{1}{6} R'''(x_0), \quad r_4 = \tfrac{1}{24} R^{(4)}(x_0) = A. \end{cases}$$

(59) lässt sich abgekürzt schreiben:

$$(61)\qquad l s^2 + m s + n = 0.$$

Dazu gehört die Gleichung

$$(62)\qquad \lambda \sigma^2 + \mu \sigma + \nu = 0,$$

welche aus (61) hervorgeht, indem überall die conjugirt imaginären Grössen gesetzt werden.

(61) und (62) vermitteln den Zusammenhang zwischen Ebene 2) und 3); denselben hat Herr Lindemann erforscht, wenn noch $m = 0$ und $\mu = 0$ ist. Unsere Aufgabe aber ist, den Zusammenhang zwischen Ebene 1) und Ebene 3) zu ermitteln; dazu muss noch der Zusammenhang zwischen Ebene 1) und Ebene 2) gegeben sein. Der letztere ist bekannt aus Gleichung (5) dieses Theiles und lautet, nachdem noch v und w dort durch s und σ ersetzt sind:

$$(63)\quad s^2\sigma^2 + \alpha + (s+\sigma)^2\beta + (s+\sigma)s\sigma\gamma + s\sigma\delta + (s+\sigma)\varepsilon = 0.$$

Aus (61) folgt:

$$s^2 = -\frac{(ms+n)}{l} \quad \text{und aus (62):} \quad \sigma^2 = -\frac{(\mu\sigma+\nu)}{\lambda}.$$

Dies in (63) substituirt, führt auf:

$$(64)\qquad As\sigma+Bs+C\sigma+D=0,$$

wo

$$(65)\qquad \begin{cases} A=\mu(m-\gamma l)+\lambda\{2\beta+\delta)l-\gamma m\}, \\ B=\nu(m-\gamma l)+\lambda\{\quad \varepsilon l \quad -\beta m\}, \\ C=\mu(n-\beta l)+\lambda\{\quad \varepsilon l \quad -\gamma n\}, \\ D=\nu(n-\beta l)+\lambda\{\quad \alpha l \quad -\beta n\}. \end{cases}$$

Aus (64) folgt:

$$s=-\frac{(C\sigma+D)}{(A\sigma+B)}.$$

Dies in (61) eingeführt, ergiebt:

$$(66)\qquad \begin{cases} \sigma^2(lC^2-mAC+A^2n)+\sigma(2lCD-mAD-mBC+2nAB) \\ \qquad +(lD^2-BDm+B^2n)=0. \end{cases}$$

Dazu

$$(62)\qquad \sigma^2\lambda+\sigma\mu+\nu=0,$$

lässt durch Elimination von σ die Gleichung der gesuchten allgemeinsten Meridiancurve in der Form erscheinen:

$$(67)\qquad \begin{cases} [(lC^2+A[An-Cm])\nu-(lD^2+B[Bn-Dm])\lambda]^2 \\ =[(lC^2+A[An-Cm])\mu-(2lCD+A[Bn-Dm]+B[An-Cm])\lambda] \\ \times[(2lCD+A[Bn-Dm]+B[An-Cm])\nu-(lD^2+B[Bn-Dm])\mu]. \end{cases}$$

Hier sind aber noch einige Vereinfachungen möglich. Wir merken die Umformungen und Abkürzungen an:

$$(68)\qquad \begin{cases} An-Cm=l\varphi=l\{\mu(\beta m-\gamma n)+\lambda(n(2\beta+\delta)-\varepsilon m)\}, \\ Bn-Dm=l\psi=l\{\nu(\beta m-\gamma n)+\lambda(n\varepsilon-\alpha m)\}. \end{cases}$$

Die Gleichung (67) ist jetzt erstens durch l^2 theilbar und gewinnt die Gestalt:

$$(69)\qquad \begin{cases} [\nu(C^2+A\varphi)-\lambda(D^2+B\psi)]^2=[\mu(C^2+A\varphi)-\lambda(2CD+A\psi+B\varphi)] \\ \qquad\qquad \times[\nu(2CD+A\psi+B\varphi)-\mu(D^2+B\psi)]. \end{cases}$$

Werden nun die Werthe aus (65) und (68) eingesetzt, so nimmt die Gleichung (69) die neue Form an:

$$(70)\begin{cases} [\nu\mu^2P+\lambda\nu(\mu Q-\nu P)+\lambda^2\nu R-\lambda^3 T]^2= \\ [\mu^3P+\lambda\mu(\mu Q-2\nu P)+\lambda^2(\mu R-\nu Q)-\lambda^3 S][\nu^2\mu P+\lambda\nu^2 Q+\lambda^2(\nu S-\mu T)], \end{cases}$$

wo die angewandten Abkürzungen die nachstehende Bedeutung haben:

$$(71)\begin{cases} P = (n-\beta l)^2+(m-\gamma l)(\beta m-\gamma n), \\ Q = 2(n-\beta l)(\varepsilon l-\gamma n)+(\beta m-\gamma n)(l(2\beta+\delta)-\gamma m) \\ \qquad\qquad +(m-\gamma l)(n(2\beta+\delta)-\varepsilon m), \\ R = (\varepsilon l-\gamma n)^2+(l(2\beta+\delta)-\gamma m))(n(2\beta+\delta)-\varepsilon m) \\ \qquad -2(n-\beta l)(\alpha l-\beta n)-(\beta m-\gamma n)(\varepsilon l-\beta m)-(m-\gamma l)(\varepsilon n-\alpha m), \\ S = 2(\alpha l-\beta n)(\varepsilon l-\gamma n)+(\varepsilon n-\alpha m)(l(2\beta+\delta)-\gamma m) \\ \qquad +(\varepsilon l-\beta m)(n(2\beta+\delta)-\varepsilon m), \\ T = (\alpha l-\beta n)^2+(\varepsilon l-\beta m)(\varepsilon n-\alpha m). \end{cases}$$

Werden die Klammern in (70) gelöst, so wird die Gleichung der Meridiancurve zweitens durch λ^2 theilbar und lautet für unseren Zweck endgültig:

$$(72)\begin{cases} \nu^4P^2+\nu^3\mu PQ+\nu^2\mu^2PR-\nu\mu^3PS+\mu^4PT \\ +\lambda\{\nu^3(Q^2-2PR)+\nu^2\mu(QR+3PS)-\nu\mu^2(QS+4PT)+\mu^3QT\} \\ +\lambda^2\{\nu^2(R^2+2PT+2QS)-\nu\mu(RS+3QT)+\mu^2RT\} \\ +\lambda^3\{\nu(S^2-2RT)-\mu ST\}+\lambda^4T^2 = 0. \end{cases}$$

Erinnern wir uns der Bedeutung von l, m, n als Functionen zweiter Ordnung der Kreiscoordinate $v = x_1+ir_1-x_0$, und der Bedeutung von λ, μ, ν als den conjugirten Functionen zweiter Ordnung der Kreiscoordinate $w = x_1-ir_1-\bar{x}_0$, so sind die Glieder höchster Potenz solche mit $(vw)^8 = [(x_1-a)^2+(r_1-b)^2]^8$, d. h. die Meridiancurve (72) ist von der sechzehnten Ordnung; der zugehörige Rotationskörper ist von der zweiunddreissigsten Ordnung, da (72) auch Glieder enthält, welche mit $r_1 = \sqrt{y_1^2+z_1^2}$ proportional sind.

Die Gleichung (72) stellt zwei Schaaren von orthogonalen Curven dar; denn die Coefficienten α, β, γ u. s. w des Cartesischen Ovals sind entweder Functionen des Parameters $\varrho = \wp(2t)$ oder des Parameters $\varrho_1 = \wp(2iu)$. Aber jede Schaar selbst zerfällt in zwei Klassen, jenachdem x_0 eine reelle Constante, also $x_0 = \bar{x}_0$, oder x_0 eine complexe Grösse ist mit dem conjugirten Werthe $\bar{x}_0$. Bemerkenswerth ist der besondere Fall, dass x_0 eine Wurzel von $R(x) = 0$, also $r_0 = 0$ ist. Dann werden (61) und (62) zu vollständigen Quadraten, nämlich es ist $m^2-4nl = 0$ und $\mu^2-4\nu\lambda = 0$; Gleichung (58) geht in unsere frühere Gleichung (21) über; Gleichung (72) der Meridiancurve wird die vierte Potenz entweder der Meridiancurve (28), wenn x_0 reell, oder der Meridiancurve (36), wenn x_0 complex ist. Die Grössen P

und T aus (71) lassen sich z. B. schreiben:

$$P = \left(n+\beta l - \frac{\gamma m}{2}\right)^2 + (m^2-4nl)\left(\beta - \frac{\gamma^2}{4}\right),$$

$$T = \left(\beta n+\alpha l - \frac{\varepsilon m}{2}\right)^2 + (m^2-4nl)\left(\alpha\beta - \frac{\varepsilon^2}{4}\right),$$

und werden demnach zu Quadraten für $m^2-4nl=0$; kurz in (72) können Vereinfachungen vorgenommen werden, auf die hier nicht näher eingegangen werden soll. Gleichung (72) ist der Ausdruck der Muttercurve, welche alle bisher aufgestellten algebraischen Isothermen als Sonderfälle in sich enthält, sofern dieselben Fundamentalcurven in dem noch gleich zu erörternden Sinne sind.

§ 6.

Wie wir im § 2 des ersten Theiles gesehen haben, giebt es noch eine zweite Lösung der von Herrn Wangerin aufgestellten partiellen Differentialgleichungen, der nun noch eine kurze Betrachtung gewidmet werden soll. Es war

$$r+ix = \varphi(t+iu), \tag{73}$$

wo $\varphi(t+iu) = \varphi(\xi)$ bestimmt ist durch die Gleichung:

$$\varphi'^2(\xi) = -A\varphi^4(\xi) - 4Bi\varphi^3(\xi) + 6C\varphi^2(\xi) + 4B'i\varphi(\xi) - A'. \tag{74}$$

Das Integral ist:

$$\varphi(\xi) = a_1 + \frac{\frac{1}{4}R'(a_1)}{\wp(\xi-\xi_0) - \frac{1}{24}R''(a_1)}; \tag{75}$$

doch hat $\wp(\xi-\xi_0)$ dieselben Invarianten wie die bisherige $\wp$-Function, wie wir a. a. O. gezeigt haben. Um zu zeigen, dass sich wesentlich neues nicht ergiebt, transformiren wir (74) auf eine Gleichung von genau derselben Form wie I, 20.

Setzen wir

$$\varphi(\xi) = i\psi(\xi), \tag{76}$$

so entsteht

$$\psi'^2(\xi) = A\psi^4(\xi) + 4B\psi^3(\xi) + 6C\psi^2(\xi) + B'\psi(\xi) + A'. \tag{77}$$

Also ist

$$r+ix = i\psi(\xi) = i(r_1+ix_1),$$

oder

$$x+i(-r) = r_1+ix_1; \tag{78}$$

d. h. nachdem die Gleichung (77) gedeutet worden im Sinne der conformen Abbildung und man Meridiancurven von der Form der Gleichungen (28), (36) und (72) erhalten hat, in denen aber r_1 statt x_1 und x_1 statt r_1 steht, vertausche man schliesslich wieder r_1 mit x und x_1 mit $-r$; es ist also nur das Vorzeichen von r_1 in das entgegengesetzte zu verwandeln, wodurch in (36) und (72) eine Aenderung entsteht.

Sei im besonderen $A=0$, und $C=0$, so ist

$$\varphi'(\xi)^2 = -4Bi\varphi^3(\xi)+4B'i\varphi(\xi)-A'.$$

Man setze:

$$\varphi(\xi) = \frac{i\sigma(\xi)}{B},$$

so ist

$$\sigma'^2(\xi) = 4\sigma^3(\xi)+4BB'\sigma(\xi)+A'B^2,$$

oder für

$$g_2 = -4BB', \quad g_3 = -A'B^2,$$

ist

$$\sigma'^2(\xi) = 4\sigma^3(\xi)-g_2\sigma(\xi)-g_3,$$

d. h.

$$\sigma(\xi) = \wp(\xi-\xi_0),$$

also

$$\varphi(\xi) = i\wp(\xi-\xi_0),$$

oder

$$r+ix = \frac{i}{B}\wp(t+iu),$$

oder

$$x+i(-r) = \frac{1}{B}\wp(t+iu).$$

Setzt man jetzt noch $B=1$, so kommt man auf § 1 zurück, nur dass statt $(+r)$ zu setzen ist $(-r)$, was aber im Resultat, der Meridiancurve (7), keinerlei Aenderung hervorruft.

§ 7.

Die Anzahl der Rotationskörper, für welche das von Herrn Wangerin gegebene Verfahren der Trennung der Variablen zum Ziele führt, ist keineswegs auf die bisher abgeleiteten Meridiancurven beschränkt, wie man vielleicht anzunehmen geneigt ist. Da nämlich die Aufgabe, die Meridiancurven unserer Rotationskörper herzuleiten, identisch ist mit der von Herrn H. A. Schwarz[1]) gelösten, alle ebenen algebraischen Isothermen-Curven zu bestimmen, so können wir uns das von Herrn Schwarz gefundene Resultat sofort aneignen, dass ausser den soeben abgeleiteten Fundamentalcurven noch unzählig viele andere existiren, welche aus den ersteren durch diejenigen Substitutionen hervorgehen, welche die elliptische Differentialgleichung (77) in eine solche von gleicher Form transformiren.

Eine sehr nahe liegende Erweiterung würde folgende sein. Auf Grund der von Herrn Weierstrass gegebenen Formeln ist:

$$(79) \qquad \frac{1}{\sqrt{e_1-e_3}} \operatorname{sinam}(\sqrt{e_1-e_3}\,u, \varkappa) = \frac{1}{\sqrt{\wp u - e_3}}.$$

Für die auf der rechten Seite dieser Gleichung stehende Function ist wegen der darin auftretenden Irrationalität eine Trennung der Variablen nicht möglich; wohl aber für den Ausdruck auf der linken Seite (vergl. Theil I, § 4). Bedient man sich deshalb des Kunstgriffs, für die Trennung der Variablen die linke Seite, für die Herleitung der Meridiancurve die rechte Seite der obigen Gleichung zu gebrauchen und setzt

$$(80) \qquad \begin{cases} x_1+ir_1 = \dfrac{1}{\sqrt{e_1-e_3}} \operatorname{sinam}(\sqrt{e_1-e_3}(t+iu)), \\ \dfrac{1}{\sqrt{x+ir-e_3}} = \dfrac{1}{\sqrt{\wp(t+iu)-e_3}}, \end{cases}$$

so folgt, wenn e_1 und e_3 der Einfachheit wegen als reell angenommen werden,

$$(81) \qquad x_1+ir_1 = \frac{1}{\sqrt{x+ir-e_3}}.$$

Also ist

$$(82) \qquad \begin{cases} (x-e_3)^2+r^2 = \dfrac{1}{(x_1^2+r_1^2)^2}; \quad x-e_3 = \dfrac{x_1^2-r_1^2}{(x_1^2+r_1^2)^2}; \\ r = -\dfrac{2x_1 r_1}{(x_1^2+r_1^2)^2}. \end{cases}$$

Wird dies in die Cayley'sche Gleichung (12) substituirt, so gehen

---

[1]) H. A. Schwarz, Ueber ebene algebraische Isothermen. Crelle's Journal, Bd. 77. 1874.

Kreise in confocale Lemniscaten, gerade Linien in gleichseitige Hyperbeln über (vergl. Wangerin, Ueber eine neue Art der conformen Abbildung einer Ebene auf eine andere; Grunert's Archiv, Band 55, S. 9, Nr. 6. 1872). Der Grad der Meridiancurve steigt auf die achte Ordnung; das gleiche gilt von dem zugehörigen Rotationskörper, dessen Gleichung lautet:

$$(83)\left\{\begin{aligned} &\left[1-2(\lambda-e_3)(x_1^2-y_1^2-z_1^2)+\left\{(\lambda-e_3)^2-\tfrac{1}{4}\left(6\lambda^2-\frac{g_2}{2}\right)\right\}(x_1^2+y_1^2+z_1^2)^2\right]^2\\ &\qquad=(4\lambda^3-g_2\lambda-g_3)[2(x_1^2-y_1^2-z_1^2)+(\lambda+2e_3)(x_1^2+y_1^2+z_1^2)^2]\\ &\qquad\qquad\times[x_1^2+y_1^2+z_1^2]^2.\end{aligned}\right.$$

Suchen wir das Wesen dieser Erweiterung zu erfassen, so gelangen wir zu einem Zusammenhang des vorliegenden Problems mit der Transformation der elliptischen Functionen. Die Formel (79) stellt eine Beziehung in irrationaler Form auf zwischen einer elliptischen Function mit den Perioden 4ω und $2\omega'$, d. h. $\sin\operatorname{am} u$ und einer solchen mit den Perioden 2ω und $2\omega'$, d. h. $\wp u$. Auf Grund des von Herrn Weierstrass gegebenen Nachweises, dass sich die Transformation der elliptischen Functionen auf diejenige der $\wp$-Function reduciren lässt, haben wir daher nach dem algebraischen Zusammenhang zwischen $\wp\left(u \mid \frac{\omega_1}{n}, \omega_1'\right)=\bar{\wp} u$ und $\wp(u \mid \omega_1, \omega_1')$ zu fragen. Für diesen einfachsten Fall gilt die Formel des Herrn Weierstrass:

$$(84)\qquad \bar{\wp} u=\wp u+\sum_{\lambda=1}^{n-1}\left\{\wp\left(u-\frac{2\omega_1\lambda}{n}\right)-\wp\left(\frac{2\omega_1\lambda}{n}\right)\right\},$$

welche sich zerspalten lässt in die zwei Fälle:

$$(85)\left\{\begin{aligned} &\text{1) } n \text{ ist eine ungerade Zahl:}\\ &\bar{\wp} u=-\sum_{\lambda=1}^{n-1}\wp\left(\frac{2\lambda\omega_1}{n}\right)+\wp u\\ &\qquad+\sum_{\lambda=1}^{\frac{1}{2}(n-1)}\frac{\left(\wp u+\wp\left(\frac{2\lambda\omega_1}{n}\right)\right)\left(2\wp u\wp\left(\frac{2\lambda\omega_1}{n}\right)-\frac{1}{2}g_2\right)-g_3}{\left(\wp u-\wp\left(\frac{2\lambda\omega_1}{n}\right)\right)^2};\\ &\text{2) } n \text{ ist eine gerade Zahl:}\\ &\bar{\wp} u=-\sum_{\lambda=1}^{n-1}\wp\left(\frac{2\lambda\omega_1}{n}\right)+\wp u+\wp(u-\omega_1)\\ &\qquad+\sum_{\lambda=1}^{\frac{1}{2}(n-2)}\frac{\left(\wp u+\wp\left(\frac{2\lambda\omega_1}{n}\right)\right)\left(2\wp u\wp\left(\frac{2\lambda\omega_1}{n}\right)-\frac{1}{2}g_2\right)-g_3}{\left(\wp u-\wp\left(\frac{2\lambda\omega_1}{n}\right)\right)^2}.\end{aligned}\right.$$

Die Invarianten von $\wp u$ sind g_2 und g_3; diejenigen von $\bar{\wp} u$ sind G_2 und G_3, und zwar ist:

$$(86) \qquad \begin{cases} G_2 = g_2 + 10 \sum\limits_{\lambda=1}^{n-1} \wp''\left(\dfrac{2\lambda\omega_1}{n}\right), \\ G_3 = g_3 + \frac{7}{6} \sum\limits_{\lambda=1}^{n-1} \wp^{(4)}\left(\dfrac{2\lambda\omega_1}{n}\right). \end{cases}$$

Zur Ableitung der Meridiancurven ist in (85)

$$(87) \qquad \begin{cases} \bar{\wp} u = x_1 + i r_1 \\ \wp u = x + i r \end{cases}$$

zu substituiren und alsdann sind die Werthe von $(x^2 + r^2)$, x, r in (28) und (36) einzuführen. Dadurch gehen offenbar Curven höherer Ordnung hervor, welche als Grenzfall die bicircularen Curven vierter Ordnung (28) und (36) in sich schliessen. Leider ist die Behandlung der irrationalen Verwandtschaft (85) eine recht complicirte, — wir dürfen ja nur auf die irrationale Verwandtschaft zweiter Ordnung des § 5 hinweisen, von dessen Resultat das hier für die Transformation zweiter Ordnung zu erzielende abhängig erscheint — und es darf daher nicht Wunder nehmen, wenn die Gleichungen derartiger Meridiancurven in expliciter Form aufzustellen bisher noch nicht unternommen worden ist.[1]) Dass damit aber auch die Aufstellung neuer dreifach orthogonaler Flächensysteme innig zusammenhängt, kann nur angedeutet werden.

Für die Aufstellung der Differentialgleichungen und die Trennung der Variablen ist natürlich die linke Seite der Gleichungen (85) zu benutzen.

Was soeben die Division der elliptischen Functionen ergeben, ist in ähnlicher Weise die Multiplication der elliptischen Functionen zu leisten im Stande. Im einfachsten Falle ist

$$(88) \qquad \wp(2u \mid g_2, g_3) = \frac{\left(\wp^2 u + \dfrac{g_2}{4}\right)^2 + 2 g_3 \wp u}{4\wp^3 u - g_2 \wp u - g_3};$$

setzt man also $\wp(2u) = x_1 + i r_1$, $\wp u = x + i r$, so gilt das vorher Ge-

[1]) Clebsch' Aufsatz in Crelle's Journal, Bd. 64, 1865: Ueber ebene Curven, deren Coordinaten elliptische Functionen eines Parameters sind, ist als eine Vorarbeit von Bedeutung anzusehen.

sagte, und ganz allgemein ist $x_1 + i r_1 = \wp(nu \mid g_2, g_3)$, wo für $\wp(nu)$ der entsprechende Werth als Function von $\wp u$ zu setzen ist.

Resultat: Nach Aufstellung der Gleichung der allgemeinsten algebraischen Isotherme vierter Ordnung, die selbst wieder ein specieller Fall einer algebraischen Isotherme sechzehnter Ordnung ist, gelingt der Nachweis, dass die Zahl der Rotationskörper, für welche die Reduction der Potentialgleichung auf gewöhnliche Differentialgleichungen möglich ist, sich ins Unbegrenzte steigern lässt.

Dritter Theil.

Ueber die Lamé'schen Functionen zweiter Ordnung und ihre functionentheoretischen Grenzfälle.

§ 1.

Wir haben am Schluss des Ersten Theiles gesehen, dass die Lösung des von Herrn Wangerin angegriffenen Problems abhängig erscheint von der Integration gewisser gewöhnlicher Differentialgleichungen zweiter Ordnung, von denen wir zwei Typen unterschieden haben. Solche Differentialgleichungen sind schon mehrfach Gegenstand der Untersuchung gewesen; wir haben nur an Namen wie Lamé, Heine, Hermite, Brioschi, Klein, Halphen u. a. zu erinnern. Es sollen nun im Folgenden Reihenentwickelungen für die definirten Functionen in der Umgebung der singulären Stellen, wie dies z. B. auch in meiner Dissertation geschah, nicht gegeben werden. Resultate allgemeineren Inhaltes sollen aus den Differentialgleichungen abgeleitet werden; es soll untersucht werden, welche Werthe dem Parameter h^2 zukommen, damit die Integrale in geschlossener Form, durch bekannte Transcendenten ausgedrückt, sich darstellen lassen. Es bleibt alsdann dem Physiker, der sich mit einem speciellen Problem beschäftigt, überlassen zu untersuchen, ob er Gebrauch machen kann von dem Werthe von h^2, der sich an das Integral knüpft, oder ob dies nicht der Fall ist. Auf alle Fälle ist der Versuch lohnend, die Frage in zwei zu zerspalten; der Gedanke, der uns leitet, wird uns durch die klassische Arbeit des Herrn H. A. Schwarz: „Ueber diejenigen Fälle, in denen die Gauss'sche hypergeometrische Reihe eine algebraische Function ihres vierten Elementes ist", Crelle's Journal, Bd. 75, 1873 eingegeben. Nachdem durch diese Arbeit Klarheit geschaffen, waren die grossartigen Untersuchungen der Herren Fuchs, Klein, Poincaré u. a. erst eigentlich möglich; wobei es bezeichnend ist, dass die Entdeckungen jener gerade an diejenigen Fälle anknüpften, in denen die Gauss'sche Reihe keine algebraische Function ihres vierten Elementes ist. Damit sind die Grundlinien des aufzuführenden umfangreichen Gebäudes gekennzeichnet; leider sind wir nur im Stande, einige Bausteine zu demselben herbeizutragen.

Die im ersten Theile aufgestellten Differentialgleichungen definiren, wie wir uns ausdrücken wollen, gewisse Lamé'sche Functionen zweiter Ordnung. Ganz allgemein wollen wir unter einer Lamé'schen Function zweiter Ordnung eine Function verstehen, welche der Differentialgleichung

$$(1) \qquad \frac{d^2y}{du^2} = \{\alpha\varphi(u)+\beta\}y$$

genügt, wo $\varphi(u)$ selbst wiederum ein Integral der Differentialgleichung

$$(2) \qquad \left(\frac{d\varphi(u)}{du}\right)^2 = 4\varphi(u)(\varphi(u)+e_\lambda-e_\iota)(\varphi(u)+e_\lambda-e_\varkappa)$$

ist. Als Integrale von (2) kennen wir folgende zwölf Functionen, welche theils die Quadrate der zwölf σ-Quotienten selbst, theils diesen proportional sind:

$$(3)\left\{\begin{aligned}
&\text{a)}\ \left(\frac{\sigma_1 u}{\sigma u}\right)^2 = \wp u - e_1 = (e_1-e_3)\frac{cn^2(\sqrt{e_1-e_3}\,u,k)}{sn^2(\sqrt{e_1-e_3}\,u,k)};\\
&\text{b)}\ \left(\frac{\sigma_2 u}{\sigma u}\right)^2 = \wp u - e_2 = (e_1-e_3)\frac{dn^2(\sqrt{e_1-e_3}\,u,k)}{sn^2(\sqrt{e_1-e_3}\,u,k)};\\
&\text{c)}\ \left(\frac{\sigma_3 u}{\sigma u}\right)^2 = \wp u - e_3 = (e_1-e_3)\frac{1}{sn^2(\sqrt{e_1-e_3}\,u,k)};\\
&\text{d)}\ (e_1-e_2)(e_1-e_3)\frac{\sigma^2 u}{\sigma_1^2 u} = \frac{(e_1-e_2)(e_1-e_3)}{\wp u - e_1} = \wp(u\pm\omega)-e_1\\
&\qquad\qquad = (e_1-e_3)\,\mathrm{tg}^2\mathrm{am}(\sqrt{e_1-e_3}\,u,k);\\
&\text{e)}\ (e_2-e_3)(e_2-e_1)\frac{\sigma^2 u}{\sigma_2^2 u} = \frac{(e_2-e_3)(e_2-e_1)}{\wp u - e_2} = \wp(u\pm\omega\pm\omega')-e_2\\
&\qquad\qquad = \frac{(e_2-e_3)(e_2-e_1)}{(e_1-e_3)}\,\frac{sn^2(\sqrt{e_1-e_3}\,u,k)}{dn^2(\sqrt{e_1-e_3}\,u,k)};\\
&\text{f)}\ (e_3-e_1)(e_3-e_2)\frac{\sigma^2 u}{\sigma_3^2 u} = \frac{(e_3-e_1)(e_3-e_2)}{\wp u - e_3} = \wp(u\pm\omega')-e_3\\
&\qquad\qquad = (e_2-e_3)\,sn^2(\sqrt{e_1-e_3}\,u,k);
\end{aligned}\right.$$

(3)

$$\text{g)}\ (e_2-e_3)\frac{\sigma_1^2 u}{\sigma_2^2 u} = (e_2-e_3)\frac{\wp u-e_1}{\wp u-e_2} = e_2-e_3+\frac{(e_2-e_3)(e_2-e_1)}{\wp u-e_2}$$
$$= \wp(u\pm\omega\pm\omega')-e_3 = (e_2-e_3)\frac{cn^2(\sqrt{e_1-e_3}\,u, k)}{dn^2(\sqrt{e_1-e_3}\,u, k)};$$

$$\text{h)}\ (e_3-e_2)\frac{\sigma_1^2 u}{\sigma_3^2 u} = (e_3-e_2)\frac{\wp u-e_1}{\wp u-e_3} = e_3-e_2+\frac{(e_3-e_1)(e_3-e_2)}{\wp u-e_3}$$
$$= \wp(u\pm\omega')-e_2 = (e_3-e_2)cn^2(\sqrt{e_1-e_3}\,u, k);$$

$$\text{i)}\ (e_3-e_1)\frac{\sigma_2^2 u}{\sigma_3^2 u} = (e_3-e_1)\frac{\wp u-e_2}{\wp u-e_3} = e_3-e_1+\frac{(e_3-e_1)(e_3-e_2)}{\wp u-e_3}$$
$$= \wp(u\pm\omega')-e_1 = (e_3-e_1)dn^2\sqrt{e_1-e_3}\,u, k);$$

$$\text{k)}\ (e_1-e_3)\frac{\sigma_2^2 u}{\sigma_1^2 u} = (e_1-e_3)\frac{\wp u-e_2}{\wp u-e_1} = e_1-e_3+\frac{(e_1-e_3)(e_1-e_2)}{\wp u-e_1}$$
$$= \wp(u\pm\omega)-e_3 = (e_1-e_3)\frac{dn^2(\sqrt{e_1-e_3}\,u, k)}{cn^2(\sqrt{e_1-e_3}\,u, k)};$$

$$\text{l)}\ (e_1-e_2)\frac{\sigma_3^2 u}{\sigma_1^2 u} = (e_1-e_2)\frac{\wp u-e_3}{\wp u-e_1} = e_1-e_2+\frac{(e_1-e_2)(e_1-e_3)}{\wp u-e_1}$$
$$= \wp(u\pm\omega)-e_2 = (e_1-e_2)\frac{1}{cn^2(\sqrt{e_1-e_3}\,u, k)};$$

$$\text{m)}\ (e_2-e_1)\frac{\sigma_3^2 u}{\sigma_2^2 u} = (e_2-e_1)\frac{\wp u-e_3}{\wp u-e_2} = e_2-e_1+\frac{(e_2-e_1)(e_2-e_3)}{\wp u-e_2}$$
$$= \wp(u\pm\omega\pm\omega')-e_1 = (e_2-e_1)\frac{1}{dn^2(\sqrt{e_1-e_3}\,u, k)};$$

wo $k^2 = \frac{e_2-e_3}{e_1-e_3}$; $k'^2 = \frac{e_1-e_2}{e_1-e_3}$; sn, cn, dn die bekannten Gudermann'schen Bezeichnungen für sinam, cosam, Δam sind.

Verknüpfen wir (1) mit (3) f), so erhalten wir, wenn $\alpha = n(n+1)$ gesetzt wird,

$$\frac{d^2y}{du^2} = \{n(n+1)(e_2-e_3)sn^2(\sqrt{e_1-e_3}\,u, k)+\beta\}y;$$

machen wir noch $u\sqrt{e_1-e_3} = v$ zur Unabhängigen, so entsteht die bekannte Gleichung:

$$\frac{d^2y}{dv^2} = \{n(n+1)k^2 sn^2 v - h^2\}y, \tag{4}$$

von welcher Herr Hermite, wofern n nur ganzzahlige Werthe anzunehmen im Stande ist, bei seinen glänzenden Untersuchungen ausgegangen ist. Wir sagen von der Gleichung (4), sie gehöre zum zweiten Typus. Verknüpfen wir (1) mit (3) a) b) c), so erhalten wir die Gleichung

$$\frac{d^2y}{du^2} = \{n(n+1)\wp u + B\}y, \tag{5}$$

welche Halphen im II. Bande seines Traité de la théorie des fonctions elliptiques et de leurs applications der Untersuchung zu Grunde legt; die Gleichung gehört zum ersten Typus.

Setzen wir in (4) statt $n(n+1)$ den Parameter $\frac{(2m+1)(2m+3)}{4}$, so erhalten wir eine Gleichung vom zweiten Typus, sie war der Ausgangspunkt der Untersuchungen Brioschi's.

Setzen wir in (5) statt $n(n+1)$ den Parameter $m^2-\frac{1}{4}$, wo m eine ganze Zahl, so erhalten wir die Gleichung, welche im dritten Theile meiner Dissertation zuerst untersucht wurde; sie gehört also zum ersten Typus.

Unter Berücksichtigung von § 4 des ersten Theiles dieser Untersuchung erkennt man, dass die von Herrn Wangerin in seiner Preisschrift aufgestellten Differentialgleichungen sowohl dem ersten als dem zweiten Typus angehören.

Sämmtliche zwölf Differentialgleichungen (1) lassen sich nämlich zu der einen zusammenfassen:

$$\frac{d^2y}{du^2} = \{\alpha[\wp(u \pm p\omega \pm q\omega') - e_\lambda] + \beta\}y, \tag{6}$$

wo $p = 0;\ 1;\ q = 0;\ 1;\ \lambda = 1;\ 2;\ 3$ bedeuten können.

Wir ziehen es jedoch vor, indem wir an die Entstehung dieser zwölf Gleichungen im ersten Theile denken, dieselben in zwei Typen zu trennen, ja man könnte sogar von vier Typen sprechen. Unter der Voraussetzung, dass die neu eintretenden Constanten von dem Parameter β zu dem neuen Parameter $-h^2$ aufgenommen werden, schreiben wir die beiden Typen:

$$\frac{d^2y}{du^2} = \{\alpha(\wp u - e_\lambda) - h^2\}y; \tag{I}$$

$$\frac{d^2y}{du^2} = \left\{\alpha\,\frac{(e_\lambda - e_\iota)(e_\lambda - e_\varkappa)}{\wp u - e_\lambda} - h^2\right\}y. \tag{II}$$

Diese Gleichungen nennen wir die doppeltperiodischen Normalformen der Lamé'schen Functionen zweiter Ordnung[1]).

Diesen doppeltperiodischen Normalformen stellen wir die algebraische Normalform gegenüber. Es sei die unabhängige Variable

(7) $s = \wp u$, oder $= \wp(u \pm \omega)$, oder $= \wp(u \pm \omega \pm \omega')$, oder $= \wp(u \pm \omega')$,

so ist

$$(8) \quad (4s^3 - g_2 s - g_3)\frac{d^2y}{ds^2} + (6s^2 - \tfrac{1}{2}g_2)\frac{dy}{ds} - \{a(s-e_\lambda) - h^2\}y = 0,$$

wo

$$4s^3 - g_2 s - g_3 = 4(s-e_\iota)(s-e_\varkappa)(s-e_\lambda).$$

Diese Gleichung nimmt eine zweite Form an, wenn man

$$(9) \qquad x = s - e_\lambda$$

zur Unabhängigen macht; dann ist

$$(10)\begin{cases} 4x(x+e_\lambda-e_\iota)(x+e_\lambda-e_\varkappa)\dfrac{d^2y}{dx^2} \\ +2(3x^2+6e_\lambda x+(e_\lambda-e_\iota)(e_\lambda-e_\varkappa))\dfrac{dy}{dx} - (ax-h^2)y = 0. \end{cases}$$

Um die Gestalt, welche diese Gleichung in der Umgebung der unendlich fernen Stelle erhält, zu ermitteln, setze man

$$(11) \qquad x = \frac{1}{\varrho},$$

und

$$(12) \qquad y = z\varrho^{\frac{1}{2}},$$

letzteres, damit der Coefficient von $\frac{dz}{d\varrho}$ die halbe Ableitung des Coefficienten von $\frac{d^2z}{d\varrho^2}$ werde, so geht (10) über in

$$(13)\begin{cases} 4\varrho^2(1+(e_\lambda-e_\iota)\varrho)(1+(e_\lambda-e_\varkappa)\varrho)\dfrac{d^2z}{d\varrho^2} \\ +2\varrho(4\varrho^2(e_\lambda-e_\iota)(e_\lambda-e_\varkappa)+9e_\lambda\varrho+2)\dfrac{dz}{d\varrho} \\ +[\tfrac{3}{4}(e_\lambda-e_\iota)(e_\lambda-e_\varkappa)\varrho^2+(\tfrac{3}{4}e_\lambda+h^2)\varrho-(a+\tfrac{1}{4})]z = 0. \end{cases}$$

---

[1]) Man vergleiche meine Dissertation, Theil 2, und meine Abhandlung in Schlömilch's Zeitschrift für Mathematik und Physik, Bd. 31, 1886, „Ueber den functionentheoretischen Zusammenhang zwischen den Lamé'schen, Laplace-schen und Bessel'schen Functionen."

Diese Gleichung darf als besonders bemerkenswerth bezeichnet werden; sie ist ein specieller Fall der Mehler'schen Gleichung der Cycliden-function (vgl. Mehler, Ueber die Benutzung einer vierfachen Mannigfaltigkeit zur Ableitung orthogonaler Flächensysteme, Crelle's Journal, Bd. 84, 1878). Bezeichnen[1]) wir nämlich eine Function als eine Lamé'sche Function dritter Ordnung, wenn sie durch die Gleichung definirt wird:

$$(14)\quad 4\varphi(\varrho_1)\frac{d^2y_1}{d\varrho_1^2}+2\varphi'(\varrho_1)\frac{dy_1}{d\varrho_1}+(\mathfrak{C}\varrho_1^2+\mathfrak{C}'\varrho_1+\mathfrak{C}'')y_1=0,$$

$$(15)\quad \varphi(\varrho_1)=(\varrho_1-\alpha_1)(\varrho_1-\alpha_2)(\varrho_1-\alpha_3)(\varrho_1-\alpha_4),$$

so wird diese durch die Substitution:

$$(16)\quad \left(\frac{d\varrho_1}{ds}\right)^2=(\varrho_1-\alpha_1)(\varrho_1-\alpha_2)(\varrho_1-\alpha_3)(\varrho_1-\alpha_4)$$

doppeltperiodische Coefficienten erhalten. Denkt man sich nun die elliptische Differentialgleichung (16) durch die Substitution

$$(17)\quad \varrho_1=\alpha_1+\frac{\frac{1}{4}\varphi'(\alpha_1)}{\varrho_2-\frac{1}{24}\varphi''(\alpha_1)}$$

in die Weierstrass'sche Normalform übergeführt

$$(18)\quad \left(\frac{d\varrho_2}{ds}\right)^2=4\varrho_2^3-g_2\varrho_2-g_3,$$

so ist der Fall denkbar, dass die Discriminante dieser letzteren, also $g_2^3-27g_3^2$, verschwindet. Alsdann erhält aber (14) durch Einführung von (16) nur einfach periodische Coefficienten. Dieser Fall liegt gerade bei (13) vor; wir wollen deshalb von (13) sagen, sie definire eine Laplace'sche Function dritter Ordnung. Sollte nun aber gar der Fall eintreten, dass g_2 und g_3 in (18) gleich Null werden, so erhält (14) durch (16) rationale Coefficienten; wir wollen dann die zu (13) gehörige Function eine Cylinderfunction dritter Ordnung nennen.

§ 2.

Wir wollen nun etwas eingehender die Gleichung betrachten:

$$(\mathrm{I})\quad \frac{d^2y}{du^2}=\{a(\wp u-e_\lambda)-h^2\}y.$$

[1]) Haentzschel, Zur Theorie der Functionen des elliptischen Cylinders. Programm des Realgymnasiums zu Duisburg, 1886. S. 9—10.

Bekanntlich ist $\wp u = \frac{1}{u^2} + \mathfrak{P}(u^2)$, wo $\mathfrak{P}(u^2)$ eine nach Potenzen von u^2 aufsteigende Potenzreihe bedeutet. Daher ist

$$u^2 \frac{d^2y}{du^2} = \{a - h^2u^2 + au^2\mathfrak{P}(u^2) - ae_\lambda u^2\}y.$$

Die determinirende Fundamentalgleichung ist folglich

$$r(r-1) = a; \quad \text{d. h.} \quad r = \tfrac{1}{2} \pm \sqrt{a + \tfrac{1}{4}}.$$

Sobald $a + \frac{1}{4} = \nu^2$ ist, wird demnach $r = \frac{1}{2} \pm \nu$ sein, d. h. $r_1 - r_2 = 2\nu$, also einer ganzen Zahl stets gleich sein. Daher der Satz:

„Unter den Lamé'schen Functionen zweiter Ordnung vom ersten Typus nehmen diejenigen eine besondere Stellung ein, für welche $a = \nu^2 - \frac{1}{4}$ ist, unter ν eine ganze Zahl verstanden. Für diese wird das allgemeine Integral an der Stelle $u = 0$ logarithmisch unendlich."

Eine solche Function soll eine Lamé-Wangeriu'sche Function zweiter Ordnung vom ersten Typus heissen; der Untersuchung derselben ist der dritte Theil meiner Dissertation gewidmet[1]).

Gesetzt jedoch, 2ν ist eine ganze Zahl, doch so, dass ν die Hälfte einer ungeraden Zahl ist, also $\nu = \frac{2n+1}{2}$, dann ist $a = n(n+1)$. Die Stelle $u = 0$ ist dann ausserwesentlich singulär; wir erhalten diejenigen Functionen, auf die Herr Hermite sein Augenmerk gerichtet hatte, die Lamé-Hermite'schen Functionen zweiter Ordnung vom ersten Typus.

Setzt man

$$(9) \qquad x = \wp u - e_\lambda$$

und macht x zur Unabhängigen, so entsteht Gleichung (10). Die determinirende Fundamentalgleichung derselben hat die Wurzeln 0 und $\frac{1}{2}$, demnach sind die Stellen $u = \omega$, $u = \omega + \omega'$, $u = \omega'$;

[1]) Herr Wangerin nennt diese Functionen „Cyclidenfunctionen". Als solche pflege ich diejenigen Functionen zu bezeichnen, welche in dem Aufsatz des Herrn Wangerin in Crelle's Journal, Bd. 82, 1877 und in dem des Herrn Darboux im 83. Bande der Comptes Rendus, S. 1037—1040, 1876 auftreten. Ich halte an der obigen Benennung fest, um namentlich den Gegensatz zwischen den Lamé-Hermite'schen und den Lamé-Wangerin'schen Functionen hervorzuheben.

welche halben Perioden der $\wp$-Function entsprechen, ausserwesentlich singuläre Stellen.

Von den Lamé-Hermite'schen Functionen zweiter Ordnung weiss man, dass sie sich durch bekannte Transcendenten in geschlossener Form darstellen lassen. Bei den Lamé-Wangerin'schen Functionen ist eine solche Darstellung noch nicht gelungen. Herr Brioschi, welcher für die Lamé-Wangerin'schen Functionen vom zweiten Typus algebraische Integrale abgeleitet hat, glaubte ein gleiches Ziel wie Herr Hermite erreicht zu haben. Es gelang mir in meiner Dissertation den logarithmischen Charakter der Stelle $u = 0$ nachzuweisen und zu zeigen, dass die Existenz der Brioschi'schen Integrale an die Bedingung geknüpft ist, dass h^2 eine der Wurzeln einer algebraischen Gleichung νten Grades ist; diese Gleichung habe ich am genannten Orte wirklich aufgestellt; genügt ihr der Parameter h, so sinkt auch die Stelle $u = 0$ zu einer ausserwesentlich singulären herab.

Wird in Gleichung (9) die Stelle x gleich unendlich, so kann dies für $u = 0$ oder auch für $u = \infty$ geschehen sein. Untersuchen wir den Charakter der Stelle $u = \infty$ und führen in (I)

$$\tau = \frac{1}{u} \tag{19}$$

ein, so erhält man

$$\tau^4 \frac{d^2y}{d\tau^2} + 2\tau^3 \frac{dy}{d\tau} = \left\{a\left[\tau^2 + \mathfrak{P}\left(\frac{1}{\tau^2}\right)\right] - h^2\right\} y. \tag{20}$$

Offenbar ist es nicht möglich, die negativen Potenzen von τ^2 aus dieser Gleichung fortzuschaffen, da dieselben in $\mathfrak{P}\left(\frac{1}{\tau^2}\right)$ in unendlicher Zahl auftreten. Indem ich mir erlaube, auf einige frühere Arbeiten[1]) von mir und auf den fünften Theil dieser Untersuchung zu verweisen, stellen wir fest, dass die Stelle $\tau = 0$, also $u = \infty$, eine Stelle der Unbestimmtheit ist, in deren Umgebung eine Entwickelung der Function y in Reihen nicht statthaft ist. Wenn

---

[1]) Haentzschel, Zur Theorie der Functionen des elliptischen Cylinders. Wissenschaftliche Beilage zum Programm des Realgymnasiums zu Duisburg, 1886. — Haentzschel, Ueber die Differentialgleichung der Functionen des parabolischen Cylinders. Schlömilch's Zeitschrift für Mathematik und Physik, Bd. 33, 1888, S. 22—30.

die Invarianten der $\wp$-Function in (I) gleich Null sind, so reducirt sich $\wp u$ auf $\frac{1}{u^2}$; es fällt in (20) $\mathfrak{P}\left(\frac{1}{\tau^2}\right)$ fort; die Function y steht, wie wir gleich sehen werden, in naher Beziehung zur Bessel'schen Transcendente. Für dieselbe habe ich in der Umgebung von $\tau = 0$ zwei unabhängige Fundamentalsysteme gegeben[1]); es sind dies semiconvergente Reihen, und zwar stimmen die beiden ersten Particularlösungen mit den zwei bisher bekannten semiconvergenten Entwickelungen der Bessel'schen Transcendente überein; die beiden anderen Particularlösungen zeigen logarithmischen Charakter. Wenn jedoch $\alpha = n(n+1)$ ist, so werden die letzteren mit den ersten identisch; die Reihen brechen ab und verlieren also ihren divergenten Charakter; wir haben den äussersten Grenzfall einer Lamé-Hermite'schen Function zweiter Ordnung vom ersten Typus vor uns.

Es kann aber auch x gleich unendlich werden für $u = 0$. Setzt man dann

$$\wp u - e_\lambda = \frac{1}{\varrho}, \tag{11}$$

und führt nach Gleichung (12) die Function z ein, so gelangt man zur Gleichung (13). Machen wir in derselben die Substitution:

$$\left(\frac{d\varrho}{d\varepsilon}\right)^2 = 4\varrho^2(1+(e_\lambda - e_\iota)\varrho)(1+(e_\lambda - e_\varkappa)\varrho), \tag{21}$$

und speciell

$$\frac{d\varrho}{d\varepsilon} = -2\varrho\sqrt{(1+(e_\lambda - e_\iota)\varrho)(1+(e_\lambda - e_\varkappa)\varrho)},$$

aus welcher folgt:

$$\left\{\begin{aligned} \varepsilon &= \log\left(\frac{\sqrt{1+(e_\lambda - e_\varkappa)\varrho} + \sqrt{1+(e_\lambda - e_\iota)\varrho}}{\sqrt{\varrho(e_\varkappa - e_\iota)}}\right), \text{ bez.} \\ \varrho &= \frac{1}{(e_\varkappa - e_\lambda) + (e_\iota - e_\varkappa)\sin^2 i\varepsilon}, \end{aligned}\right. \tag{22}$$

und die Gleichung (13) nimmt die Gestalt an:

---

[1]) Haentzschel, Beitrag zur Theorie der Functionen des elliptischen und des Kreiscylinders. (Wissenschaftliche Beilage zum Programm der III. Städt. Höh. Bürgerschule zu Berlin.) Berlin, R. Gärtner (H. Heyfelder), 1889.

$$(23)\quad\begin{cases}\dfrac{d^2z}{d(\varepsilon i)^2}=\Big[\frac{3}{4}\dfrac{(e_\lambda-e_\iota)(e_\lambda-e_\varkappa)}{[(e_\varkappa-e_\lambda)+(e_\iota-e_\varkappa)\sin^2 i\varepsilon]^2}\\ \qquad+\dfrac{(\frac{3}{4}e_\lambda+h^2)}{[(e_\iota-e_\varkappa)\sin^2 i\varepsilon+(e_\varkappa-e_\lambda)]}-(a+\frac{1}{4})\Big]z.\end{cases}$$

Wir sagen von der Function z, sie sei die zur Lamé'schen Function zweiter Ordnung y (Gleichung (8) bez. (10)) **adjungirte Laplace'sche Function dritter Ordnung.** Die Gleichung (23) hat einfach periodische Coefficienten; doch ist das Argument ε der Logarithmus einer doppeltperiodischen Function. Aber dieselbe Function z kann auch durch eine Differentialgleichung mit doppeltperiodischen Coefficienten definirt werden. Wir haben dazu nur in (13) für ϱ zu setzen $\dfrac{1}{\wp u-e_\lambda}$ und u als Unabhängige zu wählen, so entsteht[1]):

$$(24)\quad\begin{cases}\dfrac{d^2z}{du^2}-\frac{1}{2}\dfrac{\wp' u}{\wp u-e_\lambda}\dfrac{dz}{du}\\ +\Big\{\frac{3}{4}\dfrac{(e_\lambda-e_\iota)(e_\lambda-e_\varkappa)}{\wp u-e_\lambda}-(a+\frac{1}{4})(\wp u-e_\lambda)+(h^2+\frac{3}{4}e_\lambda)\Big\}z=0.\end{cases}$$

Es sei noch darauf hingewiesen, dass, wenn man in (21) die Substitution macht:

$$(25)\quad\Big\{\varrho=\frac{1}{e_\iota-e_\lambda}+\frac{(e_\varkappa-e_\iota)}{(e_\iota-e_\lambda)^2\Big[\varrho_1-\frac{1}{3}\dfrac{(4e_\varkappa-e_\iota)}{(e_\iota-e_\lambda)}\Big]},$$

die genannte Gleichung in

$$(26)\quad\left(\frac{d\varrho_1}{d\varepsilon}\right)^2=4\varrho_1^3-\tfrac{4}{3}\varrho_1+\tfrac{8}{27}=4(\varrho_1-\tfrac{1}{3})^2(\varrho_1+\tfrac{2}{3})$$

übergeht. Da also $g_2=\frac{4}{3}$; $g_3=-\frac{8}{27}$ ist, so besteht die Relation $g_2^3-27g_3^2=0$, es ist also nach der früheren Definition z wirklich eine **Laplace'sche Function dritter Ordnung**; da weiter g_2 und g_3 nach den angegebenen Werthen nie verschwinden können, so enthält (10) niemals eine **Cylinderfunction dritter Ordnung** als Grenzfall in sich. ϱ_1 für (26) ist aus Gleichung (41) des ersten Theiles zu entnehmen und in (25) einzusetzen, so entsteht der Werth von ϱ in der obigen Gleichung (22).

Die Function z, wie sie durch (13) gegeben ist, ist offenbar eine

[1]) Haentzschel, Ueber den functionentheoretischen Zusammenhang u. s. w. Schlömilch's Zeitschrift, 1886, S. 26, Gleichung (7).

Riemann'sche P-Function mit vier singulären Stellen. Um den im functionentheoretischen Grenzfall eintretenden Zusammenhang derselben mit der Gauss'schen hypergeometrischen Reihe zu ermitteln, bedenken wir, dass die zur singulären Stelle $\varrho = 0$ gehörige determinirende Fundamentalgleichung lautet: $r^2 = \frac{1}{4}(\alpha + \frac{1}{4}) = \pi^2$; es ist also

$$r_1 = +\pi; \quad r_2 = -\pi, \tag{27}$$

und zwar wird für die Lamé-Hermite'sche Gleichung, für welche $\alpha = (n+\frac{1}{2})^2 - \frac{1}{4}$ ist,

$$r_1 = \tfrac{1}{2}(n+\tfrac{1}{2}); \quad r_2 = -\tfrac{1}{2}(n+\tfrac{1}{2})$$

sein; demnach ist $\varrho = 0$ ausserwesentlich singulär, denn $r_1 - r_2 = n + \frac{1}{2}$. Die genannte Gleichung hat also nur ausserwesentlich singuläre Stellen, welchem Umstande die Integration dieser Gleichung und die weiteren Erfolge wesentlich zu danken sind. Für die uns eigentlich angehende Lamé-Wangerin'sche Gleichung ist $\alpha = \nu^2 - \frac{1}{4}$, daher $r_1 = \frac{\nu}{2}$; $r_2 = -\frac{\nu}{2}$. Demnach ist $\varrho = 0$ wesentlich singulär, da $r_1 - r_2 = \nu =$ einer ganzen Zahl ist. Wir setzen deshalb

$$z = z^{(\nu)}\varrho^{\pi} \quad \text{bez.} \quad z = z_{(\nu)}\varrho^{-\pi} \tag{28}$$

in (13) ein und erhalten für $z^{(\nu)}$ die Differentialgleichung:

$$\left\{\begin{aligned}
&4\varrho(1+(e_\lambda - e_\iota)\varrho)(1+(e_\lambda - e_\varkappa)\varrho)\frac{d^2 z^{(\nu)}}{d\varrho^2} \\
&+ 2[4\pi + 2 + 3e_\lambda\varrho(3+4\pi) + 4\varrho^2(1+\pi)(e_\lambda - e_\iota)(e_\lambda - e_\varkappa)]\frac{dz^{(\nu)}}{d\varrho} \\
&+ [\tfrac{3}{4}e_\lambda + h^2 + 6e_\lambda\pi(1+2\pi) \\
&+ \varrho\{4\pi(\pi+1) + \tfrac{3}{4}\}(e_\lambda - e_\iota)(e_\lambda - e_\varkappa)]z^{(\nu)} = 0.
\end{aligned}\right. \tag{29}$$

Dieselbe definirt eine Riemann'sche P-Function mit vier singulären Stellen. Ersetzt man in dieser Gleichung $+\pi$ durch $-\pi$, so erhält man diejenige Gleichung, der $z_{(\nu)}$ genügt[1]).

Wegen der Bedeutung von $\varrho = \dfrac{1}{\wp u - e_\lambda}$ kann man auch u zur

---

[1]) Macht man $w = -(e_\lambda - e_\iota)\varrho$ zur Unabhängigen, so entsteht die Gleichung, mit der sich Herr Heun in den Mathematischen Annalen Bd. 33, 1889 in dem Aufsatz: „Zur Theorie der Riemann'schen Functionen mit vier singulären Stellen" beschäftigt. Das Hauptresultat des letzten Paragraphen dieser Abhandlung ist nur zum Theil richtig.

Unabhängigen machen; es entstehen alsdann zwei Gleichungen, welche eine Erweiterung der in Heine's Handbuch der Kugelfunctionen, II. Auflage, 1878, Bd. I, S. 148, 23 und S. 217, 36β) auftretenden sind. Sie lauten für $\pi = \pm\frac{\nu}{2}$, also dem Lamé-Wangerin'schen Fall,

$$(30)\begin{cases} \dfrac{d^2z^{(\nu)}}{du^2}-\left(\dfrac{2\nu+1}{2}\right)\dfrac{\wp' u}{\wp u-e_\lambda}\dfrac{dz^{(\nu)}}{du} \\ +\left\{\dfrac{(2\nu+1)(2\nu+3)}{4}\dfrac{(e_\lambda-e_\iota)(e_\lambda-e_\varkappa)}{\wp u-e_\lambda}+\tfrac{3}{4}e_\lambda(2\nu+1)^2+h^2\right\}z^{(\nu)}=0 \end{cases}$$

und

$$(31)\begin{cases} \dfrac{d^2z_{(\nu)}}{du^2}+\dfrac{(2\nu-1)}{2}\dfrac{\wp' u}{\wp u-e_\lambda}\dfrac{dz_{(\nu)}}{du} \\ +\left\{\dfrac{(2\nu-1)(2\nu-3)}{4}\dfrac{(e_\lambda-e_\iota)(e_\lambda-e_\varkappa)}{\wp u-e_\lambda}+\tfrac{3}{4}e_\lambda(2\nu-1)^2+h^2\right\}z_{(\nu)}=0. \end{cases}$$

Würde man die Gleichung (30) durch die Substitution

$$(32)\qquad z^{(\nu)} = \Phi e^{\frac{(2\nu+1)}{4}\int\frac{\wp' u}{\wp u-e_\lambda}du}$$

reduciren wollen, so würde man erkennen, dass einerseits

$$z^{(\nu)} = \Phi(\wp u-e_\lambda)^{\frac{2\nu+1}{4}},$$

andererseits

$$z^{(\nu)} = \varrho^{-\frac{\nu}{2}}z = \varrho^{-\frac{(2\nu+1)}{4}}y = y(\wp u-e_\lambda)^{\frac{2\nu+1}{4}}$$

ist, und damit hat man für die Nomenclatur das wichtige Resultat gewonnen:

„Wird die Differentialgleichung (13) bez. (24) der Riemann'schen P-Function mit vier singulären Stellen auf zwei Glieder reducirt, so definirt die alsdann entstehende Gleichung (I) die Lamé'schen Functionen zweiter Ordnung."

Für die Integration der Lamé-Wangerin'schen Gleichung vom ersten Typus:

$$(33)\qquad \frac{d^2y}{du^2} = \{(\nu^2-\tfrac{1}{4})(\wp u-e_\lambda)-h^2\}y$$

verweise ich auf die Arbeit Brioschi's: Sopra una classe di equazioni differenziali lineari del secondo ordine; Annali di Matematica, II. Reihe, Bd. 9, 1878, wo die algebraischen Integrale dieser Gleichung an der Stelle $u = 0$ abgeleitet werden. Im dritten Theile meiner

Dissertation habe ich Reihenentwickelungen für y in dem allgemeinen Fall, dass $u=0$ eine wesentlich singuläre Stelle ist, in welchem dann das Integral mit $\log u$ behaftet erscheint, gegeben und die Gleichung wirklich abgeleitet[1]), der h genügt, wenn Brioschi's Integrale gelten sollen; wenn $\nu=0$ ist, giebt es keine algebraischen Integrale für (33). Es ist hier also wesentlich anders als bei der Lamé-Hermite'schen Gleichung, wo h willkürlich bleibt.

§ 3.

Unter Benutzung der von Herrn Weierstrass in seinen Vorlesungen gegebenen Theorie der elliptischen Functionen kann man streng functionentheoretisch durch einen Grenzübergang aus dem Gebiete der Lamé'schen Functionen zweiter Ordnung vom ersten Typus sowohl in das Gebiet der Laplace'schen Functionen hinabsteigen, d. h. in das Gebiet der Kugelfunctionen mit willkürlichem oberen und unteren Index, als auch in das Gebiet der Riemann'schen P-Functionen mit drei singulären Stellen, welche bekanntlich durch die Gauss'sche hypergeometrische Reihe darstellbar sind. Ich beschränke mich, um dies zu zeigen, auf die Annahme

(34) $$\alpha=\nu^2-\tfrac{1}{4} \quad \text{und} \quad e_\lambda=e_3.$$

Bleibt nämlich von den beiden Perioden 2ω und $2\omega'$ der $\wp$-

---

[1]) Halphen spricht im II. Bande seines Traité des fonctions elliptiques auf p. 478 nur von einer gewissen Gleichung und auf S. 482 von dem einfachsten Falle, wo $h=0$ ist, und giebt die Lösung für $\nu=1$; alles dies findet sich schon in meiner Dissertation, die ihm nebst Wangerin's Untersuchungen unbekannt war, ausgeführt vor.

Setzt man in (33) für $h^2+(\nu^2-\frac{1}{4})e_\lambda$ der Einfachheit wegen h, so habe ich dort h als die Wurzel einer Gleichung $\triangle_\nu=0$ gefunden, die in den einfachsten Fällen lautet:

$\nu=1.\quad h=0.$

$\nu=2.\quad h^2-\frac{3}{4}g_2=0.$

$\nu=3.\quad h^3-7g_2h-20g_3=0.$

$\nu=4.\quad h^4-\frac{63}{2}g_2h^2-216g_3h+\frac{945}{16}g_2^2=0.$

$\nu=5.\quad h^5-99g_2h^3-1188g_3h^2+1188g_2^2h+11664g_2g_3=0.$

$$\nu=6.\quad h^6-\frac{1001}{4}g_2h^4-4576g_3h^3+\frac{172315}{16}g_2^2h^2+231400g_2g_3h$$
$$-1100\left(\frac{8505}{256}g_2^3-560g_3^2\right)=0.$$

Function die reelle erste endlich, wird hingegen der reelle Bestandtheil von $\frac{\omega'}{\omega . i}$ unendlich gross, so werden zwei der Grössen e_ι, $e_\varkappa$, e_λ einander gleich.

Ich wähle nun

(35) $$e_\iota = e_1, \quad e_\varkappa = e_2, \quad e_\lambda = e_3,$$

so ist unter der genannten Voraussetzung

(36) $$e_2 = e_3$$

und es geht $(\wp u - e_\lambda)$ über in

(37) $$\wp u - e_3 = \frac{(e_1 - e_3)}{\sin^2(\sqrt{e_1 - e_3}\, u)}.$$

Daher verwandelt sich die Differentialgleichung der Lamé-Wangerinschen Functionen in:

(Ia) $$\frac{d^2y}{du^2} = \left\{(\nu^2 - \tfrac{1}{4})\frac{(e_1 - e_3)}{\sin^2(\sqrt{e_1 - e_3}\, u)} - h^2\right\} y.$$

Die hierdurch dargestellten Functionen haben keinen besondern Namen erhalten, wohl aber die zugehörigen z-Functionen.

Denn es ist

(12a) $$y = z(e_1 - e_3)^{-\frac{1}{4}} \sin^{\frac{1}{2}}(\sqrt{e_1 - e_3}\, u)$$

zu setzen uud z das Integral von:

(24a) $$\left\{\begin{aligned} &\frac{d^2z}{du^2} + \sqrt{e_1 - e_3}\, \operatorname{ctg}(\sqrt{e_1 - e_3}\, u)\frac{dz}{du} \\ &\qquad + \left\{h^2 + \tfrac{3}{4}e_3 - \frac{\nu^2(e_1 - e_3)}{\sin^2(\sqrt{e_1 - e_3}\, u)}\right\} z = 0. \end{aligned}\right.$$

Aus $e_1 + e_2 + e_3 = 0$ folgt wegen (36), dass

$$3e_3 = -(e_1 - e_3);$$

führt man noch die Abkürzung ein:

(38) $$n = \frac{h}{\sqrt{e_1 - e_3}} - \tfrac{1}{2},$$

so erhält man:

(24α) $$\left\{\begin{aligned} &\frac{d^2z}{du^2} + \sqrt{e_1 - e_3}\, \operatorname{ctg}(\sqrt{e_1 - e_3}\, u)\frac{dz}{du} \\ &\qquad + (e_1 - e_3)\left\{n(n+1) - \frac{\nu^2}{\sin^2(\sqrt{e_1 - e_3}\, u)}\right\} z = 0. \end{aligned}\right.$$

In Heine's Bezeichnung (Bd. I, S. 216) ist:

$$z = \alpha P_\nu^n(\cos(\sqrt{e_1-e_3}\,u)) + \beta Q_\nu^n(\cos(\sqrt{e_1-e_3}\,u)). \tag{39}$$

Die Functionen z in (24) gehen demnach an der Grenze in Laplace'sche Functionen über, d. h. in zugeordnete Kugelfunctionen, welche in dem vorliegenden Falle einen ganzzahligen unteren und einen willkürlichen oberen Index haben.

Aus (38) ersieht man, dass für $e_1-e_3=1$ die Grösse n eine ganze Zahl wird, wenn h die Hälfte einer ungeraden Zahl ist, und dass die zugeordnete Kugelfunction mit ganzzahligem oberen und und unteren Index entsteht, wie sie Heine betrachtet hat.

Für $e_1-e_3=1$ und ganzzahliges h ergiebt sich die Ringfunction (Heine, II, S. 289); endlich für $e_1-e_3=1$ und $h=\mu\sqrt{-1}$ die zugeordnete Mehler'sche Kegelfunction (Heine, II, S. 231).

Es genügt

$$\left\{\begin{aligned} z^{(\nu)} &= z\varrho^{-\frac{\nu}{2}} = z(e_1-e_3)^{\frac{\nu}{2}}\sin^{-\nu}(\sqrt{e_1-e_3}\,u) \\ &= y(e_1-e_3)^{\frac{2\nu+1}{4}}\sin^{-\frac{(2\nu+1)}{4}}(\sqrt{e_1-e_3}\,u) \end{aligned}\right. \tag{28a}$$

der Differentialgleichung:

$$\left\{\begin{aligned} &\varrho(1-\varrho)\frac{d^2z^{(\nu)}}{d\varrho^2} + (\nu+2-(\tfrac{3}{2}+\nu)\varrho)\frac{dz^{(\nu)}}{d\varrho} \\ &\qquad + \frac{(n-\nu)(n+\nu+1)}{4}z^{(\nu)} = 0, \end{aligned}\right. \tag{29a}$$

deren Integral die hypergeometrische Reihe

$$F\left(\frac{\nu+n+1}{2}, \frac{\nu-n}{2}, \nu+2, \varrho\right)$$

ist. Heine hat diese Function, wenn $e_1-e_3=1$ gesetzt wird,

$$z^{(\nu)} = \alpha\mathfrak{P}_{-\nu}^n(\cos u) + \beta\mathfrak{Q}_{-\nu}^n(\cos u) \tag{40}$$

bezeichnet und bei ihm findet sich auch die aus (30) unter der Voraussetzung (36) hervorgehende Gleichung:

$$\frac{d^2z^{(\nu)}}{du^2} + (2\nu+1)\operatorname{ctg}u\frac{dz^{(\nu)}}{du} + (n-\nu)(n+\nu+1)z^{(\nu)} = 0. \tag{30a}$$

(Heine, Handbuch, I, S. 148 und S. 217).

Ich leite hieraus vor allem eine Gleichung her, die von practischer Bedeutung ist. Macht man in (30a)

$$(41) \qquad \tau = \frac{\sin^2\left(\sqrt{e_1 - e_3}\,\frac{u}{2}\right)}{e_1 - e_3}$$

zur Unabhängigen, nachdem man zuvor u durch $u\sqrt{e_1 - e_3}$ ersetzt hat, so entsteht:

$$(42) \qquad \begin{cases} \tau(1-(e_1-e_3)\tau)\dfrac{d^2 z^{(\nu)}}{d\tau^2} + (\nu+1)(1-2(e_1-e_3)\tau)\dfrac{dz^{(\nu)}}{d\tau} \\ \qquad\qquad + (e_1-e_3)(n-\nu)(n+\nu+1)z^{(\nu)} = 0, \end{cases}$$

und diese Gleichung hat die Eigenschaft, dass

$$(43) \qquad \frac{dz^{(\nu)}}{d\tau} = \text{const.}\, z^{(\nu+1)}$$

sofort aus ihr abgeleitet werden kann. Es ist jetzt

$$(44) \qquad z^{(\nu)} = F(\nu+n+1,\ \nu-n,\ \nu+1,\ \tau).$$

Daher der Satz:

Die Untersuchung der zugeordneten Kugelfunction z kann beschränkt werden auf die Untersuchung der Function $z^{(0)}$, d. h. der einfachen Kugelfunction. Es ist

$$P_\nu^n(\varrho) = \varrho^{\frac{\nu}{2}} \frac{d^\nu P^n(\tau)}{d\tau^\nu}.$$

Wäre n eine ganze Zahl und das Argument $\cos u$, so wäre dies nichts neues; es wäre der von C. Neumann erhaltene Satz. Aber bei uns kann n ganz beliebig sein und zugleich gestattet das Argument (41) der Kugelfunction (bez. Laplace'schen Function) sofort die Uebertragung dieses Resultates auf die Bessel'schen Functionen durch einen functionentheorischen Grenzübergang, was bei dem Argument $\cos u$ nicht möglich ist.

Die entsprechenden Gleichungen lassen sich natürlich auch für $z_{(\nu)}$ niederschreiben. —

Betrachten wir jetzt weiter die Gleichung (23), so erhält dieselbe die Gestalt

$$(23\text{a}) \qquad \frac{d^2 z}{d(\varepsilon i)^2} = \left[\frac{n(n+1)}{\sin^2(i\varepsilon)} - \nu^2\right] z.$$

Vergleichen wir diese mit (Ia), nachdem dort für h gesetzt worden ist $n+\frac{1}{2}$, und nehmen wir ν, n als ganzzahlig, $e_1 - e_3 = 1$ an, so erkennen wir, dass y dieselbe Function von ν, $n+\frac{1}{2}$ und u ist, wie z

von $n+\frac{1}{2}$, ν und $i\varepsilon$ und zwar besteht zwischen den Argumenten u und $i\varepsilon$ die Beziehung $\sin^2(i\varepsilon)\sin^2 u = 1$, welche aus (22) fliesst. Die Vertauschung der Parameter ν und $n+\frac{1}{2}$ giebt Anlass zu folgenden weiteren Betrachtungen.

Durch die Substitution

$$x = \cos(\sqrt{e_1-e_3}\,u) \tag{45}$$

geht (24α) in die bekannte Gleichung der zugeordneten Kugelfunctionen über:

$$(1-x^2)\frac{d^2z}{dx^2} - 2x\frac{dz}{dx} + \left\{n(n+1) - \frac{\nu^2}{1-x^2}\right\}z = 0. \tag{46}$$

Wird hingegen

$$x = \cos^2(\sqrt{e_1-e_3}\,u) \tag{47}$$

gesetzt, so erhält man:

$$4x(1-x)\frac{d^2z}{dx^2} + 2(1-3x)\frac{dz}{dx} + \left\{n(n+1) - \frac{\nu^2}{1-x}\right\}z = 0, \tag{48}$$

welche natürlich auch direct aus (13) folgt. Sei für den Augenblick in dieser Gleichung ausser ν auch das bisher willkührliche n eine ganze Zahl.

Der Differentialgleichung (48) der Kugelfunctionen stellen wir gegenüber die algebraische Normalform (8) der Lamé-Hermite'schen Functionen für $e_2 = e_3$. Dieselbe lautet:

$$4(s-e_1)(s-e_3)\frac{d^2y}{ds^2} + 6(s+e_3)\frac{dy}{ds} - \left\{n(n+1) - \frac{h^2}{s-e_3}\right\}y = 0. \tag{8a}$$

Sie geht durch die Substitution

$$s = (e_1-e_3)x + e_1, \quad \text{d. h.} \quad x = \operatorname{ctg}^2(\sqrt{e_1-e_3}\,u), \tag{49}$$

über in:

$$4x(1-x)\frac{d^2y}{dx^2} + 2(1-3x)\frac{dy}{dx} + \left\{n(n+1) - \frac{h^2}{(e_1-e_3)(1-x)}\right\}y = 0. \tag{50}$$

Hier möge jetzt neben n auch $\dfrac{h}{\sqrt{e_1-e_3}}$ eine ganze Zahl sein.

Alsdann definiren (48) und (50) eine und dieselbe Function. Nun ist das allgemeine Integral von (48):

$$z = \alpha P_\nu^n(x) + \beta Q_\nu^n(x)$$

und wir wissen, dass $Q_\nu^n(x)$ an der Stelle $x = 1$ logarithmisch unendlich wird, so lange $\nu \leqq n$; dass sich aber für $\nu > n$ beide particuläre Integrale als algebraische Functionen von x darstellen lassen. [1]) Andererseits definirt (50) solche Functionen y, welche aus den Lamé-schen Functionen $E^n(x)$ bez. $F^n(x)$ hervorgehen, wenn man $e_2 = e_3$ setzt. Herr Hermite hat die vollständige Integration der Gleichung (8) für $a = n(n+1)$ geleistet und gezeigt, dass, wenn $F(x)$ ein particuläres Integral ist, $F(-x)$ ein zweites ist. [2]) Aber in einem an Heine gerichteten Briefe findet er, dass seine Integration versagt, wenn $e_2 = e_3$ und ausserdem $\frac{h}{\sqrt{e_1 - e_3}}$ eine ganze Zahl ist, kleiner oder höchstens gleich n, [3]) weil dann das zweite particuläre Integral logarithmischen Charakter hat, wie wir hinzusetzen können. [4]) Damit ist ein doppelter Zugang zur Theorie der Kugelfunctionen mit ganzzahligem unteren und oberen Index eröffnet und es ist interessant, denselben auch in Heine's Handbuch vorzufinden. Im ersten Theile des ersten Bandes sind die zugeordneten Kugelfunctionen z-Functionen, entsprechend der Differentialgleichung (48). Hingegen werden im dritten Theil (S. 450) unter Kugelfunctionen zweiter Ordnung die durch (50) dargestellten y-Functionen verstanden, wofern dort $\frac{h}{\sqrt{e_1 - e_3}}$ eine ganze Zahl ist.

Aber man wird die Gleichungen (48) und (50), obschon unter unseren Voraussetzungen gleichwerthig, doch nicht als gleichberechtigt ansehen dürfen, wenn man sich den Ursprung von (50) aus (8) vergegenwärtigt. Denn alle Resultate, die man für (33) erhält, gelten unter der Voraussetzung $e_2 = e_3$ sofort für Heine's Kugelfunction [Gleichung (48)], weil der Charakter des Integrals wesentlich durch das ganzzahlige ν bestimmt wird. Die Integrale von (8) hingegen lassen keine directen Schlüsse auf $z = \alpha P_\nu^n(x) + \beta Q_\nu^n(x)$ zu, wie es der Brief Hermite's an Heine augenscheinlich darthut. Uebrigens

---

[1]) Haentzschel, Ueber die Reduction der Gleichung $\frac{\partial^2 V}{\partial x^2} + \frac{\partial^2 V}{\partial y^2} + \frac{\partial^2 V}{\partial z^2} = 0$ auf gewöhnliche Differentialgleichungen. Ein Beitrag zur Theorie der Lamé'schen Functionen zweiter Ordnung. Berlin 1883, Mayer & Müller.

[2]) Hermite, Sur quelques applications des fonctions elliptiques. Comptes Rendus, Paris 1877—1882.

[3]) Hermite, Sur l'intégration de l'équation différentielle de Lamé. Extrait d'une lettre adressée à M. Heine. Crelle's Journal, Bd. 89.

[4]) Heine, Handbuch, Bd. II, S. 364—367.

hätte Heine dieser Umstand nicht entgehen dürfen. Weil $P_\nu^n(x)$ eine ganze Function von x ist, so sucht er auch $E^n(x)$ als ganze Function darzustellen. Dieser Analogieschluss war falsch; er führte zur Integration der Lamé-Hermite'schen Gleichung (8) für einen Ausnahmefall.[1]) Denn $Q_\nu^n(x)$ wird für $x=1$ logarithmisch unendlich, während die Lame'sche Function der zweiten Art $F^n(x)$ nur „elliptische Integrale der ersten und zweiten, nicht aber der dritten Gattung enthält", folglich des logarithmischen Charakters entbehrt (Heine, Kugelfunctionen, Bd. I, S. 386).

Ein neuer, von dem soeben behandelten völlig verschiedener, Grenzfall tritt in Gleichung (13) ein, wenn wir

$$e_\iota = e_\varkappa \tag{51}$$

setzen. Nehmen wir dann noch

$$e_\lambda - e_\iota = -1,$$

so erhalten wir:

$$\left\{\begin{aligned}&4\varrho^2(1-\varrho)^2\frac{d^2z}{d\varrho^2}-4\varrho(1-\varrho)(-1+2\varrho)\frac{dz}{d\varrho}\\&\qquad+[\tfrac{3}{4}\varrho^2+(h^2-\tfrac{1}{4})\varrho-(a+\tfrac{1}{4})]z=0.\end{aligned}\right. \tag{52}$$

Das Integral dieser Gleichung ist die Riemann'sche P-Function mit drei singulären Stellen, und zwar ist

$$z = P\begin{pmatrix}\alpha_1 & \beta_1 & \gamma_1 & \\ \alpha_1' & \beta_1' & \gamma_1' & \varrho\end{pmatrix}, \tag{53}$$

wo

$$\left\{\begin{aligned}&\alpha_1=\pi=+\tfrac{1}{2}\sqrt{a+\tfrac{1}{4}}; && \alpha_1'=-\pi=-\tfrac{1}{2}\sqrt{a+\tfrac{1}{4}};\\&\beta_1=\tfrac{1}{4}; && \beta_1'=\tfrac{3}{4};\\&\gamma_1=\sigma=+\tfrac{1}{2}\sqrt{a-h^2}; && \gamma_1'=-\sigma=-\tfrac{1}{2}\sqrt{a-h^2}.\end{aligned}\right. \tag{54}$$

Im Lamé-Wangerin'schen Fall ist $a=\nu^2-\frac{1}{4}$, im Lamé-Hermite'schen ist $a=n(n+1)$, daher ist im ersteren $\varrho=0$ eine wesentlich singuläre Stelle, wie schon früher hervorgehoben.

Bekanntlich ist nun in der Umgebung der Stelle $\varrho=0$:

$$P^{\alpha_1}\begin{pmatrix}\alpha_1 & \beta_1 & \gamma_1 & \\ \alpha_1' & \beta_1' & \gamma_1' & \varrho\end{pmatrix} = \text{const.}\,\varrho^\pi(1-\varrho)^\sigma F(\pi+\sigma+\tfrac{1}{4},\pi+\sigma+\tfrac{3}{4},2\pi+1,\varrho), \tag{55}$$

---

[1]) Fuchs, Ueber eine Klasse von Differentialgleichungen, welche durch Abel'sche und elliptische Functionen integrirbar sind. Nachrichten der Kgl. Gesellschaft der Wissenschaften zu Göttingen, 1878.

wo F die Gauss'sche hypergeometrische Reihe bedeutet. Wir gehen hierauf nicht weiter ein, sondern verweisen in Betreff der mannigfachen Beziehungen der P-Function zur hypergeometrischen Reihe auf die gediegene, unter Herrn Prof. Felix Klein's Leitung entstandene, Dissertation des Herrn Paul Nimsch, Ueber die Perioden der elliptischen Integrale I. und II. Gattung als Functionen der rationalen Invarianten, Leipzig 1886, deren Paragraphen 1 und 2 hier für uns in Betracht kommen.

Der höchste Grad der Entartung der Lamé-Wangerin'schen Functionen vom ersten Typus tritt ein, wenn die beiden Perioden der $\wp$-Function unendlich gross werden. In diesem äussersten Grenzfall sind die drei Grössen e und also auch die Invarianten der $\wp$-Function g_2 und g_3 gleich Null; $\wp u$ selbst reducirt sich auf $\frac{1}{u^2}$ und in folge dessen ändert sich auch der Sprachgebrauch; die Nullstelle $x = s - e_\lambda = \wp u - e_\lambda$ heisst jetzt die unendlich ferne Stelle, die unendlich ferne Stelle $\varrho = \frac{1}{x}$ heisst jetzt die Nullstelle der Function. Im übrigen sind die gedachten Functionen auch ein Grenzfall der Laplace'schen Functionen. Die entsprechenden Differentialgleichungen lauten:

$$(8\text{b})\qquad 4s^3 \frac{d^2y}{ds^2} + 6s^2 \frac{dy}{ds} - \{(\nu^2 - \tfrac{1}{4})s - h^2\} y = 0.$$

$$(33\text{b})\qquad \frac{d^2y}{du^2} = \left\{\frac{(\nu^2 - \frac{1}{4})}{u^2} - h^2\right\} y.$$

$$(11\text{b})\qquad \varrho = \frac{1}{x} = \frac{1}{s} = u^2,$$

$$(12\text{b})\qquad y = z\sqrt{u},$$

$$(13\text{b})\qquad \varrho^2 \frac{d^2z}{d\varrho^2} + \varrho \frac{dz}{d\varrho} + \left\{\frac{h^2}{4}\varrho - \frac{\nu^2}{4}\right\} z = 0.$$

$$(24\text{b})\qquad \frac{d^2z}{du^2} + \frac{1}{u}\frac{dz}{du} + \left\{h^2 - \frac{\nu^2}{u^2}\right\} z = 0.$$

Diese Gleichung ist die bekannte Definition der Fourier-Bessel-schen Functionen

$$(56)\qquad z = \alpha J_\nu(hu) + \beta K_\nu(hu),$$

welche man auch aus (24α) herleiten kann. Dabei wird freilich dann $n = \infty$, was Herr Mehler bei seinem Grenzübergang betont hat, aber es ist dies nur ein secundäres Moment[1]), die Hauptsache ist das Verschwinden der Weierstrass'schen e's. Die Function y, die keinen Namen erhalten hat, ist also weiter nichts als die durch Reduction von (24b) auf zwei Glieder entstehende Function, daher kann man sagen, dass (8b) die Fourier-Bessel-schen Functionen in der Umgebung der unendlich fernen Stelle, die hier in der Terminologie des Herrn Fuchs eine Stelle der Unbestimmtheit mit bestimmter Verzweigung ist, definirt. Reihenentwickelungen von y in der Umgebung von $s = 0$, welche die bekannten semiconvergenten Reihen der Bessel'schen Transcendente sind, habe ich in meiner Programmabhandlung von 1889 gegeben, sie werden sich uns auch im fünften Theile dieser Arbeit von selbst ergeben. Man muss dazu nämlich gerade von

$$\tau = \frac{1}{u}, \tag{19}$$

$$\tau^4 \frac{d^2 y}{d\tau^2} + 2\tau^3 \frac{dy}{d\tau} - \{(\nu^2 - \tfrac{1}{4})\tau^2 - h^2\} y \tag{20b}$$

ausgehen, eine Gleichung, die bisher nur den Schluss auf die wesentliche Singularität der Stelle $\tau = 0$ vermittelt hatte.

Weiter ist

$$z = z^{(\nu)} u^\nu \text{ bez. } z = z_{(\nu)} u^{-\nu} \tag{28b}$$

$z^{(\nu)} = \alpha j_\nu(hu) + \beta k_\nu(hu)$ in Heine's Bezeichnung.

$$\frac{d^2 z^{(\nu)}}{du^2} + \frac{(2\nu+1)}{u} \frac{dz^{(\nu)}}{du} + h^2 z^{(\nu)} = 0. \tag{30b}$$

(Heine, I, S. 233).

$$\frac{d^2 z_{(\nu)}}{du^2} - \frac{(2\nu-1)}{u} \frac{dz_{(\nu)}}{du} + h^2 z_{(\nu)} = 0. \tag{31b}$$

$$\xi = \frac{u^2}{4}. \tag{41b}$$

$$\xi \frac{d^2 z^{(\nu)}}{d\xi^2} + (\nu+1) \frac{dz^{(\nu)}}{d\xi} + h^2 z^{(\nu)} = 0. \quad \text{[bez. (29b)]} \tag{42b}$$

---

[1]) Haentzschel, Ueber die Fourier-Bessel'sche Transcendente. Zeitschrift für Mathematik und Physik, herausgegeben von Schlömilch, 33. Jahrgang, 1888, S. 185.

(43b) $$\frac{dz^{(\nu)}}{d\xi} = \text{const.}\, z^{(\nu+1)}.$$

Daher

(57) $$J_\nu(u^2) = u^\nu \frac{d^\nu J_0(\xi)}{d\xi^\nu},$$

(Heine, Bd. I, S. 237, Gleichung (43)), d. h. die Untersuchung der Fourier-Bessel'schen Transcendente J_ν kann auf die Untersuchung von J_0 beschränkt werden. Gleichung (42b) kommt schon in Fourier's Théorie de la chaleur, Kapitel VI, S. 336 vor, weshalb Heine unsere Function trotz der tiefen Untersuchungen Bessel's für Fourier reclamirt hat[1]). Aehnliche Gleichungen gelten für $z_{(\nu)}$; es jedes Mal nur $-\nu$ an die Stelle von $+\nu$ zu setzen. Wird überall statt ν gelesen: $n+\frac{1}{2}$, wo n ganzzahlig ist, so entsteht der äusserste Grenzfall der Lamé-Hermite'schen Functionen vom ersten Typus. Dieselben sind bekanntlich in geschlossener Form darstellbar; man findet näheres über dieselben in Kummer's Abhandlung über die hypergeometrische Reihe (Crelle's Journal, Bd. 15), in Halphen's Traité des fonctions elliptiques et de leurs applications, Bd. II, 1888 und im fünften und sechsten Theile dieser Arbeit.

§ 4.

Wir haben uns jetzt weiter mit den Lamé-Wangerin'schen Functionen zweiter Ordnung vom zweiten Typus zu beschäftigen, also mit

(II) $$\frac{d^2y}{du^2} = \left\{(\nu^2-\tfrac{1}{4})\frac{(e_\lambda-e_\iota)(e_\lambda-e_\varkappa)}{\wp u-e_\lambda} - h^2\right\}y.$$

Stellen wir gleich von vorn herein fest, dass dieselben sich, wenn die Weierstrass'schen e's verschwinden, auf die Exponentialfunction reducieren. Die Functionen vom ersten Typus zeichneten sich bei ganzzahligem ν dadurch aus, dass die Ecke $u=0$ vom Viertel des Periodenparallelogramms der $\wp$-Function die wesentlich singuläre Stelle für jene Functionen war, hingegen die Ecken $u=\omega$, $\omega+\omega'$

---

[1]) Herr Maggi hat freilich unsere Function bereits in einer Untersuchung Daniel Bernoulli's (vergl. Heine, Bd. II, S. 343) vorgefunden. Wäre es darum nicht am einfachsten bei der so gebräuchlichen Bezeichnung „Bessel'sche Function“ zu verbleiben?

und ω', bez. die diesen congruenten, die ausserwesentlich singulären Stellen. Bei den Functionen vom zweiten Typus ist eine der zuletzt genannten Stellen die wesentlich singuläre, die drei übrigen sind die ausserwesentlich singulären, daher kann man die Functionen vom zweiten Typus in drei Klassen eintheilen. Die Gleichungen (8) bis (13) bleiben mit Rücksicht auf (7) unverändert. Bedenkt man jedoch, dass die Gleichung

$$(9) \qquad x = s - e_\lambda$$

wegen der Formel $\wp(u \pm \varpi) - e_\lambda = \frac{(e_\lambda - e_\iota)(e_\lambda - e_\varkappa)}{\wp u - e_\lambda}$ die Bedeutung hat

$$(9a) \qquad x = \frac{(e_\lambda - e_\iota)(e_\lambda - e_\varkappa)}{\wp u - e_\lambda},$$

so wird der Wunsch berechtigt erscheinen, des Vergleichs wegen die Gleichung (10) auch in derjenigen Gestalt vor sich zu sehen, wo x nach wie vor den Werth $\wp u - e_\lambda$ hat. Dazu setzen wir in (II)

$$(9) \qquad x = \wp u - e_\lambda$$

ein und machen es zur Unabhängigen. Wir erhalten

$$(58) \quad \begin{cases} 4x^2(x+e_\lambda-e_\iota)(x+e_\lambda-e_\varkappa)\frac{d^2y}{dx^2} \\ +2x[(x+e_\lambda-e_\iota)(x+e_\lambda-e_\varkappa)+x(x+e_\lambda-e_\iota)+x(x+e_\lambda-e_\varkappa)]\frac{dy}{dx} \\ -\{(\nu^2-\frac{1}{4})(e_\lambda-e_\iota)(e_\lambda-e_\varkappa)-h^2x\}y = 0. \end{cases}$$

Da aber hier der Coefficient von $\frac{dy}{dx}$ noch nicht die halbe Ableitung von dem Coefficienten von $\frac{d^2y}{dx^2}$ ist, wir also noch nicht die erstrebte algebraische Normalform vor uns haben, so setzen wir noch

$$(59) \qquad y = \varphi x^{\frac{1}{2}}$$

und dies ergiebt:

$$(60) \quad \begin{cases} 4x^2(x+e_\lambda-e_\iota)(x+e_\lambda-e_\varkappa)\frac{d^2\varphi}{dx^2} \\ +2x[4x^2+9e_\lambda x+2(e_\lambda-e_\iota)(e_\lambda-e_\varkappa)]\frac{d\varphi}{dx} \\ +\{\frac{3}{4}x^2+(\frac{3}{4}e_\lambda+h^2)x-\nu^2(e_\lambda-e_\iota)(e_\lambda-e_\varkappa)\}\varphi = 0. \end{cases}$$

Während sich also Gleichung (10) ganz besonders zur Entwickelung der Function in Reihen eignet, die in der Umgebung der ausserwesentlich singulären Stelle $u=0$ gelten, ist (60) passend für Entwickelungen in der Umgebung von $u=\varpi$, also wenn z. B. $e_\lambda = e_3$ ist in dem Gebiet der wesentlich singulären Stelle $u=\omega'$. Bemerkenswerth ist die Aehnlichkeit von (13) und (60), welche bewirkt, dass fast sämmtliche Gleichungen des § 2 mit kleinen Veränderungen sofort niedergeschrieben werden können.

Wir machen aufmerksam auf die einfach periodische Normalform, die zur Gleichung (60) gehört. Setzt man

$$(61)\qquad \left(\frac{dx}{d\varepsilon}\right)^2 = 4x^2(x+e_\lambda-e_\iota)(x+e_\lambda-e_\varkappa)$$

und im besonderen $\frac{dx}{d\varepsilon} = -2x\sqrt{(x+e_\lambda-e_\iota)(x+e_\lambda-e_\varkappa)}$, so folgt:

$$(62)\begin{cases} \varepsilon = \dfrac{1}{\sqrt{(e_\lambda-e_\iota)(e_\lambda-e_\varkappa)}}\log\left\{\dfrac{\sqrt{e_\lambda-e_\varkappa}\sqrt{x+e_\lambda-e_\iota}+\sqrt{e_\lambda-e_\iota}\sqrt{x+e_\lambda-e_\varkappa}}{\sqrt{x(e_\iota-e_\varkappa)}}\right\}, \\ \text{bez.} \\ x = \dfrac{(e_\lambda-e_\iota)(e_\varkappa-e_\lambda)}{(e_\lambda-e_\iota)+(e_\iota-e_\varkappa)\sin^2[i\varepsilon\sqrt{(e_\lambda-e_\iota)(e_\lambda-e_\varkappa)}]}, \end{cases}$$

und die Gleichung (60) nimmt die Gestalt an:

$$(63)\begin{cases} \dfrac{d^2\varphi}{d[\varepsilon i\sqrt{(e_\lambda-e_\iota)(e_\lambda-e_\varkappa)}]^2} \\ = \Bigg[\tfrac{3}{4}\dfrac{(e_\lambda-e_\iota)(e_\lambda-e_\varkappa)}{\{(e_\iota-e_\lambda)+(e_\varkappa-e_\iota)\sin^2[\varepsilon i\sqrt{(e_\lambda-e_\iota)(e_\lambda-e_\varkappa)}]\}^2} \\ \quad + \dfrac{(\tfrac{3}{4}e_\lambda+h^2)}{\{(e_\iota-e_\lambda)+(e_\varkappa-e_\iota)\sin^2[\varepsilon i\sqrt{(e_\lambda-e_\iota)(e_\lambda-e_\varkappa)}]\}} - \nu^2\Bigg]\varphi. \end{cases}$$

Diese Gleichung ist das Analogon von (23), aber es ist doch eine wesentliche Verschiedenheit zwischen beiden. (23) führte uns für $e_\lambda = e_\iota$ auf die Laplace'schen und Bessel'schen Functionen und gab so zu der interessanten Ableitung dieser Transcendenten aus den Lamé-schen Functionen Anlass. Hier ist φ im Grenzfall nichts weiter als die Exponentialfunction mal $(\wp u - e_\lambda)^{-\frac{1}{4}}_{e_\lambda = e_\iota}$, wie aus (II) in Verbindung mit (59) sofort erhellt. Der Zufall hat die Herren Hermite und Brioschi gerade auf Gleichungen vom zweiten Typus geführt; die Methoden ihrer Entwickelungen sind auch anwendbar auf Gleichungen vom ersten Typus, wie meine Dissertation beweist, in der auf die soeben genannten Grenzfälle zuerst hingewiesen wurde.

Wir schreiben die Gleichung (60) noch mit doppeltperiodischen Coefficienten nieder, indem wir für x seinen Werth $(\wp u - e_\lambda)$ einführen (vergl. Gleichung (24)):

$$(64)\quad \begin{cases} \dfrac{d^2\varphi}{du^2} + \frac{1}{2}\dfrac{\wp' u}{\wp u - e_\lambda}\dfrac{d\varphi}{du} \\ -\left\{\frac{3}{4}(\wp u - e_\lambda) - (\nu^2-1)\dfrac{(e_\lambda - e_\iota)(e_\lambda - e_\varkappa)}{\wp u - e_\lambda} + h^2 + \frac{9}{4}e_\lambda\right\}\varphi = 0. \end{cases}$$

Einen weiteren Grenzfall entnehmen wir aus (60), wenn

$$(65)\quad e_\iota = e_\varkappa$$

ist. Setzen wir dann noch $e_\lambda - e_\iota = -1$, so geht Gleichung (60) genau in die Gleichung (52) über, wenn dort x statt ϱ und ν^2 statt $(\alpha + \frac{1}{4})$ gelesen wird, d. h. die Function φ ist im Grenzfall eine Riemann'sche P-Function mit drei singulären Stellen. Alles bei Gleichung (52) gesagte gilt hier wörtlich ebenso.

Betrachten wir unter derselben Voraussetzung Gleichung (II), und bedenken, dass nach Theil I Gleichung (41) und (42) die Function $\dfrac{(e_\lambda - e_\iota)(e_\lambda - e_\varkappa)}{\wp u - e_\lambda}$ unter der Voraussetzung

$e_\iota = e_\varkappa$ entweder $= (e_\lambda - e_\iota)\operatorname{tg}^2(\sqrt{e_\lambda - e_\iota}\,u)$ oder $= (e_\lambda - e_\iota)\operatorname{ctg}^2(\sqrt{e_\lambda - e_\iota}\,u)$ ist, so heisst (II)

$$(\text{II}\alpha)\quad \frac{d^2y}{du^2} = \{(\nu^2 - \tfrac{1}{4})(e_\lambda - e_\iota)\operatorname{tg}^2(\sqrt{e_\lambda - e_\iota}\,u) - h^2\}y,$$

oder

$$(\text{II}\beta)\quad \frac{d^2y}{du^2} = \{(\nu^2 - \tfrac{1}{4})(e_\lambda - e_\iota)\operatorname{ctg}^2(\sqrt{e_\lambda - e_\iota}\,u) - h^2\}y.$$

Setzen wir wieder $e_\lambda - e_\iota = -1$ und führen eine neue Veränderliche ξ ein, indem

$$(66)\quad \xi = -i\operatorname{tg}(iu) \text{ oder } \xi = i\operatorname{ctg}(iu)$$

angenommen wird, so entsteht:

$$(67)\quad (1-\xi^2)\frac{d^2y}{d\xi^2} - 2\xi\frac{dy}{d\xi} + \left\{\nu^2 - \tfrac{1}{4} - \frac{\nu^2 - \frac{1}{4} - h^2}{1-\xi^2}\right\}y = 0.$$

Führt man die Abkürzung ein

$$(68)\quad \mu^2 = \nu^2 - \tfrac{1}{4} - h^2,$$

so können wir y — obschon also eine y-Function — deuten als

$$(69)\quad y = \alpha P_\mu^{\nu - \frac{1}{2}}(\xi) + \beta Q_\mu^{\nu - \frac{1}{2}}(\xi).$$

Wenn die Variable ξ mit einer Exponentialfunction gleichwerthig ist, so stellt (69) die Ringfunction vor, die wir aus Heine's Handbuch, Bd. II, S. 287, kennen; den am genannten Orte niedergeschriebenen Functionen sieht man den Charakter Riemann'scher P-Functionen sofort an; im übrigen sei auf Theil II dieser Arbeit verwiesen, wo sich ergab, dass man für ringförmige Körper gerade auf Gleichungen vom zweiten Typus geführt wird.

Wird in (67) $\nu^2-\frac{1}{4}$ durch $n(n+1)$ ersetzt, so bildet diese Gleichung den Kern der Betrachtungen des Herrn Hermite in dem schon erwähnten an Heine gerichteten Briefe (Crelle's Journal, Bd. 89).

§ 5.

Zum Schluss legen wir uns noch die Frage vor, ob denn die in § 1, Gleichung (1) und (2) gegebene Definition der Lamé'schen Functionen zweiter Ordnung so allgemein gefasst ist, um allen Ansprüchen zu genügen. Diese Frage kann bejaht werden, sobald es sich nur um die Lamé'schen Functionen, nicht aber um die Grenzfälle handelt. In der That hat in der Gleichung (2) der Coefficient von $[\varphi(u)]^3$ den Mangel, da er gleich 4 ist, niemals verschwinden zu können. Denken wir uns daher die Gleichung (2) mit dem Integral $\varphi(u)=\wp(u-u_0)-e_\lambda$ durch die allgemeinere ersetzt:

$$(70)\qquad \left(\frac{d\varphi(u)}{du}\right)^2 = 4B\varphi^3(u)+6C\varphi^2(u)+4B'\varphi(u)+A',$$

so ist deren Integral

$$(71)\qquad \varphi(u)=\frac{\wp(u-u_0)}{B}-\frac{C}{2B}.$$

Wird dieser Werth in (1) eingeführt, so kann man B mit α und $-\frac{C}{2B}$ mit β verschmelzen lassen, und es hat sich also nichts geändert. Eine Verschiedenheit tritt erst für $B=0$ ein. Dann wird (71) illusorisch und an ihre Stelle tritt die Gleichung (44) des ersten Theiles. Unsere Gleichung (1) aber lautet alsdann:

$$(72)\qquad \frac{d^2y}{du^2}=\left\{A\left(\frac{\beta e^{cu}-\alpha e^{-cu}}{2c}\right)^2-B\right\}y,$$

in der wir die Gleichung der Functionen des elliptischen Cylinders mit dem Grenzfall der Functionen des parabolischen Cylinders[1]) wiedererkennen, Functionen, mit denen ich mich in den schon citirten Abhandlungen eingehender beschäftigt habe. Im fünften Theile dieser Arbeit soll die Gleichung (72) einer ganz eigenthümlichen Behandlung unterzogen werden, auf die ich durch eine Untersuchung des Herrn Bruns geführt worden bin. Wir sehen also, es genügt die Definition (1) bez. (2) allen Ansprüchen, sobald es sich nur um Rotationskörper handelt, auf welche wir ja auch zu allererst unser Augenmerk richten wollten. — Die aus (70) und (71) abzuleitende algebraische Normalform der Differentialgleichung der Lamé'schen Functionen zweiter Ordnung

$$(73)\quad \begin{cases} [4B\varphi^3(u)+6C\varphi^2(u)+4B'\varphi(u)+A']\dfrac{d^2y}{d\varphi^2} \\ \qquad +[6B\varphi^2(u)+6C\varphi(u)+2B']\dfrac{dy}{d\varphi}-\{\alpha\varphi(u)-\beta\}y=0 \end{cases}$$

kann also stets auf (8) transformirt werden, ausser wenn $B=0$ ist. Dieser Fall, der also doch ein Grenzfall ist, wird uns im § 8 des fünften Theiles beschäftigen; für ihn verliert Gleichung (73) den Charakter einer algebraischen Normalform; der Zusammenhang der Functionen des elliptischen Cylinders mit den Lamé'schen Functionen zweiter Ordnung erscheint also von unserem Standpunkte aus als kein natürlicher.

Resultat: Um die vielfachen Untersuchungen über die Lamé'schen Functionen zweiter Ordnung mit einander vergleichen zu können, ist es nothwendig zwei Typen von derartigen Lamé'schen Functionen zu unterscheiden. Unter den verschiedenen Gattungen, die jeder der beiden Typen enthält, fallen zwei besonders auf, die Lamé-Hermite'schen und die Lamé-Wangerin'schen Functionen. Ordnet man den Lamé-Hermite'schen bez. Lamé-Wangerin'schen Functionen vom ersten Typus gewisse Functionen z durch die Definitionsgleichung (12) zu, so erhält man eine Klasse von Riemann'schen P-Functionen mit vier singulären Stellen von der Eigenschaft, das eine Mal an der Grenze in Laplace'sche Functionen zweiter Ordnung überzugehen, deren unterer Index die Hälfte einer ungeraden Zahl bez. eine ganze Zahl ist, welche Functionen selbst wiederum bei genau definirter weiterer Grenzbetrachtung in Bessel'sche Functionen mit einem Index, der die Hälfte einer ungeraden Zahl bez.

[1]) Für $\alpha=\beta$ und $\varrho=0$.

eine ganze Zahl ist, entarten; bei einem anderen Grenzübergang aber gewisse durch (52) definirte Riemann'sche P-Functionen mit drei singulären Stellen darzustellen. Ordnet man den Lamé-Hermiteschen bez. Lamé-Wangerin'schen Functionen vom zweiten Typus gewisse Functionen z durch die Definitionsgleichung (59) zu, so erhält man eine Klasse von Riemann'schen P-Functionen mit vier singulären Stellen von der Eigenschaft, das eine Mal an der Grenze geschlossene einfach periodische Functionen darzustellen, bei einer anderen Grenzbetrachtung aber in gewisse Riemann'sche P-Functionen mit drei singulären Stellen überzugehen.

Vierter Theil.

Ueber die Lamé'schen Functionen höherer Ordnung.

Mit Heine wollen wir unter einer Lamé'schen Function $(s-1)^{\text{ter}}$ Ordnung das vollständige Integral der Differentialgleichung

$$(I) \qquad \varphi(x)\frac{d^2y}{dx^2}+\tfrac{1}{2}\varphi'(x)\frac{dy}{dx}+\psi(x)y=0$$

verstehen, wo $\varphi(x)$ und $\psi(x)$ ganze rationale Functionen vom Grade s bez. $(s-2)$ ohne gemeinsamen Theiler sind. Von der Einschränkung Heine's, dass das erste particuläre Integral von (I) eine algebraische Function sein muss, wollen wir uns nach dem Vorgang der Herren Hermite und Fuchs frei machen und uns die Frage vorlegen, wann ist die Gleichung (I) in geschlossener Form integrirbar, bez. wann kann man y durch bekannte Transcendenten darstellen. Wir fragen uns im besonderen, wann ist das Product v der beiden particulären Integrale oder eine Potenz desselben, also $v^r=(y_1y_2)^r$, eine ganze rationale Function. Mit dieser Einschränkung ist die Frage bereits Gegenstand der Untersuchung von Seiten des Herrn Brioschi gewesen (Annali di Matematica, 2. Reihe, Bd. 9, 1878); jedoch nur in so weit, als Herr Brioschi den ersten Ansatz zur Lösung macht, um dieselbe alsdann allein für die Lamé'schen Functionen zweiter Ordnung für $r=1$ und $r=2$ zu geben. Es wird im folgenden gezeigt werden, dass, wenn alles allgemein bleibt, r höchstens gleich 2 sein darf; es kann r aber jeden Werth annehmen, sobald $\varphi(x)$ einen quadratischen Factor besitzt. Alsdann soll die Untersuchung dahin erweitert werden, dass v^r auch negative Potenzen in endlicher Anzahl enthalten darf.

§ 1.

Es sei gegeben die Differentialgleichung

(I) $$\varphi(x)\frac{d^2y}{dx^2}+\tfrac{1}{2}\varphi'(x)\frac{dy}{dx}+\psi(x)y=0,$$

wo

(1) $$\varphi(x)=4(x^s+a_1x^{s-1}+\cdots+a_s)$$

(2) $$\psi(x)=\alpha_0x^{s-2}+\alpha_1x^{s-3}+\cdots+\alpha_{s-2}$$

ist. Die Coefficienten $a_1, a_2, \ldots a_s$ werden als bekannt vorausgesetzt, die Bestimmung derjenigen von $\psi(x)$, namentlich diejenige von α_0, ist die Aufgabe, deren Lösung wir uns vornehmen unter der Voraussetzung, dass der Ausdruck

(3) $$v^r=(y_1y_2)^r=F(x)=x^n+b_1x^{n-1}+b_2x^{n-2}+\cdots+b_n$$

eine ganze rationale Function n^{ter} Ordnung ist.

Wir erinnern vorerst daran, dass das Product v der beiden particulären Lösungen y_1 und y_2, also

(4) $$v=y_1y_2$$

der Differentialgleichung genügt:

(II) $$2\varphi v'''+3\varphi'v''+(\varphi''+8\psi)v'+4\psi'v=0,$$

welche durch Integration die Gestalt annimmt:

(III) $$\varphi(2vv''-v'^2)+\varphi'vv'+4\psi v^2+C^2=0,$$

und dass die Integrationsconstante C nach Herrn Hermite in folgender Weise in das Integral eingeht:

(IVa) $$y=G\sqrt{v}\,e^{\frac{1}{2}C\int\frac{dx}{v\sqrt{\varphi(x)}}}+G'\sqrt{v}\,e^{-\frac{1}{2}C\int\frac{dx}{v\sqrt{\varphi(x)}}}.$$

Sei ω eine Wurzel der Gleichung $v(x)=0$, so ist nach (III)

(5) $$C=\pm\, v'(\omega)\sqrt{\varphi(\omega)},$$

und C demnach von Null verschieden, wofern nicht ω eine Doppelwurzel von $v(x)=0$ bez. eine einfache Wurzel von $\varphi(x)=0$ ist.

Bei der Berechnung des Integrals im Exponenten sind die verschiedenen Integrale, die sich durch die Partialbruchzerlegung von $\dfrac{1}{v}$ ergeben, mit der durch die jeweilige Wurzel bestimmten Constante C zu verknüpfen.

§ 2.

Es soll also für (I) das Product $y_1^r y_2^r$ eine ganze rationale Function sein; demnach setzen wir auf Grund von (3) in (II) $v = \sqrt[r]{F(x)}$ ein und erhalten:

$$\text{(IIa)}\quad \begin{cases} 2\varphi\left[r^2\dfrac{F'''}{F} - 3r(r-1)\dfrac{F''F'}{F^2} + (r-1)(2r-1)\left(\dfrac{F'}{F}\right)^3\right] \\ +3r\varphi'\left[r\dfrac{F''}{F} - (r-1)\left(\dfrac{F'}{F}\right)^2\right] + r^2(\varphi''+8\psi)\dfrac{F'}{F} + 4r^3\psi' = 0. \end{cases}$$

Diese Gleichung ist in x vom $(3n+s-3)^{\text{ten}}$ Grade; es ergeben sich folglich $(3n+s-2)$ Gleichungen für die $(n+s-1)$ Unbekannten $b_1 \dots b_n$, $a_0 \dots a_{s-2}$. Es sind demnach mindestens $(2n-1)$ Gleichungen zu viel vorhanden. Man muss also den Grad von (IIa) um die $(2n-1)^{\text{te}}$ Potenz von x herabzudrücken suchen. Dies ist nicht anders möglich, als wenn wir entweder $r=1$ setzen, oder die Annahme machen, dass F reductibel ist.

Sei $r=1$, so genügt F der Gleichung

$$(6)\qquad \varphi F''' + \tfrac{3}{2}\varphi' F'' + \tfrac{1}{2}(\varphi''+8\psi)F' + 2F\psi' = 0,$$

aus welcher man eine Gleichung $(s+n-3)^{\text{ten}}$ Grades in x erhält, deren Coefficienten einzeln verschwinden müssen. Es ergeben sich also $(s+n-2)$ lineare Gleichungen zwischen den $(s+n-1)$ Grössen b_p und a_p. Demnach bleibt **ein** Coefficient, z. B. a_{s-2}, willkürlich, während für a_0 erhalten wird

$$\text{(A)}\qquad a_0 = -n(n+s-2)$$

in Uebereinstimmung mit Heine, Handbuch der Kugelfunctionen, Bd. I, S. 447, 1878. Die Bestimmung der übrigen Coefficienten als Functionen von a_{s-2} ist leicht. Für $s=3$ haben wir die Lamé-Hermite'sche Gleichung:

$$(7)\quad \begin{cases} (4x^3-g_2x-g_3)\dfrac{d^2y}{dx^2} + (6x^2-\tfrac{1}{2}g_2)\dfrac{dy}{dx} - (n(n+1)x-h^2)y = 0, \\ \text{bez. } \dfrac{d^2y}{du^2} = (n(n+1)\wp(u-u_0)-h^2)y \text{ für } \dfrac{dx}{\sqrt{4x^3-g_2x-g_3}} = -du. \end{cases}$$

Deshalb wollen wir die Gleichung

$$(8)\quad \begin{cases} \varphi(x)\dfrac{d^2y}{dx^2} + \tfrac{1}{2}\varphi'(x)\dfrac{dy}{dx} \\ \qquad + (-n(n+s-2)x^{s-2} + a_1x^{s-3} + \dots + a_{s-2})y = 0 \end{cases}$$

die verallgemeinerte Lamé-Hermite'sche Gleichung nennen.

Eine eingehendere Besprechung derselben erfolgt in den Paragraphen 6—7.

§ 3.

Es sei $F(x)$ reductibel. Wir setzen mit Herrn Brioschi

$$F(x) = P^r Q, \tag{9}$$

wo

$$\left\{\begin{aligned} P(x) &= x^\varrho + \beta_1 x^{\varrho-1} + \cdots + \beta_\varrho, \\ Q(x) &= x^\sigma + \gamma_1 x^{\sigma-1} + \cdots + \gamma_\sigma, \\ n &= r\varrho + \sigma \end{aligned}\right. \tag{10}$$

ist. Alsdann geht (IIa) über in

$$\left\{\begin{aligned} &2\varphi[r^3 P''' Q^3 + r^2(3P''Q' + 3P'Q'' + PQ''')Q^2 \\ &-3r(r-1)(PQ'' + P'Q')Q'Q + (r-1)(2r-1)PQ'^3] \\ &+3r\varphi' Q[r^2 P'' Q^2 + r(PQ'' + 2P'Q')Q - (r-1)PQ'^2] \\ &\qquad + r^2(\varphi'' + 8\psi)(rP'Q + PQ')Q^2 + 4r^3\psi' PQ^3 = 0. \end{aligned}\right. \tag{IIb}$$

Die höchste Potenz von x ist die $(s+\varrho+3\sigma-3)^{\text{te}}$; folglich führt diese Gleichung auf $(s+\varrho+3\sigma-2)$ lineare Gleichungen zwischen den $(s+\varrho+\sigma-1)$ Unbekannten $\alpha_0, \alpha_1 \ldots \alpha_{s-2}; \beta_1 \ldots \beta_\varrho; \gamma_1 \ldots \gamma_\sigma$, d. h. es sind immer noch $(2\sigma-1)$ Gleichungen zu viel vorhanden.

Die Gleichung (IIb) müssen wir deshalb durch Q^2 theilbar zu machen suchen. (IIb) wird nun durch Q^2 theilbar, ohne dass über r irgend wie verfügt wird, wenn man annimmt, dass φ proportional mit Q^2, demnach

$$\varphi = Q^2\tau [= (x-\xi)^2\tau] \tag{11}$$

ist. Es ergeben sich dann $(s+\varrho+\sigma-2)$ lineare Gleichungen zwischen den $(s+\varrho-1)$ Unbekannten $\alpha_0 \ldots \alpha_{s-2}; \beta_1 \ldots \beta_\varrho$. Der Ueberschuss von $(\sigma-1)$ Gleichungen wird durch die Annahme $\sigma = 1$ vernichtet. Daher das Resultat:

„r darf jeden beliebigen Werth haben, wenn $\varphi(x) = 0$ mindestens **eine** Doppelwurzel ξ besitzt. Dann ist

$$v = P(x-\xi)^{\frac{1}{r}};$$

(IIb) bestimmt im allgemeinen sämmtliche Coefficienten als Functionen des willkürlich bleibenden r; auch für $r = 1$ kann einer derselben willkürlich sein; im besonderen ist

$$\text{(B)} \qquad \alpha_0 = -\frac{(r\varrho+1)(r\varrho+1+rs-2r)}{r^2}.\text{“}$$

Dieser Fall definirt die verallgemeinerten Laplace'schen Functionen. Die Besprechung desselben erfolgt im § 9.

(IIb) wird weiter durch Q^2 theilbar, wenn $r=1$ ist. Setzt man $Q = \text{const.}$, so ist (IIb) mit Gleichung (6) aus § 2 identisch; setzt man $Q = P$, also $v = P^2$, so muss nach (5) die Constante C gleich Null sein. Im § 4 wird gezeigt, dass dies auf Heine's Lamésche Functionen $(s-1)^{\text{ter}}$ Ordnung und erster Klasse führt.

Fragen wir uns, giebt es nicht vielleicht noch andere Möglichkeiten, (IIb) durch Q^2 theilbar zu machen? Einer solchen Theilbarkeit widerstreben die Glieder:

$$\text{(12)} \qquad \begin{cases} 2\varphi(r-1)Q'[(2r-1)PQ'^2-3r(PQ''+P'Q')Q] \\ \qquad\qquad\qquad\qquad -3r(r-1)\varphi' PQ'^2 Q. \end{cases}$$

Macht man die Annahme

$$\text{(13)} \qquad \varphi = Q.t,$$

so würde der Widerstand des Gliedes $-6r(r-1)\varphi QQ'(PQ''+P'Q')$ gebrochen sein; sehen wir zu, welche Form die übrigen Glieder annehmen. Der Rest ist

$$\text{(14)} \qquad (r-1)PQQ'^2[(r-2)Q't-3rQt'].$$

Von ihm ist der zweite Theil offenbar durch Q^2 theilbar, der erste:

$$(r-1)(r-2)PQQ'^3t$$

wird für $r=1$, oder für $r=2$ durch sein Verschwinden, oder durch die Annahme $P = Qq$ die verlangte Theilbarkeit hervorrufen.

Sei $r=2$. Wir haben dann $(s+\varrho+\sigma-2)$ lineare Gleichungen zwischen $(s+\varrho-1)$ Unbekannten; der Ueberschuss an Gleichungen wird für $\sigma=1$ verschwinden. Daher das Resultat:

„Ist $v = y_1 y_2 = P(x)\sqrt{x-\xi}$ und $\varphi = (x-\xi)t$, so ist (I) integrabel. (IIb) bestimmt sämmtliche Coefficienten; der erste von $\psi(x)$ lautet:

$$\text{(C)} \qquad \alpha_0 = -\frac{(2\varrho+1)(2\varrho+2s-3)}{4};$$

keiner dieser Coefficienten ist willkürlich.“ Wir haben es mit den verallgemeinerten Lamé-Wangerin'schen Functionen zu thun. Die Besprechung erfolgt im § 8.

Sei $P = Q.q$. Es wird jetzt über r nicht verfügt. Sei q von der Ordnung k, so erhalten wir $(s+2\sigma+k-2)$ Gleichungen zwischen $(s+k-1)$ Unbekannten. Es ergiebt sich also ein Ueberschuss von $(2\sigma-1)$ Gleichungen, ganz so wie beim Beginn unserer Untersuchung für (IIb) gezeigt wurde noch vor der Division durch Q^3. Man hat also aus (IIb) alle diejenigen Glieder herauszuheben, welche unter der Voraussetzung:

$$(15) \qquad \varphi = Q.t; \quad P = Q.q; \quad v = qQ^{1+\frac{1}{r}}$$

der Theilbarkeit durch Q^3 widerstreben. Als solche ergeben sich:

$$(16) \quad -2(r^2-1)tqQ'^3+3r(r+1)tqQ'^3 = (r+1)(r+2)tqQ'^3.$$

Für t proportional mit Q wäre die verlangte Bedingung erfüllt; dies führt auf (11) und weiter auf eine Specialisirung von (B); aber sie wäre auch weiter erfüllt für $r = -1$ oder $r = -2$, und endlich für $q = Q.q_1$. In allen diesen Fällen muss offenbar $\sigma = 1$ sein, um den nach der Division durch Q^3 noch vorhandenen Ueberschuss von $(\sigma-1)$ Gleichungen zu vernichten. Für $r = -1$ folgt nun $v = q$, und dies gilt offenbar für die verallgemeinerte Lamé-Hermite'sche Gleichung; für $r = -2$ folgt $v = q\sqrt{x-\xi}$, und dies führt offenbar auf (C), der verallgemeinerten Lamé-Wangerin'schen Gleichung. Die Annahme $q = Q.q_1$ führt auf $(s+2\sigma+k_1-2)$ Gleichungen für $(s+k_1-1)$ Unbekannte; sie fordert also eine Theilbarkeit von (IIb) durch Q^4. Die Untersuchung fördert keine neuen Resultate, denn sie fordert für r die Werthe $-\frac{1}{2}$ oder -1 oder $-\frac{3}{2}$, was auf (A) oder (C) führt.

§ 4.

Der Vollständigkeit wegen ist es nöthig, noch diejenigen Fälle zu erörtern, in denen die Integrationsconstante C in (III) gleich Null ist. Alsdann hat (I) als particuläres Integral $\sqrt{v}$ und das allgemeine Integral von (I) lautet:

$$(\text{IVb}) \qquad y = G\sqrt{v}+G'\int\frac{dx}{v\sqrt{\varphi(x)}}$$

Führen wir $v = PQ^{\frac{1}{r}}$ in (III) ein, so erhält man

$$(17)\left\{\begin{aligned}&\varphi\left(2PP''Q^2+\frac{2}{r}PP'QQ'+\frac{1}{r}\left(\frac{1}{r}-2\right)P^2Q'^2+\frac{2}{r}P^2QQ''-P'^2Q^2\right)\\ &\qquad\qquad+\varphi'Q\left(PP'Q+\frac{1}{r}P^2Q'\right)+4\psi P^2Q^2 = 0.\end{aligned}\right.$$

Diese Gleichung führt auf $(s-1+2\varrho+2\sigma)$ lineare Gleichungen zwischen $(s-1+\varrho+\sigma)$ Unbekannten; wir müssen sie also durch PQ theilbar zu machen suchen. Die nicht durch $P.Q$ theilbaren Glieder lauten:

$$(18) \qquad \varphi\left(\frac{1}{r}\left(\frac{1}{r}-2\right)P^2Q'^2-P'^2Q^2\right).$$

Es tritt also die gewünschte Theilbarkeit ein

1) für $\varphi = P.Q.t$,
2) für $\varphi = PQ^2.\tau$,
3) für $P = Q$,
4) für $\varphi = P.\tau$ und $r = \frac{1}{2}$.

1) Führt man $\varphi = PQt$ in (17) ein, so ergiebt sich, dass zur vollständigen Bestimmung der Coefficienten von $\psi(x)$ nothwendig $r = 1$ sein muss. Es ist also $v = P.Q$; wir befinden uns im Gebiet der verallgemeinerten Lamé-Hermite'schen Gleichung.

2) Für $\varphi = PQ^2\tau$ bleibt r willkührlich, also $v = PQ^{\frac{1}{r}}$. Der erste Coefficient von $\psi(x)$ ergiebt sich

$$(D) \qquad a_0 = -\frac{(r\varrho+\sigma)(r\varrho+\sigma+rs-2r)}{r^2},$$

auch die übrigen sind Functionen von r.

3) Für $P = Q$ ist $r = 1$ zu nehmen, um den Ueberschuss von Gleichungen zu vernichten. Also $v = P^2$; $y = GP + G'P\int\frac{dx}{P^2\sqrt{\varphi(x)}}$. Das particuläre Integral $y_1 = P$ ist wegen $r = 1$, also

$$a_0 = -\varrho(\varrho+s-2),$$

Heine's Lamé'sche Function erster Art der ersten Klasse; das zugehörige y_2 ist, wie Heine gezeigt hat, frei von Logarithmen; es ist das Integral der zweiten Art. Sämmtliche Coefficienten sind vollständig bestimmt.

4) Wenn $\varphi = P.\tau$ und $r = \frac{1}{2}$, so ist $v = PQ^2$, d. h. wir befinden uns wieder im Gebiet der verallgemeinerten Lamé-Hermite-schen Function und zwar liegt der besondere, von Heine ins Auge gefasste Fall vor, dass v durch einen quadratischen Factor theilbar ist. Es ist

$$y = GQ\sqrt{P} + G'Q\sqrt{P}\int\frac{dx}{PQ^2\sqrt{\varphi(x)}}.$$

Setzt man $\varrho + 2\sigma = n$, so ist $\alpha_0 = -n(n+s-2)$; die übrigen Coefficienten sind fest bestimmt; da P irgend ein Theiler von φ ist, so kann man mit Heine so viele Klassen von Lamé'schen Functionen unterscheiden, als φ solche Theiler hat — die erste Klasse derselben ist soeben in 3) definirt worden. Auf diese Verhältnisse zuerst hingewiesen zu haben, namentlich dass bei Heine $v = y_1^2$ einen quadratischen Factor enthalten muss, ist das Verdienst des Herrn Fuchs. (Fuchs, Ueber eine Klasse von Differentialgleichungen u. s. w. Göttinger Nachrichten, 1878.)

§ 5.

Wir fragen uns, ob nicht in dem Ausdruck 3) für F auch negative Potenzen zulässig sind und welche Veränderungen unsere Resultate durch diese Annahme erleiden. Wir können uns F dann auf die Form gebracht denken

$$v^r = F(x) = \frac{S}{x^k}, \tag{3a}$$

wo S eine ganze rationale Function bedeutet, die in ihrer Gestalt mit dem früheren F identisch ist. Die Gleichung (IIa) heisst alsdann:

$$\text{(IIIa)} \left\{ \begin{aligned} &2\varphi\left[r^2\frac{S'''}{S} - 3r(r-1)\frac{S''S'}{S^2} + (r-1)(2r-1)\left(\frac{S'}{S}\right)^3 - \frac{3rk}{x}\frac{S''}{S}\right. \\ &\qquad\left. + \frac{3k}{x}(r-1)\left(\frac{S'}{S}\right)^2 + \frac{3k}{x^2}(r+k)\frac{S'}{S} - \frac{k(k+r)(k+2r)}{x^3}\right] \\ &\quad + 3r\varphi'\left[r\frac{S''}{S} - (r-1)\left(\frac{S'}{S}\right)^2 - \frac{2k}{x}\frac{S'}{S} + \frac{k(k+r)}{x^2}\right] \\ &\qquad\qquad + r^2(\varphi'' + 8\psi)\left(\frac{S'}{S} - \frac{k}{x}\right) + 4r^3\psi' = 0. \end{aligned} \right.$$

Für $r = 1$ und $a_s = 0$, wodurch keine Beschränkung der Allgemeinheit eintritt, ergiebt sich für die verallgemeinerte Lamé-Hermite'sche Gleichung:

$$\alpha_0 = -a_0(n-k)(n-k+s-2), \tag{𝔄}$$

indem a_0 der Coefficient von x^s in $\varphi(x)$ ist.

Man erkennt also, dass unsere Integrationsmethode versagt, wenn $a_0 = 0$ ist — es ist dies ein Grenzfall, der z. B. bei den Functionen des elliptischen Cylinders eintritt. Die weitere Fortführung der Untersuchung erfordert wieder

(9a) $$S = P^r Q$$

zu setzen. Damit die Zahl der Bestimmungsgleichungen nicht grösser sei als die der zu bestimmenden Constanten, ist entweder

(11) $$\varphi = Q^2\tau (= x^2\tau)$$

anzunehmen, dies führt auf die verallgemeinerten Laplace-schen Functionen, für welche

($\mathfrak{B}$) $$\alpha_0 = -a_0\left(\varrho + \frac{1-k}{r}\right)\left(\varrho + \frac{1-k}{r} + s - 2\right),$$

die Constante

$$\alpha_{s-2} = -\left(\frac{1-k}{r}\right)^2 a_{s-2}$$

ist; oder aber es ist

(13) $$\varphi = Qt (= xt)$$

zu setzen, und dies führt auf die verallgemeinerte Lamé-Wangerin'sche Gleichung, für welche

($\mathfrak{C}$) $$\alpha_0 = -a_0\left(\varrho + \frac{1-k}{2}\right)\left(\varrho + \frac{1-k}{2} + s - 2\right)$$

ist. Eine eingehendere Besprechung behalte ich mir vor.

§ 6.

Die verallgemeinerte Lamé-Hermite'sche Gleichung.

Herr Hermite ging bei seinen Untersuchungen von der Gleichung aus:

$$\frac{d^2y}{du^2} = \{n(n+1)k^2\sin^2\mathrm{am}\,u + h^2\}y.$$

Schreibt man statt dessen

$$\frac{d^2y}{du^2} = \left\{n(n+1)\left(\frac{e_2-e_3}{e_1-e_3}\right)\sin^2\mathrm{am}(\sqrt{e_1-e_3}\,u,\ k) + h^2\right\}y$$

und setzt

$$x - e_1 = (e_3-e_1)\Delta^2\mathrm{am}(\sqrt{e_1-e_3}\,u,\ k),$$
$$x - e_2 = (e_3-e_2)\cos^2\mathrm{am}(\sqrt{e_1-e_3}\,u,\ k),$$
$$x - e_3 = (e_2-e_3)\sin^2\mathrm{am}(\sqrt{e_1-e_3}\,u,\ k),$$

wodurch

$$x = \wp(u \pm \omega' | g_2,\ g_3)$$

wird, so geht die obige Gleichung über in

$$(7)\quad \begin{cases} (4x^3-g_2x-g_3)\dfrac{d^2y}{dx^2}+(6x^2-\tfrac{1}{2}g_2)\dfrac{dy}{dx} \\ \qquad\qquad -\{n(n+1)(x-e_3)+h^2\}y=0. \end{cases}$$

Aehnlich wird die Gleichung

$$\frac{d^2y}{du^2}=\left\{n(n+1)\left(\frac{e_2-e_1}{e_3-e_1}\right)sn^2(\sqrt{e_1-e_3}\,u,\ k')+h^2\right\}y$$

durch die Substitution (cf. Brioschi, Comptes Rendus, T. 85, 1877)

$$\begin{aligned} x-e_1&=(e_2-e_1)sn^2(\sqrt{e_1-e_3}\,u,\ k'),\\ x-e_2&=(e_1-e_2)cn^2(\sqrt{e_1-e_3}\,u,\ k'),\\ x-e_3&=(e_1-e_3)dn^2(\sqrt{e_1-e_3}\,u,\ k'),\\ x&=\wp(u\pm\omega'|g_2,\ g_3);\quad k'^2=\frac{e_2-e_1}{e_3-e_1} \end{aligned}$$

in (7) übergeführt.

Um das Verhalten von y in der Umgebung der unendlich fernen Stelle zu studiren, betrachtet Herr Hermite die Gleichung

$$\frac{d^2y}{du^2}=\left\{n(n+1)\left(\frac{e_2-e_3}{e_1-e_3}\right)\frac{1}{sn^2(\sqrt{e_1-e_3}\,u,\ k)}+h^2\right\}y,$$

welche für

$$\begin{aligned} x-e_1&=(e_1-e_3)\frac{cn^2(\sqrt{e_1-e_3}\,u,\ k)}{sn^2(\sqrt{e_1-e_3}\,u,\ k)}\\ x-e_2&=(e_1-e_3)\frac{dn^2(\sqrt{e_1-e_3}\,u,\ k)}{sn^2(\sqrt{e_1-e_3}\,u,\ k)}\\ x-e_3&=(e_1-e_3)\frac{1}{sn^2(\sqrt{e_1-e_3}\,u,\ k)}\\ x&=\wp(u|g_2,\ g_3);\quad k^2=\frac{e_2-e_3}{e_1-e_3} \end{aligned}$$

in (7) übergeht. Deshalb habe ich (7) die algebraische Normalform der Lamé-Hermite'schen Gleichung genannt und dadurch rechtfertigt sich wohl auch die Bezeichnung der Gleichung

$$(8)\quad \varphi(x)\frac{d^2y}{dx^2}+\tfrac{1}{2}\varphi'(x)\frac{dy}{dx}+(-n(n+s-2)x^{s-2}+\alpha_1x^{s-3}+\cdots+\alpha_{s-2})y=0$$

als der verallgemeinerten Lamé-Hermite'schen. s giebt die Ordnung von $\varphi(x)$ an; (IVa) stellt das Integral von (8) dar, wenn

v eine ganze rationale Function n^{ter} Ordnung ist, deren Coefficienten im Verein mit denen von $\psi(x)$ durch (6) definirt werden als Functionen von α_{s-2}, des einzigen willkürlich bleibenden. Im Fall des § 4 Nr. 3) und 4) ist kein Coefficient beliebig, sondern es wird auch α_{s-2} bestimmt und zwar als die Wurzel einer Gleichung n^{ten} Grades. Diese letztere Gleichung, welche nach Heine die Individuen, die den einzelnen Klassen von Heine's Lamé'schen Functionen angehören, bestimmt, findet sich für einzelne Fälle bereits bei Lamé und Heine vor. Vergl. F. Klein in den Math. Ann. Bd. 40, 1892.

Es ist nun klar, dass wenn die Gleichung (8) für die im Endlichen gelegenen singulären Stellen in geschlossener Form integrirbar ist, sie es auch für die unendlich ferne Stelle sein muss, wenn auch vielleicht mit der Einschränkung, dass α_{s-2} nicht mehr willkührlich sein darf. Die nachstehende Behandlung der zum Punkte $x=\infty$ gehörigen Differentialgleichung verhält sich zu der von Herrn Hermite herrührenden, wie die Arbeiten des Herrn Brioschi über die Lamé'sche Gleichung zu denen des Herrn Hermite.

Wir merken zuerst an, dass die zum Punkte $x=w$, wo w eine Wurzel der Gleichung $\varphi(x)=0$ ist, gehörige determinirende Fundamentalgleichung für (8) lautet:

$$g(g-1)+\tfrac{1}{2}g=0,$$

d. h. die Wurzeln sind 0 und $\frac{1}{2}$, und die Punkte w sind folglich ausserwesentlich singuläre Stellen für den Giltigkeitsbereich des Integrals. Wir führen in Gleichung (I) die neue Veränderliche τ ein, definirt durch

$$\tau=\frac{1}{x}, \tag{19}$$

setzen

$$\begin{cases}\varphi_1(\tau)=4(a_s\tau^s+a_{s-1}\tau^{s-1}+\cdots+a_1\tau+1),\\ \psi_1(\tau)=\alpha_{s-2}\tau^{s-2}+\alpha_{s-3}\tau^{s-3}+\cdots+\alpha_1\tau+\alpha_0,\end{cases} \tag{20}$$

und erhalten

$$\tau^2\varphi_1(\tau)\frac{d^2y}{d\tau^2}+\tfrac{1}{2}(\tau^2\varphi'_1(\tau)+\tau\varphi_1(\tau)[4-s])\frac{dy}{d\tau}+\psi_1(\tau)y=0. \tag{21}$$

Der Coefficient von $\frac{dy}{d\tau}$ ist hier noch nicht der halben Ableitung des Coefficienten von $\frac{d^2y}{d\tau^2}$ gleich, deshalb gehen wir zu der Function z über, welche mit y den Zusammenhang hat:

$$(22)\qquad y = z\tau^{\frac{s-2}{4}}$$

und bekommen:

$$(\mathrm{V})\qquad \Phi(\tau)\frac{d^2z}{d\tau^2} + \tfrac{1}{2}\Phi'(\tau)\frac{dz}{d\tau} + \Psi(\tau)z = 0,$$

wo

$$(23)\qquad \Phi(\tau) = \tau^2\varphi_1(\tau) = 4\tau^2(a_s\tau^s + a_{s-1}\tau^{s-1} + \cdots + a_1\tau + 1)$$

$$(24)\quad \left\{\begin{aligned} \Psi(\tau) &= -\frac{(s-2)^2}{16}\varphi_1(\tau) + \frac{(s-2)}{8}\tau\varphi_1'(\tau) + \psi_1(\tau) \\ &= \frac{(s^2-4)}{4}a_s\tau^s + \frac{s(s-2)}{4}a_{s-1}\tau^{s-1} \\ &\quad + \left(\frac{(s-2)^2}{4}a_{s-2} + \alpha_{s-2}\right)\tau^{s-2} + \cdots + \left(\alpha_0 - \frac{(s-2)^2}{4}\right) \end{aligned}\right.$$

ist. Wir bilden zunächst die determinirende Fundamentalgleichung von (V). Sie lautet:

$$(25)\qquad 4g(g-1) + 4g + \alpha_0 - \frac{(s-2)^2}{4} = 0,$$

oder wegen

$$\alpha_0 = -n(n+s-2),$$

$$4g^2 = n(n+s-2) + \frac{(s-2)^2}{4} = \left(n + \frac{s}{2} - 1\right)^2.$$

Also ist die Differenz der Wurzeln von (25)

$$(26)\qquad g_1 - g_2 = n + \frac{s}{2} - 1.$$

Da nun n und s ganze Zahlen sind, so wird die unendlich ferne Stelle $x = \infty$, bez. $\tau = 0$ ausserwesentlich singulär sein, wenn s eine ungerade Zahl, also $\varphi(x)$ von ungerader Ordnung (bei Herrn Hermite ist $s = 3$), wesentlich singulär sein, wenn s eine gerade Zahl, also $\varphi(x)$ von gerader Ordnung ist. Im übrigen hat z den Charakter einer verallgemeinerten Laplace'schen Function.

Nun ist (V) vom Typus (B) (§ 3); ihre Integrale können daher sofort formell niedergeschrieben werden; aber es tritt, wie eben ausgeführt, eine Spaltung dieser Gleichungen in zwei Klassen ein. Sobald $\varphi(x)$ von ungerader Ordnung ist, bleibt α_{s-2} willkürlich, trotzdem in § 3 beim Typus (B) gezeigt war, dass sämmtliche Coefficienten fest bestimmte Werthe haben; es erscheint dies erklärlich, da (I) und (V) nur ausserwesentlich singuläre Stellen haben. Sobald $\varphi(x)$ von gerader Ordnung ist, bleibt α_{s-2} ebenfalls willkürlich; es hat dies wohl darin seinen Grund, dass die wesentliche Singularität von $x=\infty$, $\tau=0$ den Charakter von e^{∞} und nicht von $\log 0$ hat. Der Beweis dafür, dass α_{s-2} willkürlich bleibt, wenigstens in den einfachsten Fällen $n=1$, $s=3$ und $n=1$, $s=4$, soll im § 7 erbracht werden.

Es ist möglich, die Differentialgleichung (V) in eine andere überzuführen, bei welcher der Grad aller Coefficienten um eine Einheit geringer ist. Sei wieder w eine Wurzel der Gleichung $\varphi(x)=0$, also $\varphi(w)\equiv 0$, so mache man in (V) gleichzeitig die Substitutionen

$$\tau=\frac{\varrho}{1+w\varrho}, \tag{27}$$

$$z=y_1(1+\varrho w)^{\frac{s-2}{4}}, \tag{28}$$

und man wird erhalten:

$$\Phi_1(\varrho)\frac{d^2y_1}{d\varrho^2}+\tfrac{1}{2}\Phi_1'(\varrho)\frac{dy_1}{d\varrho}+\Psi_1(\varrho)y_1=0, \tag{VI}$$

wo

$$\Phi_1(\varrho)=\varrho^2\left(\varphi'(w)\varrho^{s-1}+\frac{\varphi''(w)}{2!}\varrho^{s-2}+\cdots+\frac{\varphi^{(s-1)}(w)}{(s-1)!}\varrho+\frac{\varphi^{(s)}(w)}{s!}\right) \tag{29}$$

$$\left\{\begin{aligned}\Psi_1(\varrho)&=-\Phi_1(\varrho)\frac{(s^2-4)}{16\varrho^2}+\frac{\Phi_1'(\varrho)}{\varrho}\frac{(s-2)}{8}+\bar\psi(\varrho),\\ \bar\psi(\varrho)&=\psi(w)\varrho^{s-2}+\psi'(w)\varrho^{s-3}+\frac{\psi''(w)}{2!}\varrho^{s-4}+\cdots\\ &\qquad\cdots+\frac{\psi^{(s-3)}(w)}{(s-3)!}\varrho+\frac{\psi^{(s-2)}(w)}{(s-2)!},\end{aligned}\right. \tag{30}$$

und daher

$$\Psi_1(\varrho)=\frac{s(s-2)}{16}\varphi'(w)\varrho^{s-1}+\left(\frac{(s-2)^2}{16}\frac{\varphi''(w)}{2!}+\psi(w)\right)\varrho^{s-2}+\cdots$$
$$\cdots+\left(\alpha_0-\frac{(s-2)^2}{4}\right)$$

ist. In der That ist der Grad von $\Phi_1(\varrho)$ nur der $(s+1)^{\text{te}}$ gegen den $(s+2)^{\text{ten}}$ von $\Phi(\tau)$ und dementsprechend ist der Grad von $\Psi_1(\varrho)$ nur der $(s-1)^{\text{te}}$ gegen den s^{ten} von $\Psi(\tau)$.

Fassen wir nun (19) und (27) und auch (22) und (28) zusammen, so besteht die Beziehung

$$x=w+\frac{1}{\varrho}=\frac{1}{\tau} \tag{31}$$

$$y=y_1\left(\frac{\varrho}{w}\right)^{\frac{s-2}{4}},\quad \text{d. h.}\quad y=y_1\varrho^{\frac{s-2}{4}}, \tag{32}$$

mit deren Hilfe man die Gleichung (I) auch direkt hätte in (VI) überführen können. Da dem Werthe $x = -\infty$ die Stelle $\varrho = 0$ entspricht, wie aus (31) folgt, so stellen (V) und (VI) die Differentialgleichung der verallgemeinerten Lamé-Hermite'schen Function in der Umgebung der unendlich fernen Stelle in zweifacher Form dar. Was von dem Charakter der Singularität von $\tau = 0$ gesagt wurde, gilt wörtlich für die Stelle $\varrho = 0$. Auch (VI) ist vom Typus (B) (§ 3) und ihre Integrale können daher nach (IVa), (9) und (11) sofort niedergeschrieben werden.

§ 7.

a) Es sei $n = 1$ und $s = 3$.

Die Lamé-Hermite'sche Gleichung lautet:

$$4\left(x^3 - \frac{g_2}{4}x - \frac{g_3}{4}\right)\frac{d^2y}{dx^2} + (6x^2 - \tfrac{1}{2}g_2)\frac{dy}{dx} + \{-2x + \alpha_1\}y = 0.$$

Das Product $v = y_1 y_2$ ist: $v = x + \beta_1$. α_1 ist willkürlich; β_1 ist gleich α_1. Die zugehörige Gleichung (V) heisst:

$$\text{(Va)} \left\{ \begin{aligned} & 4\tau^2\left(-\frac{g_2}{4}\tau^3 - \frac{g_3}{4}\tau^2 + 1\right)\frac{d^2z}{d\tau^2} + \tfrac{1}{2}(-5g_2\tau^4 - 4g_3\tau^3 + 8\tau)\frac{dz}{d\tau} \\ & \qquad + \{-\tfrac{5}{16}g_2\tau^3 - \tfrac{3}{16}g_3\tau^2 + \alpha_1\tau - \tfrac{9}{4}\}z = 0. \end{aligned} \right.$$

Nach § 3 (B) ist:

$$v = z_1 z_2 = (\tau^{\varrho} + \beta_1' \tau^{\varrho-1} + \cdots + \beta_{\varrho}')\tau^{\frac{1}{r}}.$$

Weiter ist

$$\alpha_0 = -\left(\varrho + \frac{1}{r}\right)\left(\varrho + \frac{1}{r} + 5 - 2\right) = \tfrac{5}{4},$$

d. h.

$$\varrho + \frac{1}{r} = -\tfrac{3}{2} \pm 1.$$

Bezeichnet man $-\frac{g_2}{4}\tau^3 - \frac{g_3}{4}\tau^2 + 1$ mit S, so hat (IIb) (§ 3) die Gestalt:

$$\text{(IIb)} \left\{ \begin{aligned} & 2r^3\tau^3 S P''' + 3r^2\tau^2 P''\{2S(r+1) + r\tau S'\} \\ & + r\tau P'\{2S(r^2 + 3r + 3) + 2r\tau S'(2r+3) + r^2\tau^2 S'' + 2r^2\Phi\} \\ & + P\{2S + \tau S' r(r+3) + r^2\tau^2 S'' + 2\Phi r^2 + r^2\Phi'\tau\} = 0. \end{aligned} \right.$$

Die Constante gleich 0 gesetzt, ergiebt:

$$1 + r^2(-\tfrac{9}{4}) = 0, \quad \text{d. h.} \quad r = \pm\tfrac{2}{3}.$$

Da ϱ eine positive Zahl sein muss, so lassen sich die Gleichungen $\varrho+\frac{1}{r}=-\frac{3}{2}\pm 1$ und $\frac{1}{r}=\pm\frac{3}{2}$ nur für $r=-\frac{2}{3}$ und $\varrho=1$ vereinigen. Demnach ist $P=\tau+\beta_1'$ und also $\varrho=n=1$.

(IIb) vereinfacht sich dadurch bedeutend und führt zu

$$\left(-\frac{g_3}{4}\tau^3-\frac{g_2}{4}\tau^2+1\right)(\tau+27\beta_1')-\tau(\tau+21\beta_1')\left(-\tfrac{3}{4}g_3\tau^2-\frac{g_2}{2}\tau\right)$$
$$+2\tau^2(\tau+3\beta_1')\left(-\tfrac{3}{2}g_3\tau-\frac{g_2}{2}\right)+(-\tfrac{1}{4}g_3\tau^3-\tfrac{3}{4}g_2\tau^2+4\alpha_1\tau-9)(\tau+3\beta_1')$$
$$-4\tau(\tau+\beta_1')(-\tfrac{15}{16}g_3\tau^2-\tfrac{3}{8}g_2\tau+\alpha_1)=0.$$

Aus ihr folgt nur $\alpha_1\beta_1'=1$, d. h. α_1 bleibt auch für (V) willkürlich.

Die Differentialgleichung (Va) ist in der Literatur bereits aufgetreten; sie ist ein specieller Fall der Wangerin-Darboux'schen Gleichung der Cyclidenfunction (Wangerin, Crelle's Journal, Bd. 82, 1877; Darboux, Comptes Rendus, Tome 83, p. 1037—1040, 1876). Herr Darboux berichtet, dass es ihm nicht gelungen sei, für die allgemeinere Gleichung Resultate zu erhalten, ähnlich denen, die Lamé für seine Gleichung erhielt; für die vorliegende specielle Gleichung, die nach unserer Definition eine Lamé'sche Function vierter Ordnung von besonderer Art darstellt, ist die Integration durch die Bestimmung von r, ϱ und P geleistet.

b) Es sei $n=1$ und $s=4$.

Die verallgemeinerte Lamé-Hermite'sche Gleichung lautet:

$$4(x^4+a_1x^3+a_2x^2+a_3x+a_4)\frac{d^2y}{dx^2}+\tfrac{1}{2}(16x^3+12a_1x^2+8a_2x+4a_3)\frac{dy}{dx}$$
$$+(-3x^2+\alpha_1x+\alpha_2)y=0.$$

Aus Gleichung (6) (§ 2) folgt:

$$\alpha_0=-3;\quad \alpha_1=2\beta_1-2a_1;\quad \alpha_2=-a_2-\beta_1^2+a_1\beta_1,$$

wenn $y_1y_2=x+\beta_1$. Es bleibt also α_2 willkürlich. Die zugehörige Gleichung (V) lautet:

$$4\tau^2S\frac{d^2z}{d\tau^2}+2\tau(2S+\tau S')\frac{dz}{d\tau}+\Psi(\tau)z=0,$$

wo

$$S=a_4\tau^4+a_3\tau^3+a_2\tau^2+a_1\tau+1,$$
$$\Psi(\tau)=3a_4\tau^4+2a_3\tau^3+(a_2+\alpha_2)\tau^2+\alpha_1\tau+\alpha_0-1.$$

Für dieselbe ist $z_1z_2=P\tau^{\frac{1}{r}}=(\tau^{\varrho}+\beta_1'\tau^{\varrho-1}+\cdots+\beta_{\varrho}')\tau^{\frac{1}{r}}$.

Aus

$$\alpha_0 = -\left(\varrho+\frac{1}{r}\right)\left(\varrho+\frac{1}{r}+6-2\right) = 3 \quad \text{folgt} \quad \varrho+\frac{1}{r} = -2\pm 1.$$

Andererseits ist aus (IIb) zu schliessen: $1+r^2(\alpha_0-1)=0$, oder $4r^2=1$, $r=\pm\frac{1}{2}$. Beides lässt sich nur für $r=-\frac{1}{2}$, $\varrho=1$ vereinigen, sodass $\varrho=n=1$ ist. Demnach ist $P=\tau+\beta'_1$. Die Gleichung (IIb) lautet:

$$2S(\tau+8\beta'_1)-2\tau(\tau+5\beta'_1)S'+\tau^2(\tau+2\beta'_1)S''$$
$$+2(\tau+2\beta'_1)\Psi(\tau)-\tau(\tau+\beta'_1)\Psi'(\tau)=0.$$

Aus ihr ergeben sich nur die beiden Gleichungen

$$\alpha_1+2\beta'_1(\alpha_2+\alpha_2)=0 \quad \text{und} \quad 2\alpha_1\beta'_1+\alpha_1\beta'_1=2.$$

Werden die obigen Werthe von α_1 und α_2 hierin eingesetzt, so erhält man $\beta'_1=\frac{1}{\beta_1}$ und die zweite Gleichung erscheint als Folgerung der ersten, d. h. α_2 bleibt nach wie vor willkürlich. Was hier für specielle Werthe von n und s bewiesen worden, gilt ganz allgemein.

Wir schreiben die Gleichung (V) noch nieder für $s=3$ und beliebige Werthe von n.

$$(\text{Va})\left\{\begin{aligned}&4\tau^2\left(\tau^3+\frac{g_2}{g_3}\tau^2-\frac{4}{g_3}\right)\frac{d^2z}{d\tau^2}+2\tau\left(5\tau^3+4\frac{g_2}{g_3}\tau^2-\frac{8}{g_3}\right)\frac{dz}{d\tau}\\&\qquad+\left(\tfrac{5}{4}\tau^3+\tfrac{3}{4}\frac{g_2}{g_3}\tau^2-\frac{4h^2\tau}{g_3}+\frac{(2n+1)^2}{g_3}\right)z=0.\end{aligned}\right.$$

Auch deren Integration ist also geleistet, da

$$v=z_1z_2=(\tau^n+\beta_1\tau^{n-1}+\cdots+\beta_n)\tau^{-(n+\frac{1}{2})}$$

ist.

§ 8.

Die vorangegangenen Gleichungen enthalten das ganze Material zur Beurtheilung des Verhaltens der Integrale der verallgemeinerten Lamé-Wangerin'schen Functionen in der Umgebung der singulären Stellen. Setzt man in (I) für α_0 ein $-\frac{(2\varrho+1)(2\varrho+2s-3)}{4}$, so sind die Stellen $x=w$, wo w eine Wurzel der Gleichung $\varphi(x)=0$ ist, wiederum ausserwesentlich singulär. In Betreff der unendlich fernen Stelle lautet das der Gleichung (25) entsprechende

Resultat:

$$(25') \qquad \begin{cases} 16g^2 = (2\varrho+s-1)^2 \\ g = \pm\dfrac{(2\varrho+s-1)}{4}, \end{cases}$$

daher

$$(26') \qquad g_1 - g_2 = \varrho + \frac{s-1}{2}.$$

Wenn daher der Grad s von $\varphi(x)$ eine gerade Zahl ist, so ist $x=\infty$ ausserwesentlich singulär, wenn s eine ungerade Zahl ist, so ist $x=\infty$ wesentlich singulär. Der Fall eines $\varphi(x)$ von gerader Ordnung hier würde also dem eines $\varphi(x)$ von ungerader Ordnung bei den Lamé-Hermite'schen Functionen entsprechen; aber es ist doch ein wesentlicher Unterschied zwischen beiden Arten von Differentialgleichungen; bei Herrn Hermite ist für $s=3$ der Parameter h willkürlich und darin liegt zum Theil die Bedeutung seiner Arbeit für die mathematische Physik, bei der entsprechenden Lamé-Wangerin'schen Function für $s=4$ sind alle Coefficienten von $\psi(x)$ bestimmt.

§ 9.

Die Resultate (A) des § 2 und (C) des § 3 sind in so fern neu, als sie bisher nur für $s=3$ bekannt waren. Das Resultat (B) ist völlig neu und es erscheint daher angemessen, seine Richtigkeit an einigen speciellen aus der Literatur bekannten Differentialgleichungen darzuthun. Wir legen dazu die Gleichung

$$(33) \qquad \frac{d^2y}{dx^2} + \tfrac{1}{2}\left(\frac{\varphi'}{\varphi} + \frac{\pi}{x-e}\right)\frac{dy}{dx} + \frac{(\alpha x+\beta)}{\varphi}\,y = 0,$$

$$\varphi(x) = 4x^3 - g_2 x - g_3 = 4(x-e_1)(x-e_2)(x-e_3);$$

$$e = e_1 \text{ oder } e_2 \text{ oder } e_3; \quad \pi,\ \alpha,\ \beta \text{ Constanten};$$

zu Grunde, welche die Lamé-Hermite'sche, die Lamé-Wangerin-sche, die Hermite'schen Gleichungen (Crelle's Journal, Bd. 89), die Gyldén'schen Gleichungen (Comptes Rendus, Februar 1880) und die Brioschi'schen aus Annali di Matematica, II. Reihe, Bd. 9—10 in sich schliesst. Herr Brioschi hat Gleichung (33) in dem Aufsatze: Sur une classe d'équations différentielles linéaires du second ordre, Comptes Rendus de l'Académie des Sciences, Bd. 91, S. 317, Paris 1880 betrachtet und seine Resultate werden als specielle Fälle aus dem unsrigen fliessen. Zuerst müssen wir (33) auf die algebraische Normalform (I) bringen. Man kann methodisch zeigen, dass dies auf unendlich viele Arten möglich ist;. wir wählen einen Weg, der zu möglichst einfachen Resultaten führt, indem wir setzen:

$$(34) \qquad y = z(x-e)^{\frac{1-\pi}{4}}.$$

Alsdann genügt z der Gleichung:

$$(35) \begin{cases} \varphi(x-e)\dfrac{d^2z}{dx^2}+\frac{1}{2}(\varphi'(x-e)+\varphi)\dfrac{dz}{dx} \\ \quad +\left\{\left[\alpha+\dfrac{(1-\pi)(3+\pi)}{4}\right]x^2+m_1 x+m_2\right\}z=0, \end{cases}$$

wo $\varphi(x-e)$ proportional mit $(x-e_\lambda)^2$, m_1 und m_2 Constanten sind. Da der Grad von $\varphi(x-e)$ der vierte ist, so ist nach (B)

$$\alpha_0 = -\left(\varrho+\frac{1}{r}\right)\left(\varrho+\frac{1}{r}+2\right),$$

folglich:

$$-\left(\varrho+\frac{1}{r}\right)\left(\varrho+\frac{1}{r}+2\right) = \alpha+\frac{(1-\pi)(3+\pi)}{4},$$

d. h.

$$(36) \qquad \alpha = -\left(\varrho+\frac{1}{r}+\frac{\pi}{2}+\frac{3}{2}\right)\left(\varrho+\frac{1}{r}-\frac{\pi}{2}+\frac{1}{2}\right).$$

Es ist daher für (35) $z_1 z_2 = P(x)(x-e)^{\frac{1}{r}}$, wo P von der ϱ^{ten} Ordnung, r ganz beliebig ist. β, m_1, m_2 und die Coefficienten von P sind Functionen des im allgemeinen willkürlich bleibenden r.

Oben war darauf aufmerksam gemacht worden, dass für $r=1$ trotzdem einer der Coefficienten willkürlich bleiben kann. Dies tritt ein, wenn Q nicht ein Theiler von $\varphi(x)$ und von der ersten Ordnung ist, während, wenn Q ein Theiler von $\varphi(x)$ und auch von der ersten Ordnung ist, die Zahl der Gleichungen derjenigen der Unbekannten gleich ist.

Hier ist $Q = x-e$, also ein Theiler von

$$\varphi(x-e) = 4(x-e_\lambda)^2(x-e_\mu)(x-e_\nu).$$

Wird daher in (36) für r ein specieller Werth gesetzt, so sind sämmtliche Constanten in $P(x)$, dazu β, m_1, m_2 fest bestimmt.

Setzen wir mit Herrn Brioschi

$$(1)\quad \begin{cases} r = -\dfrac{2}{1-\pi}, & \text{so ist}\quad \alpha = -\varrho(\varrho+\pi+1); \\ & z_1 z_2 = P(x)(x-e)^{-\frac{(1-\pi)}{2}};\quad y_1 y_2 = P(x). \end{cases}$$

$$(2)\quad \begin{cases} r = 1, & \text{so ist}\quad \alpha = -\tfrac{1}{4}(2n-\pi+1)(2n+\pi+3); \\ n = \varrho+1; & z_1 z_2 = P(x)(x-e);\quad y_1 y_2 = P(x)(x-e)^{\frac{3-\pi}{2}}. \end{cases}$$

$$(3)\quad \begin{cases} r = \dfrac{2}{1-\pi}, & \text{so ist}\quad \alpha = -(\varrho-\pi+1)(\varrho+2); \\ & z_1 z_2 = P(x)(x-e)^{\frac{1-\pi}{2}};\quad y_1 y_2 = P(x)(x-e)^{1-\pi}. \end{cases}$$

Alles dies ist in Uebereinstimmung mit den Angaben des Herrn Brioschi. Für $\pi = 0$ ist in (1) $\alpha = -n(n+1)$; (33) ist mit der Lamé-Hermite'schen Gleichung identisch, daher β willkürlich; dass in (3) für $\pi = 2$ ein Coefficient willkürlich bleiben soll, ist irrthümlich bei Brioschi. Hervorzuheben sind die Sonderfälle $\pi = 1$ und $\pi = -3$; alsdann hat (35) ein einziges algebraisches Integral, nämlich $z_1 = \sqrt{P(x)}$ bez. $(x-e)^{\pm 1}\sqrt{P(x)}$. Der Coefficient von z in (35) hat die Eigenschaft für $e_\lambda = e_\mu$ durch $(x-e_\lambda)$ theilbar zu sein; wäre dies nicht der Fall, so könnte (35) auch noch mit der im sechsten Theile zu behandelnden Heine'schen Function identificirt werden. Für $e_\lambda = e_\mu$ ist die Stelle $x = e$ in $\varphi(x-e)$ eine dreifach zu zählende; z ist dann eine Cylinderfunction; wir handeln davon im fünften Theile. —

§ 10.

Wir zeigen jetzt noch, dass die Gauss'sche hypergeometrische Reihe, die Riemann'sche P-Function mit drei singulären Stellen und die Heine'sche Kugelfunction höherer Ordnung sämmtlich durch Laplace'sche Functionen dritter Ordnung darstellbar sind.

Die Differentialgleichung der hypergeometrischen Reihe lautet:

$$x(1-x)\frac{d^2y}{dx^2} + (\gamma-(\alpha+\beta+1)x)\frac{dy}{dx} - \alpha\beta y = 0.$$

Setzen wir

$$F(\alpha, \beta, \gamma, x) = y = z x^{\frac{1-\gamma}{2}}(1-x)^{\frac{\gamma-\alpha-\beta}{2}},$$

so genügt z der Gleichung:

$$(37)\begin{cases}4x^2(1-x)^2\dfrac{d^2z}{dx^2}+4x(1-x)(1-2x)\dfrac{dz}{dx}\\ \qquad+\{[1-(\alpha-\beta)^2]x^2+[(1-\gamma)^2+(\alpha-\beta)^2\\ \qquad\qquad-(\gamma-\alpha-\beta)^2-1]x-(1-\gamma)^2\}z=0.\end{cases}$$

Dies ist offenbar in unserer Bezeichnung eine Laplace'sche Function dritter Ordnung; sie hat die drei für die hypergeometrische Reihe charakteristischen Parameter $\lambda=1-\gamma$, $\mu=\alpha-\beta$, $\nu=\gamma-\alpha-\beta$, welche in der Untersuchung des Herrn H. A. Schwarz auftreten. Zugleich ist z eine Riemann'sche P-Function mit drei singulären Stellen, aber von besonderer Art. Wir zeigen, dass jede Riemann'sche P-Function durch unsere Function z dargestellt werden kann. Eine solche genügt bekanntlich der Differentialgleichung:

$$x^2(1-x)^2\frac{d^2P}{dx^2}-x(1-x)\{(a+a'-1)+(b+b'+1)x\}\frac{dP}{dx}$$
$$+(bb'x^2-(aa'+bb'-cc')x+aa')P=0$$

und ist durch die hypergeometrische Reihe $F(x)$ darstellbar in der Form:

$$P\begin{pmatrix}a & b & c & \\ a' & b' & c' & x\end{pmatrix}=\text{const.}\,x^a(1-x)^cF(a+b+c,\ a+b'+c,\ a-a'+1,\ x).$$

Setzen wir also oben

$$\alpha=a+b'+c,$$
$$\beta=a+b+c,$$
$$\gamma=a-a'+1,$$

so erhalten wir

$$P\begin{pmatrix}a & b & c & \\ a' & b' & c' & x\end{pmatrix}=\text{const.}\,x^{\frac{a'+a}{2}}(1-x)^{-\frac{a'+a+b'+b-1}{2}}z$$

oder, da bei Riemann

$$a'+a+b'+b+c'+c=1$$

sein muss,

$$P\begin{pmatrix}a & b & c & \\ a' & b' & c' & x\end{pmatrix}=\text{const.}\,x^{\frac{a'+a}{2}}(1-x)^{\frac{c'+c}{2}}z,$$

wo z das Integral der Gleichung

$$(38)\begin{cases}4x^2(1-x)^2\dfrac{d^2z}{dx^2}+4x(1-x)(1-2x)\dfrac{dz}{dx}+\{[1-(b'-b)^2]x^2\\ \qquad+[(a'-a)^2+(b'-b)^2-(c'-c)^2-1]x-(a'-a)^2\}z=0\end{cases}$$

ist. Um dieselbe mit der allgemeinen Gleichung der P-Function zu identificiren, muss man in letzterer

$$a'+a=0, \quad b'+b=1, \quad \text{folglich} \quad c'+c=0$$

setzen. Demnach ist unsere Function z darstellbar durch

$$z=P\begin{pmatrix} a & b & c & \\ -a & 1-b & -c & x \end{pmatrix}.$$

Fragen wir uns, wann ist das Product $(z_1 z_2)^r$ der r^{ten} Potenz zweier particulären Integrale der letzten Differentialgleichung eine ganze rationale Function von x, so haben wir dazu die Gleichung (IIb) anzusetzen. Für

$$z_1 z_2 = (x^\varrho + b_1 x^{\varrho-1} + \cdots + b_\varrho) x^{\frac{1}{r}}$$

ergiebt sich:

$$a'-a=\lambda=\frac{1}{r},$$

$$b'-b=\mu=\varrho+\frac{1}{r}+1,$$

also

$$[1-\mu^2]=-\left(\varrho+\frac{1}{r}\right)\left(\varrho+\frac{1}{r}+2\right),$$

während die Coefficienten b_i und $\nu=c'-c$ durch $\varrho+1$ lineare Gleichungen als Functionen von ϱ und $\frac{1}{r}$ bestimmt sind. Ein Vergleich mit der Tabelle des Herrn Schwarz (Crelle 75) zeigt, dass es sich bei unserer Integration namentlich um Fälle aus den cyclischen, den Dieder- und den Tetraedergruppen handelt (vergl. Felix Klein, Vorlesungen über das Icosaeder, Leipzig 1884, Abschnitt I, Kapitel 3). Wir werfen zum Schluss noch einen Blick auf die Arbeit des Herrn Olbricht, Studien über die Kugel- und Cylinderfunctionen, Halle 1887 (Bd. 52, Nr. 1 der Nova Acta der Kaiserl. Leopold.-Carolin. Deutschen Akademie der Naturforscher), in welcher Heine's Kugelfunction höherer Ordnung zum ersten Male mit der Riemann'schen P-Function in Beziehung gesetzt wird. Heine's Kugelfunction π^{ter} Ordnung mit dem Index ν und von der Stufe μ ist ein particuläres Integral der Differentialgleichung:

$$(1-x^2)^2\frac{d^2y}{dx^2}-\pi x(1-x^2)\frac{dy}{dx}$$
$$+\{\nu(\nu+\pi-1)(1-x^2)-\mu(\mu+\pi-2)\}y=0,$$

wo Herr Olbricht unter μ, ν, π sich irgend welche Zahlen gesetzt denkt (vgl. Heine, Die speciellen Lamé'schen Functionen erster Art von beliebiger Ordnung, Crelle's Journal, Bd. 62 und Handbuch der Kugelfunctionen, Bd. I, S. 450), doch sind die μ, ν, π bei Heine ganze Zahlen.

Herr Olbricht zeigt, „die Kugelfunction π^{ter} Ordnung mit dem Index ν, von der Stufe μ geht aus der P-Function

$$P\left\{\begin{matrix} -1 & \infty & +1 & \\ \frac{\mu'}{2} & -\nu' & \frac{\mu'}{2} & x \\ -\frac{\mu'}{2} & \nu'+1 & -\frac{\mu'}{2} & \end{matrix}\right\},$$

welche die Kugelfunction zweiter Ordnung mit dem Index ν' und von der Stufe μ' darstellt, hervor, wenn man darin substituirt

$$\mu' = \mu + \frac{\pi-2}{2}, \quad \nu' = \nu + \frac{\pi-2}{2}$$

und die so erhaltene Function mit $(1-x^2)^{\frac{2-\pi}{4}}$ multiplicirt".

Offenbar ist also Heine's Kugelfunction höherer Ordnung nur eine Laplace'sche Function dritter Ordnung, oder wenigstens durch dieselbe darstellbar, und kann also mit Heine's Laméschen Functionen höherer Ordnung keinesfalls in Parallele treten. Herr Olbricht hat dies nicht erkannt. Aus der obigen Differentialgleichung leitet er nämlich durch den Mehler'schen Grenzübergang eine Differentialgleichung her, welche angeblich die Cylinderfunctionen höherer Ordnung definirt; sie lautet:

$$(39) \quad \vartheta^2 \frac{d^2y}{d\vartheta^2} + (p-1)\vartheta \frac{dy}{d\vartheta} + \{\vartheta^2 - m(m+p-2)\}y = 0.$$

Setzen wir aber $y = \vartheta^{1-\frac{p}{2}} z$, so ergiebt sich für z die Gleichung:

$$(40) \quad \frac{d^2z}{d\vartheta^2} + \frac{1}{\vartheta}\frac{dz}{d\vartheta} + \left\{1 - \frac{\left(m+\frac{p}{2}-1\right)^2}{\vartheta^2}\right\} z = 0,$$

d. h. die Gleichung der Bessel'schen Transcendente vom Index $m+\frac{p}{2}-1$. Einer solchen Function y, die durch die Cylinderfunctionen zweiter Ordnung in so einfacher Weise ausdrückbar ist, den

Namen „Cylinderfunction höherer Ordnung" beizulegen, geht doch nicht gut an. Wir werden unsere Definition der Cylinderfunction höherer Ordnung im fünften Theile geben und legen das Hauptgewicht auf das functionentheoretische Verhalten der Function y an der Stelle $\vartheta = \infty$, welche wesentlich singulär und im besonderen eine Stelle der Unbestimmtheit mit bestimmter Verzweigung, in der Terminologie des Herrn Fuchs, sein muss; dazu ist, wie bei den Lamé'schen Functionen höherer Ordnung, in der algebraischen Normalform der Coefficient von $\frac{d^s y}{d\vartheta^s}$ von der s^{ten} Ordnung, wenn die Cylinderfunction von der $(s-1)^{\text{ten}}$ Ordnung genannt werden soll.

Zusätzlich gedenken wir im Anschluss an Gleichung (11) im § 3 noch eines besonderen Falles der verallgemeinerten Laplace-schen Functionen, der namentlich für die Riemann'schen P-Functionen maassgeblich ist. Ist

$$(11') \qquad \varphi = Q^2\tau[= (x-\xi_1)^2(x-\xi_2)^2\tau],$$

wenn also $\sigma = 2$, so ergiebt (IIb) im Ganzen $(s+\varrho)$ Gleichungen zwischen den $(s+\varrho)$ Unbekannten $\alpha_0 \ldots \alpha_{s-2}$; $\beta_1 \ldots \beta_\varrho$ und r, welches letztere alsdann völlig bestimmt ist.

Fünfter Theil.

Ueber die Functionen des elliptischen und des Kreiscylinders.

§ 1.

Die Differentialgleichung des Potentials $\frac{\partial^2 V}{\partial x^2} + \frac{\partial^2 V}{\partial y^2} + \frac{\partial^2 V}{\partial z^2} = 0$ lässt sich bekanntlich auf gewöhnliche Differentialgleichungen reduciren auch bei Körpern, die von Cylinderflächen zweiten Grades und den aus diesen durch die Transformation mittels reciproker Radien entstehenden begrenzt sind. Man gelangt hierbei[1]) auf Differentialgleichungen von der Form:

$$(1) \qquad \frac{d^2 z}{dw^2} = \left[h^2 \left(\frac{\beta e^{miw} - \alpha e^{-miw}}{2mi}\right)^2 - \nu^2\right] z, \qquad (i = \sqrt{-1})$$

welche nach Heine die Functionen des elliptischen Cylinders definiren. Im besonderen hat Gleichung (1) den Vorzug, dass sich aus ihr alle Differentialgleichungen herleiten lassen, die den einzelnen Untersuchungen zu Grunde gelegt sind, welche sich mit den eben genannten Functionen beschäftigen, ja für $\alpha = 0$ oder $\beta = 0$ stellt sie die Differentialgleichung der Bessel'schen Functionen mit dem Argument $\frac{\beta e^{miw}}{2mi}$ bez. $\frac{\alpha e^{-miw}}{2mi}$ dar, für $m = 0$ jedoch geht sie in die Differentialgleichung der Functionen des parabolischen Cylinders über. h und ν sind unbestimmte Parameter; von ν wissen wir nur, dass es ganzzahlig ist, wenn es sich um einen Kreiscylinder

---

[1]) Vergl. meine Abhandlung im Programm des Realgymnasiums zu Duisburg, Ostern 1886.

handelt, wenn also gleichzeitig $\alpha = 0$ oder $\beta = 0$ ist. Die Functionen des parabolischen Cylinders sollen von der Betrachtung hier ausgeschlossen werden (man vergl. meine Abhandlung in Schlömilch's Zeitschrift, Jahrgang 33, 1888).

Setzen wir in (1)

$$\sigma = \frac{\beta e^{miw} - \alpha e^{-miw}}{2mi} \tag{2}$$

und machen

$$x = \sigma^2 \tag{3}$$

zur Unabhängigen, so entsteht:

$$4x(\alpha\beta - m^2x)\frac{d^2z}{dx^2} + 2(\alpha\beta - 2m^2x)\frac{dz}{dx} - (h^2x - \nu^2)z = 0. \tag{4}$$

Die Integrale dieser Gleichung haben die singulären Stellen $x = 0$, $x = \frac{\alpha\beta}{m^2}$ und $x = \infty$.

Entwickelt man die Integrale in der Umgebung der im Endlichen gelegenen singulären Punkte in Reihen, so schreiten dieselben, wenn $\beta = \alpha$ gesetzt wird, wie bei Herrn Lindemann entweder nach Potenzen von $\sin(mw)$ oder nach Potenzen von $\cos(mw)$ oder, wie bei Heine (Handbuch der Kugelfunctionen), bei Mathieu und Herrn Lindstedt, nach den sin bez. cos von geraden bez. ungeraden Vielfachen von (mw) fort. Die Integrale in der Umgebung der unendlich fernen Stelle darzustellen, habe ich in dem schon erwähnten Schulprogramm von Ostern 1889 (hier findet sich auch eine genaue Uebersicht über die Literatur) versucht; es sind das irreguläre Integrale, welche in Thomé'sche Normalintegrale übergehen, wenn eine gewisse Bedingungsgleichung $\bar{B} = 0$ erfüllt wird, zugleich ist $\bar{B} = 0$ die Bedingung für die Convergenz der Reihen, obgleich eine exacte Untersuchung dieses letzteren Punktes bei dem gegenwärtigen Stande der Theorie noch nicht ausführbar ist.

Abseits von den eben genannten Abhandlungen von Lindemann, Heine, u. s. w. steht die Arbeit des Herrn Bruns[1]). Herr Bruns entwickelt die Function z der Gleichung (1) nach Potenzen von e^{miw}; er setzt aber

$$z = e^{i\mu t} \sum_{n=-\infty}^{n=+\infty} r_n e^{miwn}$$

[1]) H. Bruns, Ueber eine Differentialgleichung der Störungstheorie. Astronomische Nachrichten, Nr. 2533 (1883) und Nr. 2553 (1884).

an und sucht nachher die Constante μ zu bestimmen, für die er, nachdem ein Existenzbeweis für das Integral von (1) geführt worden, eine transcendente Gleichung findet. Leider stellt das den Sachverhalt nicht richtig dar; dies veranlasst uns, die Untersuchung noch einmal zu führen. Unser Resultat ist: Entwickelt man z nach Potenzen von $e^{mi w}$, so ergeben sich zwei Fundamentalsysteme — also vier particuläre Lösungen — von irregulären Integralen, die natürlich durch divergente Reihen dargestellt sind. Die Bruns'sche Constante μ hat den Werth $\frac{1}{2}$. Die Bruns'sche Bedingungsgleichung bestimmt nicht μ, sondern sie giebt, wenn erfüllt an, dass die irregulären Integrale in Normalintegrale übergehen; alsdann treten die beiden ersten particulären Lösungen der genannten zwei Fundamentalsysteme zu einem einzigen Fundamentalsystem zusammen, zu dem von Herrn Bruns abgeleiteten. Die höchst scharfsinnigen, aber complicirten Bestimmungen der Coefficienten r_n bei Herrn Bruns lassen sich endlich durch einfachere ersetzen.

Wir führen also in die Gleichung (1) als Unabhängige ein

$$u = e^{iw} \tag{5}$$

indem wir unbeschadet der Allgemeinheit $m = 1$ setzen. Man erhält

$$u^4 \frac{d^2z}{du^2} + u^3 \frac{dz}{du} - \left[\frac{h^2}{4}(\beta u^2 - \alpha)^2 + \nu^2 u^2\right] z = 0. \tag{6}$$

Die im Endlichen gelegene singuläre Stelle $u = 0$ im Giltigkeitsbereich des Integrals dieser Differentialgleichung ist nach Herrn Fuchs[1]) eine Stelle der Unbestimmtheit, also eine wesentlich singuläre, was man daran erkennt, dass einerseits der Grad der Vielfachheit der singulären Stelle die Ordnung der Differentialgleichung übersteigt, andererseits sich für (6) eine determinirende Fundamentalgleichung im Fuchsschen Sinne nicht bilden lässt.

Den gleichen Charakter hat das Integral in der Umgebung der unendlich fernen Stelle. Denn wir haben nur

$$v = \frac{1}{u} \tag{7}$$

in (6) zur Unabhängigen zu machen und wir erhalten:

$$v^4 \frac{d^2z}{dv^2} + v^3 \frac{dz}{dv} - \left[\frac{h^2}{4}(\beta - \alpha v^2)^2 + \nu^2 v^2\right] z = 0, \tag{8}$$

[1]) L. Fuchs, Ueber die Werthe, welche die Integrale einer Differentialgleichung erster Ordnung in singulären Punkten annehmen können. Sitzungsberichte der Berliner Akademie d. Wissenschaften vom 11. März 1886.

d. h. entwickeln wir das Integral von (6) und vertauschen wir nachträglich α mit β, so haben wir zugleich die Darstellung des Integrals in der Umgebung der unendlich fernen Stelle. Daran knüpfen wir eine weitere Bemerkung. Offenbar ist z in Gleichung (6) für $\alpha = 0$ und bei beliebigem Werth von ν die Fourier-Bessel'sche Transcendente:

$$z = GJ_\nu\left(\frac{h\beta u}{2i}\right) + G'J_{-\nu}\left(\frac{h\beta u}{2i}\right),$$

und bei ganzzahligem ν ist

$$z = GJ_\nu\left(\frac{h\beta u}{2i}\right) + G'K_\nu\left(\frac{h\beta u}{2i}\right).$$

Aus (8) aber lesen wir ab, dass man für $\alpha = 0$ und bei beliebigem Werth von ν die Bessel'sche Function:

$$\bar{\bar{z}} = \mathfrak{G}\bar{J}_\nu\left(\frac{h\beta}{2iu}\right) + \mathfrak{G}'\bar{J}_{-\nu}\left(\frac{h\beta}{2iu}\right),$$

und bei ganzzahligem ν

$$\bar{\bar{z}} = \mathfrak{G}\bar{J}_\nu\left(\frac{h\beta}{2iu}\right) + \mathfrak{G}'\bar{K}_\nu\left(\frac{h\beta}{2iu}\right)$$

erhält. Die zuletzt hingeschriebene Function ist bekanntlich bei sehr grossen Werthen von u durch eine semiconvergente Reihe darstellbar; demnach haben die Integrale von (6) die weitere Eigenschaft, bei ganzzahligem Werthe von ν und verschwindendem α in der ganzen Ebene giltige Reihenentwickelungen zu liefern, bei ganzzahligem ν und verschwindendem β hingegen in semiconvergente Reihen überzugehen, deren Benutzung nur bei kleinen Werthen des Arguments gestattet ist. Daraus ist zu schliessen, dass die Reihen für z, die wir erhalten werden, im allgemeinen divergent sind.

§ 2.

Treten wir nun in die Behandlung der Differentialgleichung (6) ein, so wollen wir zuerst aus derselben eine andere herleiten, in welcher die Vielfachheit der singulären Stelle $u = 0$ die Ordnung der Differentialgleichung nicht mehr übersteigt. Dazu reduciren wir Gleichung (6), indem wir setzen:

(9) $$y = z\sqrt{u},$$

so genügt y der Differentialgleichung:

$$(10)\qquad \frac{d^2y}{du^2}=\left[\frac{h^2}{4}\left(\beta-\frac{\alpha}{u^2}\right)^2+\frac{(\nu^2-\frac{1}{4})}{u^2}\right]y.$$

Sei η der Quotient zweier particulären Integrale dieser Gleichung, so genügt bekanntlich η der von Herrn Kummer[1]) zuerst aufgestellten Differentialgleichung dritter Ordnung:

$$(11)\quad [\eta]_u=\frac{\eta'''}{\eta'}-\frac{3}{2}\left(\frac{\eta''}{\eta'}\right)^2=-\frac{h^2}{2}\left(\beta-\frac{\alpha}{u^2}\right)^2-\frac{2(\nu^2-\frac{1}{4})}{u^2}.$$

Zu ihrer Integration setze man[2]):

$$r=\frac{\eta''}{\eta'}=\frac{d}{du}\left(\log\frac{d\eta}{du}\right)=\frac{a_{-2}}{u^2}+\frac{a_{-1}}{u}$$
$$+a_0+a_1u+a_2u^2+\cdots+a_pu^p+\cdots.$$

Dann ist:

$$\frac{dr}{du}=-\frac{2a_{-2}}{u^3}-\frac{a_{-1}}{u^2}+a_1+2a_2u+\cdots+pa_pu^{p-1}+\cdots.$$

Folglich:

$$(12)\begin{cases}[\eta]_u=\dfrac{dr}{du}-\frac{1}{2}r^2\\[6pt] \quad=-\dfrac{a_{-2}^2}{2u^4}-\dfrac{a_{-2}a_{-1}}{u^3}-\dfrac{a_{-1}^2}{2u^2}\qquad-\frac{1}{2}a_0^2-\cdots\\[6pt] \qquad-\dfrac{2a_{-2}}{u^3}\quad-\dfrac{a_{-2}a_0}{u^2}-\dfrac{a_{-2}a_1}{u}-a_{-2}a_2-\cdots\\[6pt] \qquad\qquad-\dfrac{a_{-1}}{u^2}\quad-\dfrac{a_{-1}a_0}{u}-a_{-1}a_1-\cdots\\[6pt] \qquad\qquad\qquad+\quad a_1+\cdots\end{cases}$$

Durch Vergleichen von (11) und (12) ergiebt sich:

$$a_{-2}=\pm h\alpha,$$
$$a_{-1}=-2,$$
$$a_0=\mp\frac{2}{h\alpha}\left(\frac{h^2\alpha\beta}{2}+\frac{1}{4}-\nu^2\right)=\mp\frac{2n}{h\alpha},$$

---

[1]) Kummer, De generali quadam aequatione differentiali tertii ordinis. Programm des Gymnasiums zu Liegnitz, 1834. Wiederabgedruckt in Crelle's Journal, Bd. 100, 1886.

[2]) H. A. Schwarz, Ueber diejenigen Fälle, in denen die Gauss'sche hypergeometrische Reihe eine algebraische Function ihres vierten Elementes ist. Crelle's Journal, Bd. 75, 1873.

indem wir $n = \left(\frac{h^2\alpha\beta}{2} + \frac{1}{4} - \nu^2\right)$ setzen,

$$a_1 = -\frac{4n}{h^2\alpha^2},$$

$$a_2 = \mp \frac{2}{h^3\alpha^3}(4n(n+6) - h^4\alpha^2\beta^2),$$

$$\cdots\cdots\cdots\cdots$$

Daher muss man setzen:

$$r = \frac{d}{du}\left(\log\frac{d\eta}{du}\right) = \pm\frac{h\alpha}{u^2} - \frac{2}{u} + a_0 + a_1 u + \cdots,$$

$$\log\frac{d\eta}{du} = \log C \mp \frac{h\alpha}{u} - 2\log u + a_0 u + \frac{a_1}{2}u^2 + \cdots$$

$$\frac{d\eta}{du} = \frac{C}{u^2} e^{\mp\frac{h\alpha}{u}} e^{u\left(a_0 + \frac{a_1}{2}u + \frac{a_2}{3}u^2 + \cdots\right)}. \tag{13}$$

Bekanntlich sind aber die particulären Integrale von (10) darstellbar in der Form:

$$y_1 = \left(\frac{d\eta}{du}\right)^{-\frac{1}{2}},$$

$$y_2 = \eta y_1,$$

demnach ergiebt sich:

$$y_1 = cue^{\pm\frac{h\alpha}{2u}} e^{-\frac{u}{2}\left(a_0 + \frac{a_1}{2}u + \frac{a_2}{3}u^2 + \cdots\right)}. \tag{14}$$

Zur weiteren Entwickelung des zweiten Exponentialfactors dieses Ausdrucks setzen wir

$$y_1 = cue^{\pm\frac{h\alpha}{2u}}\varphi_1$$

in die Gleichung (10) ein und erhalten:

$$u^3\frac{d^2\varphi}{du^2} + 2\left[u \mp \frac{h\alpha}{2}\right]\frac{d\varphi}{du} - \left[\frac{h^2}{4}\beta^2u^2 - n\right]\varphi = 0. \tag{15}$$

Diese Differentialgleichung hat das erste der beiden erwähnten Merkmale für eine Stelle der Unbestimmtheit nicht mehr, wohl aber das zweite. In Folge dessen kann man auch nicht angeben, zu welchem Exponenten das zu suchende Integral gehört. Herr Bruns, der den von uns gewählten methodischen Weg nicht eingeschlagen hat und dem daher diese Unbestimmtheit wahrscheinlich verborgen blieb, hat φ_1 als zum Exponenten Null gehörig angenommen. Indem wir dieser

Annahme folgen, bleiben wir in Uebereinstimmung mit der Gleichung (14) und erkennen zugleich, dass dieselbe, wegen des constanten Gliedes in dem Coefficienten von $\frac{d\varphi}{du}$, die einzig zulässige ist. Es scheint das für unser Verfahren nicht unwichtig zu sein.

Wir suchen also auf Grund von (14) der Gleichung (15) durch die Potenzreihe zu genügen:

$$\varphi = b_0 + b_1 u + b_2 u^2 + \cdots + b_p u^p + \cdots$$

und finden zwischen den Coefficienten die Relation:

$$(16) \qquad \mp h\alpha(p+1)b_{p+1} + [n + p(p+1)]b_p - \frac{h^2\beta^2}{4} b_{p-2} = 0,$$

aus welcher wir für die Reihe selbst den Ausdruck ableiten:

$$(17) \quad \left\{ \begin{aligned} \varphi = b_0 \Big\{ 1 \pm \frac{n}{1!}\left(\frac{u}{h\alpha}\right) &+ \frac{n(n+2)}{2!}\left(\frac{u}{h\alpha}\right)^2 \\ &\pm \frac{\left\{n(n+2)(n+6) - \frac{h^4\alpha^2\beta^2}{2}\right\}}{3!}\left(\frac{u}{h\alpha}\right)^3 \\ &+ \frac{\{n(n+2)(n+6)(n+12) - 2h^4\alpha^2\beta^2(n+3)\}}{4!}\left(\frac{u}{h\alpha}\right)^4 \pm \cdots \Big\}. \end{aligned} \right.$$

Also ist, indem wir die oberen von den unteren Vorzeichen trennen,

$$(18) \quad \bar{z}_1 = c'\sqrt{u}\, e^{\frac{h\alpha}{2u}} \left\{ 1 + \frac{n}{1!}\left(\frac{u}{h\alpha}\right) + \frac{n(n+2)}{2!}\left(\frac{u}{h\alpha}\right)^2 + \cdots \right\},$$

$$(19) \quad z_1^* = c''\sqrt{u}\, e^{-\frac{h\alpha}{2u}} \left\{ 1 - \frac{n}{1!}\left(\frac{u}{h\alpha}\right) + \frac{n(n+2)}{2!}\left(\frac{u}{h\alpha}\right)^2 \mp \cdots \right\}.$$

Wir haben demnach zwei Ausdrücke für unser erstes particuläres Integral gefunden. Da der Differentialquotient des Quotienten derselben nicht constant, vielmehr mit (13) identisch ist, so müssen wir annehmen, dass es in der Umgebung der Stelle der Unbestimmtheit nicht wie gewöhnlich ein einziges, sondern zwei von einander unabhängige Fundamentalsysteme von Integralen giebt. Der Aufstellung der noch fehlenden zweiten particulären Integrale dieser letzteren haben wir uns daher jetzt zuzuwenden.

Dazu gehen wir auf die Gleichung (13) zurück:

$$(13) \qquad \frac{d\eta}{du} = \frac{C}{u^2} e^{\mp\frac{h\alpha}{u}} e^{u\left(a_0 + \frac{a_1}{2}u + \frac{a_2}{3}u^2 + \cdots\right)},$$

aus welcher wir ableiten:

$$\eta = C\int \frac{du}{u^2} e^{\mp\frac{h\alpha}{u}} e^{u\left(a_0+\frac{a_1}{2}u+\frac{a_2}{3}u^2+\cdots\right)},$$

oder

$$\eta = C\int \frac{du}{u^2} e^{\pm\frac{h\alpha}{u}} \left(1+\frac{u\left(a_0+\frac{a_1}{2}u+\cdots\right)}{1!}+\frac{u^2\left(a_0+\frac{a_1}{2}u+\cdots\right)^2}{2!}+\cdots\right)$$

oder durch Reduction der einzelnen Integrale

$$(20)\quad \begin{cases} \eta = Ce^{\mp\frac{h\alpha}{u}}\left[\pm\frac{1}{h\alpha}+\frac{(a_0^2+a_1)}{2}u+\left(\frac{a_2}{3}+\frac{a_1a_0}{2}+\frac{a_0^3}{6}\right)\left(\frac{u^2}{2}\mp\frac{h\alpha}{2}u\right)+\cdots\right] \\ \quad +C\left[a_0\mp\frac{(a_0^2+a_1)}{2}\frac{h\alpha}{1!}+\left(\frac{a_2}{3}+\frac{a_1a_0}{2}+\frac{a_0^3}{6}\right)\frac{h^2\alpha^2}{2!}\mp\cdots\right]\int\frac{du}{u}e^{\mp\frac{h\alpha}{u}}. \end{cases}$$

Wird daher der Coefficient des Integrallogarithmus gleich B gesetzt, so ist η von der Form:

$$\eta = Ce^{\mp\frac{h\alpha}{u}}\mathfrak{P}(u)+B\int\frac{du}{u}e^{\mp\frac{h\alpha}{u}},$$

und wegen

$$y_2 = \eta y_1$$

ist

$$(21)\quad y_2 = c_1 u e^{\mp\frac{h\alpha}{2u}}\{a'_0+a'_1u+a'_2u^2+\cdots+a'_pu^p+\cdots\}+y_1B\int\frac{du}{u}e^{\mp\frac{h\alpha}{u}}.$$

Zur Ermittelung der Coefficienten $a'_0, a'_1, \ldots, a'_p, \ldots$ führen wir (21) in (10) ein, welcher wir die Gestalt geben:

$$(10)\qquad \frac{d^2y}{du^2} = \left[\frac{h^2\beta^2}{4}-\frac{n}{u^2}+\frac{h^2\alpha^2}{4u^4}\right]y.$$

Man gelangt dann zu der Gleichung:

$$(22)\quad \begin{cases} c_1\{a'_0+a'_1u+a'_2u^2+\cdots+a'_pu^p+\cdots\}\left[\frac{h^2\beta^4}{4}u^2-n\right] \\ -2c_1\left(u\pm\frac{h\alpha}{2}\right)\{a'_1+2a'_2u+\cdots+pa'_pu^{p-1}+\cdots\} \\ -c_1u^2\{2a'_2+3.2a'_3u+\cdots+p(p-1)a'_pu^{p-2}+\cdots\} \\ -Bc\left\{1\pm3\frac{n}{1!}\left(\frac{u}{h\alpha}\right)+5\frac{n(n+2)}{2!}\left(\frac{u}{h\alpha}\right)^2\right. \\ \left.\pm7\frac{\left\{n(n+2)(n+6)-\frac{h^4\alpha^2\beta^2}{2}\right\}}{3!}\left(\frac{u}{h\alpha}\right)^3+\cdots\right\}=0, \end{cases}$$

aus welcher für den Coefficienten von u^p die andere folgt:

$$(23)\quad \begin{cases} \pm h\alpha(p+1)a'_{p+1}+(n+p(p+1))a'_p-\dfrac{h^2\beta^2}{4}a'_{p-2} \\ \qquad\qquad +B\dfrac{c}{c_1}(2p+1)b_p=0. \end{cases}$$

Im besonderen erhält man:

$$(24)\quad \begin{cases} a'_1=\mp\dfrac{n}{h\alpha}a'_0\mp B\dfrac{c}{c_1}\dfrac{1}{h\alpha} \\ a'_2=\dfrac{n(n+2)}{2!\,h^2\alpha^2}a'_0-B\dfrac{c}{c_1}\dfrac{(n-1)}{h^2\alpha^2} \\ a'_3=\mp\dfrac{\left\{n(n+2)(n+6)-\dfrac{h^4\alpha^2\beta^2}{2}\right\}}{3!\,h^3\alpha^3}a'_0\mp B\dfrac{c}{c_1}\dfrac{(n^2+4)}{2!\,h^3\alpha^3} \\ \cdots\cdots\cdots\cdots\cdots\cdots \end{cases}$$

Daher lauten die zweiten particulären Integrale:

$$(25)\quad \begin{cases} \bar{z}_2=c'_1\sqrt{u}\,e^{-\frac{h\alpha}{2u}}\left\{a'_0-\dfrac{1}{1!}\left(na'_0+\bar{B}\dfrac{c}{c_1}b_0\right)\left(\dfrac{u}{h\alpha}\right)\right. \\ \qquad +\dfrac{1}{2!}\left(n(n+2)a'_0-2\bar{B}\dfrac{c}{c_1}b_0(n-1)\right)\left(\dfrac{u}{h\alpha}\right)^2 \\ -\dfrac{1}{3!}\left(\left[n(n+2)(n+6)-\dfrac{h^4\alpha^2\beta^2}{2}\right]a'_0+3\bar{B}\dfrac{c}{c_1}b_0(n^2+4)\right)\left(\dfrac{u}{h\alpha}\right)^3\pm\cdots\Big\} \\ \qquad\qquad +\bar{z}_1\bar{B}\displaystyle\int\frac{du}{u}e^{-\frac{h\alpha}{u}}, \end{cases}$$

$$(26)\quad \begin{cases} z^*_2=c''_1\sqrt{u}\,e^{\frac{h\alpha}{2u}}\left\{a'_0+\dfrac{1}{1!}\left(na'_0+B^*\dfrac{c}{c_1}b_0\right)\left(\dfrac{u}{h\alpha}\right)\right. \\ \qquad +\dfrac{1}{2!}\left(n(n+2)a'_0-2B^*\dfrac{c}{c_1}b_0(n-1)\right)\left(\dfrac{u}{h\alpha}\right)^2 \\ +\dfrac{1}{3!}\left(\left[n(n+2)(n+6)-\dfrac{h^4\alpha^2\beta^2}{2}\right]a'_0+3B^*\dfrac{c}{c_1}b_0(n^2+4)\right)\left(\dfrac{u}{h\alpha}\right)^3+\cdots\Big\} \\ \qquad\qquad +z^*_1B^*\displaystyle\int\frac{du}{u}e^{\frac{h\alpha}{u}}, \end{cases}$$

oder in gekürzter Form:

$$(25\text{a})\begin{cases} \bar{z}_2 = \bar{c}\;\; z_1 - \bar{c}_1\;\; u\sqrt{u}\,e^{-\frac{ha}{2u}}\,\dfrac{\overline{B}}{ha}\left\{1+\dfrac{(n-1)}{1!}\left(\dfrac{u}{ha}\right)+\dfrac{(n^2+4)}{2!}\left(\dfrac{u}{ha}\right)^2+\cdots\right\} \\ \qquad\qquad\qquad\qquad\qquad\qquad\qquad\qquad +\bar{z}_1\,\overline{B}\displaystyle\int\frac{du}{u}\,e^{-\frac{ha}{u}}, \end{cases}$$

$$(26\text{a})\begin{cases} z_2^* = \overline{c_{11}}\,\overline{z_1} + \overline{c_{111}}\,u\sqrt{u}\,e^{\frac{ha}{2u}}\;\;\dfrac{B^*}{ha}\left\{1-\dfrac{(n-1)}{1!}\left(\dfrac{u}{ha}\right)+\dfrac{(n^2+4)}{2!}\left(\dfrac{u}{ha}\right)^2\mp\cdots\right\} \\ \qquad\qquad\qquad\qquad\qquad\qquad\qquad\qquad +z_1^*\,B^*\displaystyle\int\frac{du}{u}\,e^{\frac{ha}{u}}, \end{cases}$$

und zwar leiten sich die Constanten $\overline{B}$ und B^* aus (20) durch Trennen der oberen von den unteren Vorzeichen ab. Es stellen demnach (18) und (25), aber auch (19) und (26) die Integrale der Differentialgleichung (6) in der Umgebung der Nullstelle u dar, welche sich als eine Stelle der Unbestimmtheit von bestimmter Verzweigung ergiebt. Vertauscht man α mit β, — n bleibt dadurch ungeändert — so erhält man z dargestellt in der Umgebung der unendlich fernen Stelle. Es sind irreguläre Integrale, die wir hier vor uns haben; die Reihen sind divergent. Die Function des elliptischen Cylinders kann demnach in einem ringförmigen Gebiet, welches die Null- und die Unendlichkeitsstelle nicht enthält, in Potenzreihen entwickelt werden, wenn wir $u = e^{iw}$ zur Variablen machen. In der Nähe der genannten singulären Stellen theilt sich die Function in zwei Zweige und hört auf durch Reihen darstellbar zu sein.

§ 3.

Es ist nothwendig, die Constante B noch näher zu untersuchen. Ermitteln wir zuerst das Gesetz, nach dem sie gebildet ist.

Ist von der ganzen transcendenten Function

$$(27)\qquad \sum_{p=0}^{\infty} A_p x^p$$

bekannt, dass sie folgende Zerfällung in Linearfactoren zulässt

$$(28)\qquad A\prod_{p=1}^{\infty}(x-x_p),$$

und bildet man die bekannten symmetrischen Functionen der Wurzeln x_p derselben, nämlich

$$\Sigma x_p = s_1;\quad \Sigma x_p^2 = s_2;\quad \Sigma x_p^3 = s_3;\quad \ldots,$$

und setzt

$$s_1 = -a_0, \quad s_2 = -a_1, \quad s_3 = -a_2, \quad \ldots,$$

so ist nach den Newton'schen Formeln

$$A_1 = a_0, \quad A_2 = \frac{a_0^2 + a_1}{2!}, \quad A_3 = \frac{a_0^3 + 3a_0a_1 + 2a_2}{3!},$$

$$A_4 = \frac{a_0^4 + 6a_0^2a_1 + 3a_1^2 + 8a_0a_2 + 6a_3}{4!}, \quad \ldots$$

und folglich

$$(29) \qquad B = C\left[A_1 + \frac{A_2}{1!}(\mp h\alpha) + \frac{A_3}{2!}(\mp h\alpha)^2 + \frac{A_4}{3!}(\mp h\alpha)^3 + \cdots\right]$$

oder

$$B = C\sum_{p=0}^{\infty} \frac{A_{p+1}}{p!}(\mp h\alpha)^p,$$

wo

$$A_{p+1} = \Sigma \frac{1}{\beta_1!\beta_2!\ldots\beta_{p+1}!}\left(\frac{a_0}{1}\right)^{\beta_1}\left(\frac{a_1}{2}\right)^{\beta_2}\cdots\left(\frac{a_p}{p+1}\right)^{\beta_{p+1}},$$

indem $\beta_1 + 2\beta_2 + \cdots + (p+1)\beta_{p+1} = p+1$ ist, wie sich sofort aus Petersen, Theorie der algebraischen Gleichungen, S. 41 ergiebt.

Aus diesem interessanten Resultat weitere Schlüsse zu ziehen, ist mir noch nicht gelungen. Aber es giebt noch einen zweiten Weg zur Berechnung von B.

Um auf demselben zu möglichst einfachen Resultaten zu gelangen, gehen wir noch einmal auf (17) zurück. Wir setzen, wie dies jetzt offenbar ist, praktischer an

$$(17a) \qquad \varphi = \sum_{p=0}^{\infty} \frac{b_p}{p!}\left(\frac{u}{h\alpha}\right)^p$$

und erhalten an Stelle von (16) die wenig einfachere Recursionsformel:

$$(16a) \qquad \mp b_{p+1} + (n + p(p+1))b_p - \frac{h^4\alpha^2\beta^2}{4}p(p-1)b_{p-2} = 0.$$

Ebenso erkennen wir aus (25), dass man (21) ansetzen kann:

$$(21a) \qquad y_2 = c_1 u e^{\mp\frac{h\alpha}{2u}} \sum_{p=0}^{\infty} \frac{a'_p}{p!}\left(\frac{u}{h\alpha}\right)^p + y_1 B\int\frac{du}{u}e^{\mp\frac{h\alpha}{u}},$$

woraus für den Coefficienten von u^p die Gleichung folgt:

$$(23a) \qquad \begin{cases} \pm a'_{p+1} + (n + p(p+1))a'_p - \dfrac{h^4\alpha^2\beta^2}{4}p(p-1)a'_{p-2} \\ \qquad\qquad + B\dfrac{c}{c_1}(2p+1)b_p = 0. \end{cases}$$

Aus dieser gehen aber wieder, indem p successive gleich 0, 1, 2, 3 ... gesetzt wird, die anderen hervor:

$$(30)\quad\begin{cases}
B\frac{c}{c_1}b_0 \pm a'_1 = -n a'_0 \\
\pm 3B\frac{c}{c_1}b_0 n + (n+2)a'_1 \pm a'_2 = 0 \\
5B\frac{c}{c_1}b_0 n(n+2) + (n+6)a'_2 \pm a'_3 = \frac{h^4\alpha^2\beta^2}{2}a'_0 \\
7B\frac{c}{c_1}b_3 - \frac{h^4\alpha^2\beta^2}{4}.3.2a'_1 + (n+12)a'_3 \pm a'_4 = 0 \\
9B\frac{c}{c_1}b_4 - \frac{h^4\alpha^2\beta^2}{4}.4.3a'_2 + (n+20)a'_4 \pm a'_5 = 0 \\
\cdots\cdots\cdots\cdots\cdots\cdots
\end{cases}$$

Sieht man in diesem System von linearen Gleichungen $B\frac{c}{c_1}b_0$, a'_1, a'_2, a'_3, ... als die Unbekannten an und bezeichnet mit D die Determinante:

$$(31)\qquad D = \begin{vmatrix}
1 & \pm 1 & 0 & 0 & 0 & 0 & \ldots \\
\pm 3n & (n+2) & \pm 1 & 0 & 0 & 0 & \ldots \\
5n(n+2) & 0 & (n+6) & \pm 1 & 0 & 0 & \ldots \\
\pm 7\left\{n(n+2)(n+6) - \frac{h^4\alpha^2\beta^2}{2}\right\} & -\frac{h^4\alpha^2\beta^2}{4}.3.2 & 0 & (n+12) & \pm 1 & 0 & \ldots \\
. & 0 & -\frac{h^4\alpha^2\beta^2}{4}.4.3 & 0 & (n+20) & \pm 1 & \ldots \\
. & . & 0 & -\frac{h^4\alpha^2\beta^2}{4}.5.4 & 0 & (n+30) & \ldots \\
. & . & . & . & . & \ldots\ldots & \\
. & . & . & . & . & \ldots\ldots & \\
. & . & . & . & . & \ldots\ldots &
\end{vmatrix}$$

und mit $-\Delta$ die Determinante:

$$(32)\quad -\Delta = a'_0\begin{vmatrix}
n & \pm 1 & 0 & 0 & 0 & 0 & \ldots \\
0 & n+2 & \pm 1 & 0 & 0 & 0 & \ldots \\
-\frac{h^4\alpha^2\beta^2}{2} & 0 & n+6 & \pm 1 & 0 & 0 & \ldots \\
0 & -\frac{h^4\alpha^2\beta^2}{4}.3.2 & 0 & n+12 & \pm 1 & 0 & \ldots \\
0 & 0 & -\frac{h^4\alpha^2\beta^2}{4}.4.3 & 0 & n+20 & \pm 1 & \ldots \\
0 & 0 & 0 & -\frac{h^4\alpha^2\beta^2}{4}.5.4 & 0 & n+30 & \ldots \\
. & . & . & . & . & . & \ldots \\
. & . & . & . & . & . & \ldots \\
. & . & . & . & . & . & \ldots
\end{vmatrix},$$

so ist offenbar

$$(33) \qquad B\frac{c}{c_1}b_0 = \frac{\varDelta}{D}.$$

Weiter lässt sich in betreff der doppelten Vorzeichen aus (29) ermitteln, dass B gleich $\mp C$ multiplicirt mit einer eindeutigen Function ist; denn werden die aus (12) folgenden Werthe der Coefficienten $a_{-2}, a_{-1}, a_0, a_1, \ldots$ benutzt zur Bildung der Aggregate $A_1, A_2, A_3, A_4, \ldots$, so sind die Grössen $A_1, A_3, A_5, \ldots$ stets gleich ∓ 1 mal einer eindeutigen Function, hingegen $A_2, A_4, A_6, \ldots$ positive eindeutige Ausdrücke. Deshalb kann man in (29) die Grösse ∓ 1 vor die Klammer nehmen und hat dann in der Klammer eine eindeutige Grösse. Daraus folgt: $\bar{B}$ und B^* können sich nur durch das Vorzeichen von einander unterscheiden.

Aber wir schliessen weiter: Die Haupt-Unterdeterminanten von $\frac{-\varDelta}{a'_0}$ in (32) sind die Coefficienten b_p in der Entwickelung des Integrals (17a), bez. (18) oder (19).

Die aus (33) folgende Gleichung

$$(33\text{a}) \qquad -\varDelta + DB\frac{c}{c_1}b_0 = 0$$

bedeutet, dass der unendlich ferne Coefficient in der Parenthese der Integrale (25) und (26) verschwindet; für die Convergenz der dort stehenden Reihen würde dies bekanntlich eine nothwendige Bedingung sein; aber der im zweiten Gliede folgende Integrallogarithmus mit seiner divergenten Entwickelung macht die eben angedeutete Convergenz wieder zu nichte.

Wünscht man daher convergente Reihen aus (25) und (26) zu erhalten, so muss der Integrallogarithmus aus ihnen verschwinden. Dies ist nur möglich, wenn $\bar{B} = 0$ ist, was nach dem obigen die Gleichung $B^* = 0$ von selbst im Gefolge hat; dadurch verlieren aber die Integrale ihren logarithmischen Charakter, ja aus (25a) und (26a) folgt, dass für

$$(34) \qquad B = 0, \quad \bar{z}_1 = z_2^* \quad \text{und} \quad z_1^* = \bar{z}_2$$

ist. Die zwei Fundamentalsysteme sind zu einem einzigen verschmolzen, welches aus zwei Thomé'schen Normalintegralen besteht. Aus der Art des Verschmelzens erkennt man, dass die früheren zwei Systeme vollständig unabhängig von einander sind, eine Thatsache, die bei regulären Integralen doch niemals statt hat. Wenn Herr Fuchs sich daher in seiner citirten Akademie-Abhandlung vom 11. März 1886 im § 4, der sich mit derartigen Differentialgleichungen beschäftigt, auf seine Arbeiten in Crelle's Journal Bd. 66 und Bd. 68 beruft, so hat das für Stellen der Unbestimmtheit keine bindende Kraft, denn die im Journal behandelte Klasse von Gleichungen hat nur reguläre Integrale[1]). (Vergl. meine Untersuchung über die Functionen des parabolischen Cylinders, Schlömilch's Zeitschrift, Jahrgang 33, 1886, wo ich darauf schon hingewiesen habe.)

Die Gleichung $B = 0$ zieht nach (33a) die andere

$$\Delta = 0 \tag{35}$$

nach sich. Dies bedeutet, der unendlich ferne Coefficient der Normalintegrale verschwindet; die Reihen (18) und (19) sind bei Existenz der Bedingung $\Delta = 0$ convergent[2]).

Das ist aber gerade der von Herrn Bruns behandelte Sonderfall; seine transcendente Gleichung ist identisch mit unserer Determinante (32), deren Bildungsgesetz in die Augen springt. Bezeichnen wir noch mit Δ_p eine Haupt-Unterdeterminante der transcendenten Determinante Δ, so gilt für die Bildung der Δ_p die Gleichung:

$$\Delta_{p+1} = (n+p(p+1))\Delta_p - \frac{h^4\alpha^2\beta^2}{4} p(p-1)\Delta_{p-2}. \tag{16b}$$

Gehen wir auf die Arbeit des Herrn Bruns noch näher ein und entwickeln wir die in (18) und (19) auftretenden Exponentialfunctionen $e^{\frac{h\alpha}{2u}}$ bez. $e^{-\frac{h\alpha}{2u}}$ in Reihen, und multipliciren wir sie mit den dort stehenden Potenzreihen, setzen alsdann e^{iw} für u ein, so entstehen zwei Reihen, deren jede unendlich viele positive und unendlich viele negative Potenzen hat. Die eine derselben hat nur positive, die andere wechselnde Vorzeichen. Daher wird $\bar{z}_1 + z_1^*$ eine gerade Function und von der Form

$$\bar{z}_1 + z_1^* = 2 \sum_{n=-\infty}^{n=+\infty} C_n e^{\frac{iw}{2}} e^{2inw} \tag{36}$$

---

[1]) Man beachte jedoch die viel allgemeinere Integraldarstellung des Herrn Fuchs in den Annali di Matematica, Bd. 4, 1870 und die Arbeiten des Herrn Thomé in Crelle's Journal.

[2]) Dies ist eine nothwendige, aber bekanntlich noch nicht hinreichende Bedingung. Sie scheint letzteres hier nun doch zu sein; siehe darüber § 6.

sein; hingegen

$$(37) \qquad \bar{z}_1 - z_1^* = 2 \sum_{n=-\infty}^{n=+\infty} C_n' e^{\frac{i w}{2}} e^{(2n+1)iw}$$

eine ungerade Function sein, in Uebereinstimmung mit den Arbeiten der Herren Bruns und Callandreau[1]). Leider ist es mir noch nicht gelungen, die Determinante Δ in einfacher Weise zu entwickeln, um so eine directe Vergleichung mit der Bedingungsgleichung vorzunehmen, welche sich nach Herrn Bruns an die Integrale (36) und (37) knüpft, wofern diese für sich allein schon ein Fundamentalsystem bilden. Aber das geht unzweifelhaft hervor, dass die von Herrn Bruns aufgestellte Gleichung nicht als eine Bestimmungsgleichung der in derselben vorkommenden Coustante[2]) μ, welche sich nach unserer Methode direct gleich $\frac{1}{4}$ ergiebt, gelten darf, sondern als eine Relation zwischen den Constanten der Differentialgleichung anzusehen ist, was wiederum ein Zeichen ist, dass mit der Ableitung der Integrale (36) und (37) die allgemeine Integration der vorgelegten Differentialgleichung noch nicht geleistet ist. Der Specialfall ist im wesentlichen durch das Verschwinden des logarithmischen Elementes aus den Integralen charakterisirt.

Wie kam wohl Herr Bruns dazu, den Factor $e^{i\mu t}$ der Lösung zuzufügen und μ als variabel anzunehmen? Er bemerkt, dass ein strenger Beweis dafür, z in der Form

$$z = \sum_{-\infty}^{+\infty} {}^a \mu_a \cos(\mu t + c + a\lambda t + ab)$$

anzusetzen, wie es Herr Lindstedt thut, fehlt und dass dieser Punkt nur für den Fall, wo μ gleich Null gesetzt werden darf, seine Er-

---

[1]) H. Bruns, Astron. Nachr. Nr. 2533, Bd. 106, S. 198. — Callandreau, Astron. Nachr. Nr. 2547, Bd. 107, S. 34. Lindstedt, A. N. Nr. 2503, 1883.

[2]) Bei Herrn Bruns heisst sie m; dass sie gleich $+\frac{1}{4}$ ist, kommt daher, dass $z = \varphi_0 \sqrt{u} = \varphi_0 e^{\frac{iw}{2}}$ ist. $2w$ bei uns ist gleich t bei Herrn Bruns, also $z = \varphi_0 e^{\frac{it}{4}}$. Die Differentialgleichung lautet bei Herrn Bruns:

$$\frac{d^2x}{dt^2} + n^2 x = 2\beta x \cos t$$

und Herr Bruns setzt

$$x = \sum_{-\infty}^{+\infty} {}^a \mu_a e^{imt} e^{iat}.$$

ledigung gefunden hat bei **Heine**, Handbuch der Kugelfunctionen, 2. Aufl. Bd. I. S. 404. — Nun ist aber in den Integralen (18) und (19) der Factor $\sqrt{u}$ unbedingt nothwendig; fehlt er, so genügt der übrig bleibende Ausdruck nicht der Differentialgleichung (1); sondern z. B. die von Heine gegebenen Reihen genügen der Gleichung

$$\frac{d^2\xi}{dw^2}+i\frac{d\xi}{dw}=\left[\lambda^2\left(\frac{e^{iw}-e^{-iw}}{2i}\right)^2-(\mathfrak{B}+\tfrac{1}{4})\right]\xi, \tag{38}$$

und auch das nur, wenn die Bedingung (35) $\Delta=0$ hinzugefügt wird. Fehlt sie, so handelt es sich um irreguläre Integrale; formell können solche ja einer Differentialgleichung genügen; die Function in der Umgebung der singulären Stelle darzustellen, sind sie nicht geeignet. Kann demnach auch das Ergebniss unserer Untersuchung als ein völlig befriedigendes nicht bezeichnet werden, so haben wir uns doch nicht gescheut die Schwierigkeiten, welche sich darbieten, die aber den andern verborgen blieben, klar vor Augen zu führen.

§ 4.

Wir specialisiren nun unsere Untersuchung noch weiter und wenden sie auf die Bessel'sche Transcendente an[1]). In Gleichung (6) setzen wir $\alpha=0$, $\frac{h^2\beta^2}{4}=-1$, so geht hervor:

$$u^2\frac{d^2z}{du^2}+u\frac{dz}{du}+\{u^2-\nu^2\}z=0. \tag{6a}$$

Das allgemeine Integral dieser Gleichung setzt sich wie bekannt zusammen aus:

$$\left\{\begin{aligned}J_\nu(u)=c_0u^\nu\Big(1-\frac{u^2}{2(2\nu+2)}&+\frac{u^4}{2.4(2\nu+2)(2\nu+4)}\\&-\frac{u^6}{2.4.6(2\nu+2)(2\nu+4)(2\nu+6)}\pm\cdots\Big)\end{aligned}\right. \tag{39}$$

als dem ersten und aus

$$\left\{\begin{aligned}J_{-\nu}(u)&=J_\nu(u)\int\frac{du}{J_\nu^2(u)u}\\&=c_0'u^{-\nu}\Big(1+\frac{u^2}{2(2\nu-2)}+\frac{u^4}{2.4(2\nu-2)(2\nu-4)}\\&\qquad+\frac{u^6}{2.4.6(2\nu-2)(2\nu-4)(2\nu-6)}+\cdots\Big)\end{aligned}\right. \tag{40}$$

---

[1]) Vergl. § 8, 11 u. 12 meiner Programmabhandlung von Ostern 1889.

als dem zweiten particulären Integral, vorausgesetzt dass ν weder Null noch eine ganze Zahl ist. Tritt dies aber ein, so verschwinden in $J_{-\nu}(u)$ die ersten ν Glieder und der oben hingeschriebene Ausdruck (40) ist dann nur formell von $J_\nu(u)$ verschieden. Vielmehr lautet alsdann das zweite particuläre Integral:

$$(41)\qquad K_\nu(u) = J_\nu(u)\log u + c u^{-\nu}\mathfrak{P}(u^2),$$

indem $u = 0$ zu einer wesentlich singulären Stelle wird.

Für das fernere merken wir die Umformung an:

$$(39\text{a})\begin{cases} J_\nu(u) = c_0 u^\nu e^{\pm iu}\Big(1 \mp \frac{iu}{1!} + \frac{(3+2\nu)}{(2+2\nu)}\frac{(iu)^2}{2!} \mp \frac{(5+2\nu)}{(2+2\nu)}\frac{(iu)^3}{3!} \\ \qquad\qquad + \frac{(5+2\nu)(7+2\nu)}{(2+2\nu)(4+2\nu)}\frac{(iu)^4}{4!} \mp \cdots\Big), \end{cases}$$

indem die Beziehungsgleichung

$$p(p+2\nu)a_p = \mp i(2p-1+2\nu)a_{p-1}$$

besteht, in welcher das obere Vorzeichen zu nehmen ist, sobald e^{iu} abgesondert wird, das untere, sobald dies mit e^{-iu} geschieht. In derselben Weise stellt sich $J_{-\nu}(u)$ folgendermassen dar:

$$(40\text{a})\begin{cases} J_{-\nu}(u) = c_0' u^{-\nu} e^{\pm iu}\Big(1 \mp \frac{iu}{1!} + \frac{(3-2\nu)}{(2-2\nu)}\frac{(iu)^2}{2!} \mp \frac{(5-2\nu)}{(2-2\nu)}\frac{(iu)^3}{3!} \\ \qquad\qquad + \frac{(5-2\nu)(7-2\nu)}{(2-2\nu)(4-2\nu)}\frac{(iu)^4}{4!} \mp \cdots\Big). \end{cases}$$

Diese Entwickelungen, ursprünglich hergeleitet für die Umgebung der Stelle $u = 0$, gelten bekanntlich für den ganzen endlichen Bereich der u-Ebene. Das Gegenstück derselben sind die, welche in der Umgebung der unendlich fernen Stelle die Bessel'sche Function definiren.

Wir führen dazu

$$(7)\qquad v = \frac{1}{u}$$

in (6a) ein und erhalten:

$$(8\text{a})\qquad v^4\frac{d^2z}{dv^2} + v^3\frac{dz}{dv} + \{1-\nu^2v^2\}z = 0.$$

Aus (18) und (19) leiten wir daher die beiden particulären Integrale ab:

$$(42)\begin{cases}\bar{z}_1 = c'\sqrt{v}e^{\frac{i}{v}}\Big(1+\frac{(\frac{1}{4}-\nu^2)}{1!}\left(\frac{v}{2i}\right)+\frac{(\frac{1}{4}-\nu^2)(\frac{9}{4}-\nu^2)}{2!}\left(\frac{v}{2i}\right)^2 \\ \qquad +\frac{(\frac{1}{4}-\nu^2)(\frac{9}{4}-\nu^2)(\frac{25}{4}-\nu^2)}{3!}\left(\frac{v}{2i}\right)^3+\cdots\Big)\end{cases}$$

und

$$(43)\begin{cases}z_1^* = c''\sqrt{v}e^{-\frac{i}{v}}\Big(1-\frac{(\frac{1}{4}-\nu^2)}{1!}\left(\frac{v}{2i}\right)+\frac{(\frac{1}{4}-\nu^2)(\frac{9}{4}-\nu^2)}{2!}\left(\frac{v}{2i}\right)^2 \\ \qquad -\frac{(\frac{1}{4}-\nu^2)(\frac{9}{4}-\nu^2)(\frac{25}{4}-\nu^2)}{3!}\left(\frac{v}{2i}\right)^3\pm\cdots\Big).\end{cases}$$

Die Functionen $\bar{z}_1$ und z_1^* treten für $\nu=0$ bei Riemann, Theorie der Nobili'schen Farbenringe, auf; es sind semiconvergente Reihen, denen Herr Stieltjes in seiner Doctorthese neuerdings eine eingehende Untersuchung hat zu Theil werden lassen. Wir kommen zu bekannteren Formen, wenn wir mit Rücksicht auf die Identitäten:

$$\sqrt{i}=e^{\frac{\pi i}{4}} \quad \text{und} \quad \sqrt{-i}=e^{-\frac{\pi i}{4}}$$

den Ausdruck bilden:

$$(44)\qquad \frac{c''\bar{z}_1(\sqrt{i})^{(-1)^\nu}-c'z_1^*(\sqrt{-i})^{(-1)^\nu}}{c''c'i\sqrt{2\pi}},$$

denn er führt zu der von Jacobi[1]) ohne Beweis angegebenen, bei ganzzahligem ν semiconvergenten, Reihe für die Bessel'sche Transcendente:

$$(45)\begin{cases}(-1)^{\frac{1}{2}\nu(\nu-1)}J_\nu(u)=\frac{\sin\left(u+(-1)^\nu\frac{\pi}{4}\right)}{\sqrt{\pi}\sqrt{\frac{1}{2}u}}\times \\ \left\{1-\frac{(1-4\nu^2)(9-4\nu^2)}{2!(8u)^2}+\frac{(1-4\nu^2)(9-4\nu^2)(25-4\nu^2)(49-4\nu^2)}{4!(8u)^4}\mp\cdots\right\} \\ -\frac{\cos\left(u+(-1)^\nu\frac{\pi}{4}\right)}{\sqrt{\pi}\sqrt{\frac{1}{2}u}}\left\{\frac{(1-4\nu^2)}{8u}-\frac{(1-4\nu^2)(9-4\nu^2)(25-4\nu^2)}{3!(8u)^3}\pm\cdots\right\}.\end{cases}$$

Es ist uns also gelungen, diese Reihe direct aus der Differentialgleichung herzuleiten, was bisher wohl noch nicht geleistet ist; andererseits ist zu bemerken, dass Herr Lipschitz am Schluss einer

---

[1]) Jacobi, Versuch einer Berechnung der grossen Ungleichheiten des Saturn nach einer strengen Entwickelung. Schumacher's Astronomische Nachrichten, Bd. 28, S. 94, 1849.

im 56. Bande von Crelle's Journal enthaltenen Arbeit über die Bessel'schen Functionen ein bestimmtes Integral angegeben hat, welches durch Ausführung der Integration die Reihe (45) liefert. Die Wichtigkeit der letzteren für die Berechnung von $J_\nu(u)$ ist bekannt aus Lommel's Theorie der Bessel'schen Functionen, den Hansen'schen und Meissel'schen Tafeln. Ihre Herleitung aus zwei ersten particulären Integralen zweier verschiedener Fundamentalsysteme ist nicht ohne Interesse. Ebenso sind wir im Stande die zweiten particulären Integrale direct hinzuschreiben, sie lauten:

$$(46)\quad \left\{\begin{aligned} \bar z_\nu = c_1' \sqrt{v}\, e^{-\frac{i}{v}} \Big\{ & a_0' - \frac{1}{1!}\left((\tfrac14-\nu^2)a_0' + \bar B \frac{c}{c_1}\right)\left(\frac{v}{2i}\right) \\ & + \frac{1}{2!}\left((\tfrac14-\nu^2)(\tfrac94-\nu^2)a_0' + 2\bar B(\tfrac34+\nu^2)\frac{c}{c_1}\right)\left(\frac{v}{2i}\right)^2 \\ & - \frac{1}{3!}\left((\tfrac14-\nu^2)(\tfrac94-\nu^2)(\tfrac{25}{4}-\nu^2)a_0' + 3\bar B((\tfrac14-\nu^2)^2+4)\frac{c}{c_1}\right)\left(\frac{v}{2i}\right)^3 \pm \cdots \Big\} \\ & + \bar z_1 \bar B \int \frac{dv}{v} e^{-\frac{2i}{v}}, \end{aligned}\right.$$

$$(47)\quad \left\{\begin{aligned} z_\nu^* = c_1'' \sqrt{v}\, e^{\frac{i}{v}} \Big\{ & a_0' + \frac{1}{1!}\left((\tfrac14-\nu^2)a_0' + B^* \frac{c}{c_1}\right)\left(\frac{v}{2i}\right) \\ & + \frac{1}{2!}\left((\tfrac14-\nu^2)(\tfrac94-\nu^2)a_0' + 2B^*(\tfrac34+\nu^2)\frac{c}{c_1}\right)\left(\frac{v}{2i}\right)^2 \\ & + \frac{1}{3!}\left((\tfrac14-\nu^2)(\tfrac94-\nu^2)(\tfrac{25}{4}-\nu^2)a_0' + 3B^*((\tfrac14-\nu^2)^2+4)\frac{c}{c_1}\right)\left(\frac{v}{2i}\right)^3 + \cdots \Big\} \\ & + z_1^* B^* \int \frac{dv}{v} e^{\frac{2i}{v}}. \end{aligned}\right.$$

§ 5.

Zum Schluss stellen wir uns die Aufgabe, die Functionen $\bar z_1$ und z_1^* aus (42) und (43) mit $J_\nu(u)$ und $J_{-\nu}(u)$ in Beziehung zu setzen. Dazu bemerken wir zuerst, dass die unter (39a), (40a), (42) und (43) gegebenen Reihen sich als Grenzfälle von hypergeometrischen Reihen darstellen lassen und zwar in folgender Weise:

$$(39\text{a})\quad J_\nu(u) = c_0 u^\nu e^{\pm iu} F\left(\tfrac12+\nu,\ \tfrac12+\nu-m,\ 1+2\nu,\ \pm 2\frac{iu}{m}\right) \text{ für } m=\infty;$$

$$(40\text{a})\quad J_{-\nu}(u) = c_0' u^{-\nu} e^{\pm iu} F\left(\tfrac12-\nu,\ \tfrac12-\nu-m,\ 1-2\nu,\ \pm 2\frac{iu}{m}\right) \text{ für } m=\infty;$$

$$(42)\qquad \bar{z}_1 = c' \frac{e^{iu}}{\sqrt{u}} F\left(\tfrac{1}{2}-\nu,\ \tfrac{1}{2}+\nu,\ m,\ \ \frac{m}{2iu}\right) \text{ für } m=\infty;$$

$$(43)\qquad z_1^* = c'' \frac{e^{-iu}}{\sqrt{u}} F\left(\tfrac{1}{2}-\nu,\ \tfrac{1}{2}+\nu,\ m,\ -\frac{m}{2iu}\right) \text{ für } m=\infty.$$

Wendet man nun eine von Herrn Kummer[1]) herrührende Formel an, welche lautet:

$$(48)\begin{cases} 1-\frac{\alpha\beta}{1.x}+\frac{\alpha(\alpha+1)\beta(\beta+1)}{2!x^2}-\frac{\alpha(\alpha+1)(\alpha+2)\beta(\beta+1)(\beta+2)}{3!x^3}\pm\cdots \\ =x^\alpha \frac{\Pi(\beta-\alpha-1)}{\Pi(\beta-1)}\left(1+\frac{\alpha x}{(\alpha-\beta+1)1!}+\frac{\alpha(\alpha+1)x^2}{(\alpha-\beta+1)(\alpha-\beta+2)2!}+\cdots\right) \\ \quad +x^\beta \frac{\Pi(\alpha-\beta-1)}{\Pi(\alpha-1)}\left(1+\frac{\beta x}{(\beta-\alpha+1)1!}+\frac{\beta(\beta+1)x^2}{(\beta-\alpha+1)(\beta-\alpha+2)2!}+\cdots\right) \end{cases}$$

und setzt in dieselbe ein:

$$(49)\qquad \alpha=\tfrac{1}{2}+\nu,\quad \beta=\tfrac{1}{2}-\nu,\quad x=\mp 2iu,$$

so erhält man entweder:

$$(50)\begin{cases} \bar{z}_1 = (-2i)^{\frac{1}{2}+\nu}\frac{\Pi(-1-2\nu)}{\Pi(-\frac{1}{2}-\nu)}\frac{J_\nu(u)c'}{c_0} \\ \qquad\qquad +(-2i)^{\frac{1}{2}-\nu}\frac{\Pi(-1+2\nu)}{\Pi(-\frac{1}{2}+\nu)}\frac{J_{-\nu}(u)c'}{c_0'}, \end{cases}$$

oder

$$(51)\begin{cases} z_1^* = (2i)^{\frac{1}{2}+\nu}\frac{\Pi(-1-2\nu)}{\Pi(-\frac{1}{2}-\nu)}\frac{J_\nu(u)c''}{c_0} \\ \qquad\qquad +(2i)^{\frac{1}{2}-\nu}\frac{\Pi(-1+2\nu)}{\Pi(-\frac{1}{2}+\nu)}\frac{J_{-\nu}(u)c''}{c_0'}. \end{cases}$$

Hieraus erkennt man, dass $\bar{z}_1$ und z_1^*, da ν keine ganze Zahl ist, im allgemeinen zwei von einander unabhängige particuläre Integrale von (6a) in der Umgebung der Stelle $u=\infty$ darstellen. Aber zwei Ausnahmefälle sind beachtenswerth. Auf den einen hat Herr Kummer bereits aufmerksam gemacht; er betrifft die Möglichkeit, dass ν die Hälfte einer ungeraden Zahl, also α bez. β eine ganze negative Zahl, ist. Alsdann nimmt $\frac{\Pi(-1-2\nu)}{\Pi(-\frac{1}{2}-\nu)}$ oder $\frac{\Pi(-1+2\nu)}{\Pi(-\frac{1}{2}+\nu)}$ die unbestimmte Form $\frac{\infty}{\infty}$ an. Für diesen Fall bedarf man der Formel (48) nicht, indem $\bar{z}_1$ und z_1^* nur aus einer endlichen Anzahl von Gliedern

[1]) Kummer, Ueber die hypergeometrische Reihe. Crelle's Journal, 1835, Bd. 15, S. 138—141, insbesondere Formel (9).

bestehen und die Integrale von (6a) auch in der Umgebung von $u=0$ in geschlossener Form darstellbar sind.

Zweitens kann aber auch ν selbst ganzzahlig oder Null, demnach $\Pi(-1-2\nu)=\infty$ sein. Die Darstellung von $\bar{z}_1$ und z_1^* durch $J_\nu(u)$ und $J_{-\nu}(u)$ vermittelst (48) wird dann illusorisch. Dies rührt daher, dass die Reihe (40) für solche Werthe des ν durch $K_\nu(u)$ aus (41) zu ersetzen und die Formel (48) einer Umformung vermittelst des Borchardt'schen Grenzprocesses (Crelle, Bd. 57) zu unterwerfen ist. Die Worte „die semiconvergente Reihe auf der linken Seite von (48) kann durch zwei, immer convergirende Reihen ausgedrückt werden" (Kummer, l. c. S. 140), erhalten dahin eine Ergänzung, dass die semiconvergente Reihe, die ihrem Werthe nach unendlich gross ist, zwar formell durch zwei endliche Grössen dargestellt wird, doch ist einer der Coefficienten, womit jede behaftet ist, unendlich gross. —

§ 6.

Fragen wir nun noch, welche Gestalt die Determinanten-Gleichung (35) $\Delta=0$ hat, so ergiebt sich aus (32), wenn wir dort $\alpha=0$ setzen, der Satz: Die Bessel'sche Transcendente ist dann und nur dann ein geschlossenes Normalintegral, wenn

$$(52)\qquad \prod_{p=0}^{\infty}(n+p(p+1))=0$$

ist. Nun ist aber für $\alpha=0$ die Grösse n gleich $\frac{1}{4}-\nu^2$, d. h. nur die Bessel'schen Functionen, deren Index die Hälfte einer ungeraden Zahl ist, sind geschlossene Normalintegrale. Die für die mathematische Physik viel wichtigeren Bessel'schen Transcendenten mit ganzzahligem Index sind Normalintegrale mit divergenter Reihenentwickelung, und darin liegt die Aufforderung auch die Functionen des elliptischen und des parabolischen Cylinders nicht bloss auf geschlossene Normalintegrale, sondern nach jeder Richtung hin zu erforschen. Aus dem Bildungsgesetz der Potenzreihe (17) ist zu ersehen, dass dieselbe nicht abbricht, auch wenn irgend ein Coefficient der Reihe verschwindet. Hierin liegt eben der grosse Unterschied zwischen den Functionen des elliptischen Cylinders für $\Delta=0$ einerseits und den eben erwähnten geschlossenen Bessel'schen Normalintegralen und den Normalintegralen der Functionen des parabolischen Cylinders andererseits.

Die vorstehenden in den Paragraphen 1—5 enthaltenen Entwickelungen wurden bereits Ostern 1887 im wesentlichen in derselben Form Prof. Kronecker vorgelegt. Sie stellen sich dar als eine Vertiefung der Arbeit des Herrn Bruns und der Abhandlung des Herrn Cayley, die im 100. Bande des Journals für Mathematik enthalten ist und sich mit der Differentialgleichung

$$\frac{d^2y}{dx^2} = \left(\frac{\alpha}{x^4} + \frac{\beta}{x^3} + \frac{\gamma}{x^2} + \frac{\delta}{x} + \varepsilon\right) y$$

beschäftigt. Der Weg, auf dem wir zu unseren Resultaten gelangt sind, ist identisch mit dem von Herrn H. A. Schwarz in seiner bekannten Abhandlung über die hypergeometrische Reihe (Crelle's Journal, Bd. 75) eingeschlagenen; denselben haben wir auch in der Abhandlung „Ueber die Differentialgleichung der Functionen des parabolischen Cylinders“ verfolgt, wo es sich um die Differentialgleichung

$$\frac{d^2\xi}{ds^2} = \left(\frac{h^2\alpha^2}{4s^4} - \frac{\nu^2}{4s^3} - \frac{3}{16}\frac{1}{s^2}\right)\xi$$

handelt und die im Januar 1888 im 33. Jahrgang von Schlömilch's Zeitschrift für Mathematik und Physik erschienen ist. Mannigfache Berührungspunkte mit derselben hat die Arbeit des Herrn Hamburger „Ueber eine specielle Klasse linearer Differentialgleichungen“, die im 103. Bande von Crelle's Journal im Juli bez. September 1888 publicirt ist. Dieselbe stellt sich in ihrem ersten Theile als eine Polemik gegen die oben genannte Arbeit des Herrn Cayley dar; sie sucht die geschlossenen Normalintegrale der Gleichung

$$\frac{d^2y}{dx^2} = \left(\frac{\alpha}{x^4} + \frac{\beta}{x^3} + \frac{\gamma}{x^2}\right) y,$$

die sich von unserer Differentialgleichung der Functionen des parabolischen Cylinders nur wenig unterscheidet, und offenbart einen von dem unsrigen principiell verschiedenen Standpunkt. Nach Herrn Hamburger haben nur die Normalintegrale mit geschlossener Potenzreihe eine Existenzberechtigung, und in diesem Sinne greifen er und nach ihm Günther Herrn Cayley an. Wäre dem so, dann könnte man die Untersuchungen über die semiconvergenten Entwickelungen der Bessel'schen Transcendente, an die sich die Namen der berühmtesten Mathematiker knüpfen, ich brauche nur Poisson, Jacobi, Kummer und Lipschitz zu nennen, unterdrücken, wie es § 4 und 5 soeben deutlich gezeigt haben. Herr Hamburger stützt sich in seiner Polemik auf Sätze der Herren Weierstrass und L. Fuchs (Berliner Akademie, 11. März 1886), und doch finde ich in denselben nichts, was den divergenten Entwickelungen ihr Bürgerrecht in der Analysis raubt. Aus der Thatsache, dass die Gleichung

$$\frac{d^2y}{dx^2}=\left(\frac{\alpha}{x^4}+\frac{\beta}{x^3}+\frac{\gamma}{x^2}\right)y$$

für $x=\frac{1}{t}$ in die andere mit regulärer Unendlichkeitsstelle

$$t^2\frac{d^2y}{dt^2}+2t\frac{dy}{dt}=(\alpha t^2+\beta t+\gamma)y$$

übergeht, construirt Herr Hamburger eine ganze Classe von „linearen Differentialgleichungen, deren Integrale nur einen singulären Punkt im Endlichen besitzen und im Unendlichen sich regulär verhalten“ und die er definirt durch die Gleichung:

$$(53)\quad \begin{cases} x^n\frac{d^ny}{dx^n}+x^{n-1}\left(a_1+\frac{b_1}{x}+\frac{c_1}{x^2}+\cdots\right)\frac{d^{n-1}y}{dx^{n-1}}+\cdots \\ +x\left(a_{n-1}+\frac{b_{n-1}}{x}+\frac{c_{n-1}}{x^2}+\cdots\right)\frac{dy}{dx}+\left(a_n+\frac{b_n}{x}+\frac{c_n}{x^2}+\cdots\right)y=0, \end{cases}$$

(Gleichung 23) bei Herrn Hamburger)

welche ganz allgemein für $x=\frac{1}{t}$ in

$$(54)\quad \begin{cases} t^n\frac{d^ny}{dt^n}+t^{n-1}(A_1+B_1t+C_1t^2+\cdots)\frac{d^{n-1}y}{dt^{n-1}}+\cdots \\ +t(A_{n-1}+B_{n-1}t+C_{n-1}t^2+\cdots)\frac{dy}{dt}+(A_n+B_nt+C_nt^2+\cdots)y=0 \end{cases}$$

(Gleichung 20) bei Herrn Hamburger)

übergehen soll, und die nach ihm nur dann Integrale besitzt, wenn dieselben Thomé'sche Normalintegrale mit geschlossener Potenzreihe sind.

Nun lässt sich offenbar unsere Gleichung (6a):

$$u^2z''+uz'+\{u^2-\nu^2\}z=0$$

unter (54) subsumiren; setzen wir in (6a) die neue Variable $v=\frac{1}{u}$ ein, so geht

$$(8\text{a})\qquad v^4\frac{d^2z}{dv^2}+v^3\frac{dz}{dv}+(1-\nu^2v^2)z=0$$

hervor, die ein specieller Fall von (53) ist und geschlossene Thomé-sche Normalintegrale besitzt, wenn die Bedingung (52) erfüllt ist. Aber die durch Gleichung (6) definirte Function des elliptischen Cylinders, die sich auch als ein Sonderfall von (53) darstellt, geht für $v = \frac{1}{u}$ niemals in (54), sondern in sich selbst für $\alpha = \beta = 1$ über. Gleichung (6) hat nun Integrale auf Grund des Convergenzbeweises des Herrn Bruns, wenn nur die Bedingungsgleichung (35) $\Delta = 0$ erfüllt ist, ohne dass doch die Integrale sich als Thomé'sche Normalintegrale mit geschlossenen Potenzreihen darstellen. Wir vermissen bei Herrn Hamburger das Merkmal, das diese beiden Fälle der Gleichung (53) von einander scheidet. Kurz unsere Methode, wenn auch nur erläutert an den Differentialgleichungen der Functionen des elliptischen, des parabolischen und des Kreiscylinders, ist kräftig genug, um ein helles Schlaglicht auf die Arbeiten von Bruns (A. N. 2533 und 2553), Callandreau (A. N. 2547), Heine, Cayley (Crelle's Journal, Bd. 100), Hamburger (Crelle's Journal, Bd. 103), Günther (Crelle's Journal, Bd. 105 und 107) zu werfen; sie mahnt zur Vorsicht bei Verallgemeinerungen auf diesem schwierigen Gebiete. — Verstehen wir unter einem normalen Elementarintegral mit Herrn Thomé den Ausdruck

$$(x-a)^r e^w \chi(x-a), \text{ wo } w = \sum_1^n c_{-\alpha}(x-a)^{-\alpha} \text{ und } \chi(x-a) = \sum_0^\infty c_\alpha (x-a)^\alpha$$

(Crelle's Journal, Bd. 95, 1883, S. 75), so können zwei Hauptfälle unterschieden werden. 1) $\chi(x-a)$ ist divergent; 2) $\chi(x-a)$ ist convergent; Unterfall α): Die Convergenz der unendlichen Reihe wird durch die Bedingung $\Delta = 0$ vermittelt; der Bruns'sche Fall. Unterfall β): Die Bedingung $\Delta = 0$ macht $\chi(x-a)$ zu einem geschlossenen Ausdruck. Dies ist der Hamburger'sche Fall; die Möglichkeit für sein Eintreten könnte vielleicht noch schärfer charakterisirt werden. Der zweite Hauptfall kann aus dem ersten dadurch abgeleitet werden, dass man sagt, die irregulären Integrale haben durch die Bedingung $\Delta = 0$ ihren logarithmischen Charakter verloren; es ist also ganz analog wie bei den regulären Integralen mit logarithmischer Unstetigkeit (z. B. der Lamé-Wangerin'schen Function), welche, wenn der Coefficient des Logarithmus verschwindet, zu Integralen mit ausserwesentlich singulärer Stelle herabsinken, im besonderen aber algebraische Integrale sein können. Ist in der obigen Definition des

Herrn Thomé der Exponent w gleich Null, so handelt es sich um ein reguläres Elementarintegral. Offenbar tritt dies in (18) und (19) für $h=0$ oder für $\alpha=0$ ein. $h=0$ bedeutet, der Gleichung (1) genügt die Exponentialfunction; $\alpha=0$ führt auf die schon besprochenen regulären Bessel'schen Functionen. — Zum Schluss möchten wir noch darauf aufmerksam machen, dass die Function des elliptischen Cylinders durch die Zahl ihrer Singularitäten durchaus nicht charakterisirt werden kann. Wir wiederholen, die Gleichung

$$\text{(1)} \qquad \frac{d^2 z}{dw^2} = \left[h^2\left(\frac{\beta e^{miw} - \alpha e^{-miw}}{2mi}\right)^2 - \nu^2\right] z$$

geht durch die Substitutionen

$$\text{(2)} \qquad \sigma = \frac{\beta e^{miw} - \alpha e^{-miw}}{2mi},$$

$$\text{(3)} \qquad x = \sigma^2$$

über in

$$\text{(4)} \quad 4x(\alpha\beta - m^2 x)\frac{d^2 z}{dx^2} + 2(\alpha\beta - 2m^2 x)\frac{dz}{dx} - (h^2 x - \nu^2)z = 0.$$

Die singulären Stellen $x=0$ und $x=\frac{\alpha\beta}{m^2}$ sind ausserwesentlich singulär.

Wir setzen

$$\text{(55)} \qquad s = \frac{1}{x}$$

und erhalten

$$\text{(56)} \quad 4s^3(\alpha\beta s - m^2)\frac{d^2 z}{ds^2} + 2s^2(3\alpha\beta s - 2m^2)\frac{dz}{ds} - (h^2 - \nu^2 s)z = 0;$$

die unendlich ferne Stelle ist wesentlich singulär, sie ist eine Stelle der Unbestimmtheit mit bestimmter Verzweigung.

Führen wir aber in (1) die Unabhängige

$$\text{(5)} \qquad u = e^{miw}$$

ein, so ergiebt dies

$$\text{(6)} \quad u^4 \frac{d^2 z}{du^2} + u^3 \frac{dz}{du} - \left[\frac{h^2}{4m^4}(\beta u^2 - \alpha)^2 + \frac{\nu^2}{m^2} u^2\right] z = 0.$$

Die Stelle $u=0$ ist wesentlich singulär, sie ist eine Stelle der Unbestimmtheit mit bestimmter Verzweigung. Denselben

Charakter hat die unendlich ferne Stelle, wie oben die Gleichungen (7) und (8) ergaben, indem (8) aus (6) durch Vertauschen von α und β hervorgeht. Es hat sich also die wesentlich singuläre Stelle in zwei gespalten; die zwei ausserwesentlich singulären sind völlig verschwunden, obschon sich jede von ihnen ebenfalls in zwei zerlegt hat, es sind die vier auf einem Kreise liegenden Punkte $u = \sqrt[4]{\frac{\alpha^2}{\beta^2}}$. Die Constanten α und β sind willkürlich; in die durch sie definirten Punkte kann man die singulären Stellen $u = 0$ und $u = \infty$ verlegen. Man substituire dazu

$$\tau = \frac{\alpha - \beta u}{u - 1}, \quad \text{d. h.} \quad u = \frac{\alpha + \tau}{\beta + \tau}, \tag{57}$$

so geht (6) über in

$$\left\{\begin{aligned}&(\alpha+\tau)^4(\beta+\tau)^4\frac{d^2z}{d\tau^2} + (\alpha+\tau)^3(\beta+\tau)^3(\alpha+\beta+2\tau)\frac{dz}{d\tau}\\ &-\left[\frac{h^2}{4m^4}(\alpha-\beta)^4(\alpha\beta-\tau^2)^2 + \frac{\nu^2}{m^2}(\alpha-\beta)^2(\alpha+\tau)^2(\beta+\tau)^2\right]z = 0.\end{aligned}\right. \tag{58}$$

Die Stellen $\tau = -\alpha$ und $\tau = -\beta$ sind wesentlich singulär; es ist jetzt eine neue ausserwesentlich singuläre Stelle $\tau = \infty$ entstanden, denn setzt man $\tau = \frac{1}{x}$, so ergiebt sich:

$$\left\{\begin{aligned}&(\alpha x+1)^4(\beta x+1)^4\frac{d^2z}{dx^2} + (\alpha x+1)^3(\beta x+1)^3(2\alpha\beta x+\alpha+\beta)\frac{dz}{dx}\\ &-\left[\frac{h^2}{4m^4}(\alpha-\beta)^4(\alpha\beta x^2-1)^2 + \frac{\nu^2}{m^2}(\alpha-\beta)^2(\alpha x+1)^2(\beta x+1)^2\right]z = 0.\end{aligned}\right. \tag{59}$$

Die Gleichungen (58) und (59) bilden also geradezu ein Gegenstück zu (4) und (56). Zu bemerken ist, dass für die Bessel'sche Transcendente, wo $\alpha = 0$ ist, sich drei singuläre Stellen ergeben, nämlich $\tau = 0$ und $\tau = \infty$, in deren Umgebung die Integrale regulär, und $\tau = -\beta$, in deren Umgebung sie irregulär sind.

§ 7.

Wir führten oben an, dass Herr Hamburger sich in seinen kritischen Bemerkungen über die Arbeit des Herrn Cayley auf die Abhandlung des Herrn Fuchs beruft: „Ueber die Werthe, welche die Integrale einer Differentialgleichung erster Ordnung in singulären Punkten annehmen können" (Berliner Akademie, 11. März 1886). Wir wollen im Anschluss an diese fundamentale Arbeit eine Lücke ausfüllen, die sich im vierten Theile vorfindet, wo wir über Cylinderfunctionen höherer Ordnung nur wenig beigebracht haben, und wollen daneben einer Frage näher treten, die Herr Fuchs im § 4 seiner Abhandlung aufwirft und in impliciter Form beantwortet, dabei sehr treffend seine früheren Untersuchungen im Journal Bd. 66 und 68 verwerthend, wann sind die Integrale einer Differentialgleichung zweiter Ordnung mit irregulären Integralen regulär? Wir hatten im vierten Theile das vollständige Integral der Differentialgleichung

$$\text{(I)} \qquad \varphi(x)\frac{d^2y}{dx^2}+\tfrac{1}{2}\varphi'(x)\frac{dy}{dx}+\psi(x)y=0$$

eine Lamé'sche Function $(s-1)^{\text{ter}}$ Ordnung genannt, wenn

$$\text{(60)} \qquad \varphi(x)=4(x^s+a_1x^{s-1}+\cdots+a_s)$$

ist. Sobald die Gleichung $\varphi(x)=0$ mindestens eine Doppelwurzel besitzt, hatten wir y als eine Laplace'sche Function bezeichnet. Wenn aber $\varphi(x)=0$ mindestens eine dreifache oder mehrfache Wurzel besitzt, so soll y eine Cylinderfunction $(s-1)^{\text{ter}}$ Ordnung heissen; y hat alsdann in der Umgebung mindestens eines der singulären Punkte irreguläre Integrale; danach sind die Functionen des Kreiscylinders die einzigen Cylinderfunctionen zweiter Ordnung, die Functionen des parabolischen und des elliptischen Cylinders Repräsentanten von Cylinderfunctionen dritter Ordnung. Offenbar kann die Gleichung (I), wenn sie eine Cylinderfunction definirt, durch geeignete Transformationen auf die Form gebracht werden:

$$\text{(II)} \qquad z^{2k}\frac{d^2\xi}{dz^2}=H(z)\xi,$$

wo $k>1$ und H eine ganze rationale Function von z ist.

Auf eine solche Gleichung werden wir aber von selbst geführt, wenn wir mit Herr Fuchs die Differentialgleichung erster Ordnung

$$\text{(61)} \qquad z^k\frac{dy}{dz}=p_0+p_1y+p_2y^2$$

betrachten, wo $k>1$ und p_0, p_1, p_2 in der Umgebung von $z=0$ eindeutige und continuirliche Functionen bedeuten. Wir fragen uns, wann sind die Integrale von (61) für $z=0$ nicht unbestimmt[1]), also nicht irregulär? Dazu substituire man in (61)

$$(62)\qquad y = -\frac{z^k}{p_2}v,$$

so folgt

$$(63)\qquad \frac{dv}{dz} = -\frac{p_0p_2}{z^{2k}} + \left[-\frac{k}{z} + \frac{p_1}{z^k} + \frac{d\log p_2}{dz}\right]v - v^2.$$

Weiter werde gesetzt

$$(64)\qquad v = w + \tfrac{1}{2}\left(-\frac{k}{z} + \frac{p_1}{z^k} + \frac{d\log p_2}{dz}\right),$$

so genügt w der Differentialgleichung:

$$(65)\qquad \frac{dw}{dz} + w^2 = \frac{p_1^2 - 4p_0p_2}{4z^{2k}} + F = G,$$

wo F ein Ausdruck ist, in welchem die negativen Potenzen von z niedriger als von der $2k^{\text{ten}}$ Ordnung sind. Die Functionen p_0, p_1 und p_2 dürfen nun eine Potenz von z nicht gleichzeitig als Factor besitzen, weil sonst (61) durch denselben teilbar wäre; dieselben sollen in der Umgebung von $z=0$ nach der von Herrn Fuchs gemachten Voraussetzung eindeutig und continuirlich sein, also kann man setzen

$$(66)\qquad p_0 = \sum_{i=r}^{\infty} a_i z^i,\quad p_1 = \sum_{i=s}^{\infty} b_i z^i,\quad p_2 = \sum_{i=t}^{\infty} c_i z^i,$$

wo mindestens einer der Exponenten r, s, t gleich Null sein muss. Da nun $p_1^2 - 4p_0p_2$ für die lineare Transformation $y = \dfrac{\alpha u + \beta}{\gamma u + \delta}$ eine absolute Invariante ist, so versagt das von Herrn Fuchs für (61) empfohlene Mittel, durch diese Transformation die Grössen r, s, t in (61) gleichzeitig zum Verschwinden zu bringen, später bei (65) seinen Dienst und es muss in eine Untersuchung der verschiedenen möglichen Fälle eingetreten werden.

1. Fall. $r=0$, $s=0$, $t=0$.

Man setze $w = \dfrac{1}{\xi}\dfrac{d\xi}{dz}$, so ist

$$(67)\qquad \frac{1}{\xi}\frac{d^2\xi}{dz^2} = G.$$

[1]) Das folgende war Gegenstand einer brieflichen Mittheilung an Herrn L. Fuchs am 17. Februar 1890.

Diese Gleichung schliesst aber die Cylinderfunctionen jeder Ordnung in sich ein.

Sei η der Quotient zweier particulären Integrale dieser Gleichung, so genügt η der Kummer'schen Differentialgleichung dritter Ordnung:

$$(68)\qquad \frac{\eta'''}{\eta'}-\frac{3}{2}\left(\frac{\eta''}{\eta'}\right)^2=[\eta]_z=-2G=-\frac{(b_0^2-4a_0c_0)}{2z^{2k}}+\cdots.$$

Man setze

$$(69)\qquad \varrho=\frac{\eta''}{\eta'}=\frac{d}{dz}\log\left(\frac{d\eta}{dz}\right)=\frac{a_{-k}}{z^k}+\frac{a_{-k+1}}{z^{k-1}}+\cdots,$$

was aber nur gestattet ist, wenn die höchste negative Potenz in (68) von gerader Ordnung, andernfalls muss dies erst durch eine Transformation erreicht werden, wie sich in Fall 6) zeigen wird, so ist

$$[\eta]_z=\frac{d\varrho}{dz}-\frac{1}{2}\varrho^2=-\frac{1}{2}\frac{a_{-k}^2}{z^{2k}}-\cdots,$$

daher

$$(70)\qquad -2G=-\frac{1}{2}\frac{a_{-k}^2}{z^{2k}}-\cdots,$$

d. h.

$$(71)\qquad a_{-k}=\pm\sqrt{b_0^2-4a_0c_0},\ \text{u. s. w.}$$

Demnach

$$\log\left(\frac{d\eta}{dz}\right)=\log C\mp\frac{\sqrt{b_0^2-4a_0c_0}}{z^{k-1}(k-1)}+\cdots+a_{-1}\log z+z\mathfrak{P}(z).$$

$$(72)\qquad \frac{d\eta}{dz}=\frac{C}{z^{a-1}}e^{\mp\frac{\sqrt{b_0^2-4a_0c_0}}{(k-1)z^{k-1}}+\frac{a_{-k+1}}{(k-2)z^{k-2}}+\cdots+\frac{a_{-2}}{z}}.P(z).$$

Von der Stelle $z=0$ wollen wir sagen, sie sei **eine $(k-1)$-mal zu zählende Stelle der Unbestimmtheit** für $\frac{d\eta}{dz}$, und zwar verzweigt sich $\frac{d\eta}{dz}$ an ihr in bestimmter Weise. Hört $z=0$ auf, eine Stelle der Unbestimmtheit für $\frac{d\eta}{dz}$ zu sein, so gilt dies auch für η, daher auch für ξ und endlich für y und umgekehrt, wenn der Punkt $z=0$ es nicht für y ist, so ist er es auch nicht für $\frac{d\eta}{dz}$. Der Punkt $z=0$ ist aber nicht mehr eine Stelle der Unbestimmtheit, wenn

$$(73) \qquad \alpha_{-k} = 0, \quad \alpha_{-k+1} = 0, \quad \ldots, \quad \alpha_{-2} = 0$$

sind. Die von Herrn Fuchs ermittelte Bedingung $\alpha_{-k} = 0$ ist daher die erste von den $(k-1)$ notwendigen Bedingungsgleichungen; die Aufstellung der ferneren hat keine Schwierigkeiten. Man findet mit leichter Mühe:

$$b_0^2 = 4a_0c_0; \quad b_0b_1 = 2(a_0c_1 + a_1c_0); \quad b_1^2 + 2b_0b_2 = 4(a_0c_2 + a_1c_1 + a_2c_0),$$

und allgemein:

$$(\mathrm{III}) \qquad \sum_{j=0}^{j=i} (b_j b_{i-j} - 4a_j c_{i-j}) = 0. \qquad i = 0, 1, 2, \ldots, k-2$$

2. Fall. $r = 0$, $t = 0$.

Alsdann müsste, wie aus (III) folgt, $a_0c_0 = 0$ sein; dies widerspricht unserer Annahme, also muss y für $z = 0$ stets unbestimmt bleiben.

3. Fall. $r = 0$, $s = 0$.

Es gilt das für Fall 2) gesagte, da b_0 dann Null sein müsste, was der Voraussetzung widerspricht.

4. Fall. $s = 0$, $t = 0$. Wie Fall 3).

5. Fall. $s = 0$. Wie Fall 3).

6. Fall. $r = 0$. p_1^2 und p_2 haben eine Potenz von z als gemeinsamen Factor.

Unterfall α). Sei diese Potenz eine gerade, z. B. z^{2m}, wo natürlich $m < k$, so ist die höchste negative Potenz die $2(k-m)^{\text{te}}$. Die Bedingungen (III) bleiben bestehen, nur ist statt k stets $(k-m)$ zu lesen.

Unterfall β). Sei diese Potenz eine ungerade, z. B. z^{2m-1}, alsdann lautet (65)

$$(65\mathrm{a}) \qquad \frac{dw}{dz} + w^2 = \frac{\overline{p}_1^2 - 4p_0\overline{p}_2}{4z^{2(k-m)+1}} + F = \overline{G},$$

wo $p_1 = z^m\overline{p}_1$, $p_2 = z^{2m-1}\overline{p}_2$ gesetzt ist.

Die ungerade Potenz im Nenner von (65a) gestattet nicht, eine Reihe für ϱ anzunehmen. Man gehe zurück zu (61), so ist

$$(61\mathrm{a}) \qquad z^k \frac{dy}{dz} = p_0 + z^m\overline{p}_1 y + z^{2m-1}\overline{p}_2 y^2.$$

Man substituire $z = u^2$, so folgt,

$$u^{2k-1}\frac{dy}{du} = 2p_0 + 2u^{2m}\bar{p}_1 y + 2u^{4m-2}\bar{p}_2 y^2; \tag{74}$$

setzt man jetzt

$$y = -\tfrac{1}{2}\frac{u^{2k-4m+1}}{\bar{p}_2} v, \tag{75}$$

so ergiebt sich

$$\text{(63a)} \quad \begin{cases} \dfrac{dv}{du} = -\dfrac{4p_0\bar{p}_2}{u^{2(2k-2m)}} \\ \qquad + \left[-\dfrac{2k-4m+1}{u} + \dfrac{2\bar{p}_1}{u^{2k-2m-1}} + \dfrac{d\log\bar{p}_2}{du}\right] v - v^2, \end{cases}$$

also eine Differentialgleichung von genau derselben Form wie (63). Der Uebergang zu w lässt sofort erkennen, dass $z = 0$ stets eine Stelle der Unbestimmtheit ist.

7. Fall. $t = 0$.

Unterfall α). p_1^2 und p_0 haben einen Factor, der eine gerade Potenz von z ist. Die Verhältnisse liegen wie in Fall 6), Unterfall α).

Unterfall β). p_1^2 und p_0 haben einen Factor, der eine ungerade Potenz von z ist. Es sei $p_0 = z^{2m-1}\bar{p}_0$, $p_1 = z^m\bar{p}_1$, so lautet (61):

$$z^k\frac{dy}{dz} = z^{2m-1}\bar{p}_0 + z^m\bar{p}_1 + p_2 y^2. \tag{61b}$$

Für $z = u^2$ als Unabhängige entsteht:

$$u^{2k-1}\frac{dy}{du} = 2u^{4m-2}\bar{p}_0 + 2u^{2m}\bar{p}_1 y + 2p_2 y^2.$$

Macht man $y = -\dfrac{u^{2k-1}}{2p_2} v$, so geht hervor:

$$\frac{dv}{du} = -\frac{4\bar{p}_0 p_2}{u^{4(k-m)}} + \left[\frac{2\bar{p}_1}{u^{2k-2m-1}} - \frac{(2k-1)}{u} + \frac{2d\log p_2}{du}\right] v - v^2. \tag{63b}$$

Wenn nun $v = w + \left(\dfrac{\bar{p}_1}{u^{2k-2m-1}} - \dfrac{(2k-1)}{2u} + \dfrac{d\log p_2}{du}\right)$ substituirt wird, so gelangt man zu

$$\frac{dw}{du} + w^2 = -\frac{4\bar{p}_0 p_2}{u^{4(k-m)}} + F'. \tag{65b}$$

Hierauf ist Fall 2) anzuwenden, also ist der Punkt $z = 0$ für y stets eine Stelle der Unbestimmtheit. Das von Herrn Fuchs in § 4 Gleichung (16) gegebene Beispiel ist hier anzuführen:

$$(76) \qquad z^k \frac{dy}{dz} = \beta z + * + \alpha y^2.$$

Es ist $\bar{p}_1 = 0$, $m = 1$, $\bar{p}_0 = \beta$, $p_2 = \alpha$. Daher entsteht

$$(63\beta) \qquad \frac{dv}{du} + v^2 = -\frac{4\alpha\beta}{u^{4k-4}} - \frac{(2k-1)}{u} v.$$

Es ist klar, dass y für $z = 0$ unbestimmt bleibt, so lange α und β von Null verschieden sind, was mit der Deduction des Herrn Fuchs in voller Uebereinstimmung ist.[1])

Damit ist die von Herrn Fuchs in impliciter Form beantwortete Frage in expliciter Weise erledigt. Jedes Mal wenn für die Gleichung (67) die Bedingungen (III) erfüllt sind, hört ξ auf eine Cylinderfunction zu sein. Knüpfen wir aber an (72) an, so erkennen wir, dass wegen des doppelten Vorzeichens von α_{-k} sich zwei Werthe für $\frac{d\eta}{dz}$ ergeben. Demnach ergeben sich auch zwei Werthe für η und wir erhalten also wie früher zwei verschiedene Systeme von Lösungen:

$$(77) \qquad \bar{\xi}_1 = \left(\frac{d\bar{\eta}}{dz}\right)^{-\frac{1}{2}}, \quad \bar{\xi}_2 = \bar{\eta}\bar{\xi}_1;$$

$$(78) \qquad \xi_1^* = \left(\frac{d\eta^*}{dz}\right)^{-\frac{1}{2}}, \quad \xi_2^* = \eta^*\xi_1^*.$$

Im allgemeinen sind die Integrale also irregulär, und die darin auftretenden Potenzreihen sind divergent. Herr Fuchs hat nur die Form der Integrale festgestellt, über die Existenz derselben jedoch nichts ausgesagt. Es tritt also das, was im § 6 über die Eintheilung derselben beigebracht worden, hier in Kraft. Aus alledem geht hervor, dass eine Cylinderfunction höherer Ordnung stets durch eine Differentialgleichung zweiter Ordnung definirt ist, welche mindestens eine wesentlich singuläre Stelle vom Charakter

[1]) Druckfehler der Abhandlung: L. Fuchs, Ueber die Werthe u. s. w.

1) S. 12 (290), Gleichung (8): $\frac{p_0 p_2}{z^{2k}}$ statt $\frac{p_0 p_2}{z^k}$

2) S. 14 (292), Gleichung (17): $\frac{k}{z}\frac{dw}{dz}$ statt $\frac{k-1}{z}\frac{dw}{dz}$.

eines Punktes der Unbestimmtheit mit bestimmter Verzweigung besitzt; in der Umgebung dieses Punktes ist die Function durch Reihen im allgemeinen nicht darstellbar, aber der Form nach lassen sich die Integrale als Thomé'sche Normalintegrale, und zwar in zweifacher Weise, angeben. Die Entwickelung dieser Normalintegrale erscheint mit Rücksicht auf die schon vorhandenen Untersuchungen über die semiconvergenten Reihen für die Bessel'schen Transcendenten und die allgemeinen Untersuchungen des Herrn Stieltjes in seiner Doctorthese über divergente Reihen als durchaus nothwendig; der enge Rahmen, in welchen Herr Hamburger diese Fragen glaubte spannen zu müssen, ist nicht geeignet irgend einen Fortschritt auf diesem schwierigen Gebiete anzubahnen. — Wir wiederholen: Heine's Definition der Kugelfunctionen höherer Ordnung kann als solche nicht gelten, denn die daraus von Herrn Olbricht[1]) abgeleitete Differentialgleichung der Cylinderfunctionen höherer Ordnung

$$(79) \qquad \frac{d^2y}{d\vartheta^2}+\frac{p-1}{\vartheta}\frac{dy}{d\vartheta}+\frac{\vartheta^2-m(m+p-2)}{\vartheta^2}y=0$$

ist nicht einmal im Stande die im Handbuch selbst auftretenden Cylinderfunctionen dritter Ordnung ($p=3$), nämlich die Functionen des parabolischen, des elliptischen Cylinders und die im sechsten Theile von uns behandelte Heine'sche Function mit dem Grenzfall der hyper-Bessel'schen Transcendente, zu definiren.

§ 8.

Wir kehren noch einmal zu den einleitenden Worten des § 1 zurück.

Die Differentialgleichung des Potentials $\Delta V=0$ lässt sich bei Körpern, begrenzt von Cylinderflächen zweiten Grades und den aus diesen durch die Transformation mittels reciproker Radien entstehenden auf gewöhnliche Differentialgleichungen reduciren.

Der Beweis ist leicht zu führen.

Wird die Fläche $F(xyz)=0$ vom Anfangspunkt der Coordinaten

---

[1]) R. Olbricht, Studien über die Kugel- und Cylinderfunctionen. Nova Acta der Kaiserl. Leopold.-Carolin. Deutschen Akademie der Naturforscher, Bd. 52, 1. Halle 1887.

aus durch reciproke Radien abgebildet, so ist zu setzen:

$$x = \frac{c^2\xi}{\xi^2+\eta^2+\zeta^2}, \quad y = \frac{c^2\eta}{\xi^2+\eta^2+\zeta^2}, \quad z = \frac{c^2\zeta}{\xi^2+\eta^2+\zeta^2}.$$

$c = \text{const.}$ und $r.\varrho = c^2$, wenn

$$r = \sqrt{x^2+y^2+z^2}, \quad \varrho = \sqrt{\xi^2+\eta^2+\zeta^2}$$

ist. Der Ausdruck $\varDelta V$, auf krummlinige orthogonale Coordinaten transformirt, ergiebt nach Lamé (Leçons sur les coordinées curvilignes, S. 22, Paris 1859):

$$\frac{\partial^2 V}{\partial x^2}+\frac{\partial^2 V}{\partial y^2}+\frac{\partial^2 V}{\partial z^2} = h_1.h_2.h_3\left\{\frac{\partial \frac{h_1}{h_2 h_3}\cdot\frac{\partial V}{\partial\varrho_1}}{\partial\varrho_1}+\frac{\partial \frac{h_2}{h_3 h_1}\cdot\frac{\partial V}{\partial\varrho_2}}{\partial\varrho_2}+\frac{\partial \frac{h_3}{h_1 h_2}\cdot\frac{\partial V}{\partial\varrho_3}}{\partial\varrho_3}\right\}.$$

Setzt man nun $\varrho_1 = \xi$, $\varrho_2 = \eta$, $\varrho_3 = \zeta$ und folglich $h_1 = h_2 = h_3 = \frac{\varrho^2}{c^2}$, so ist:

$$\frac{\partial^2 V}{\partial x^2}+\frac{\partial^2 V}{\partial y^2}+\frac{\partial^2 V}{\partial z^2} = \frac{\varrho^6}{c^6}\left\{\frac{\partial}{\partial\xi}\left(\frac{c^2}{\varrho^2}\cdot\frac{\partial V}{\partial\xi}\right)+\frac{\partial}{\partial\eta}\left(\frac{c^2}{\varrho^2}\cdot\frac{\partial V}{\partial\eta}\right)+\frac{\partial}{\partial\varrho}\left(\frac{c^2}{\varrho^2}\cdot\frac{\partial V}{\partial\zeta}\right)\right\}.$$

Führt man in die runden Klammern statt $\frac{c}{\varrho}\cdot\frac{\partial V}{\partial\xi}$ das ihm gleiche

$\frac{\partial}{\partial\xi}\left(\frac{c}{\varrho}V\right) - cV\frac{\partial\frac{1}{\varrho}}{\partial\xi}$ und die analogen Ausdrücke ein und bedenkt, dass $\varDelta\frac{1}{\varrho} = 0$ ist, so folgt:

$$(80)\quad \frac{\partial^2 V}{\partial x^2}+\frac{\partial^2 V}{\partial y^2}+\frac{\partial^2 V}{\partial z^2} = \frac{\varrho^5}{c^5}\cdot\left\{\frac{\partial^2}{\partial\xi^2}\left(\frac{c}{\varrho}V\right)+\frac{\partial^2}{\partial\eta^2}\left(\frac{c}{\varrho}V\right)+\frac{\partial^2}{\partial\zeta^2}\left(\frac{c}{\varrho}V\right)\right\}.$$

Ist demnach die linke Seite gleich 0, so ist es auch die Klammer auf der rechten Seite, d. h.: ist die Reduction der Potentialgleichung auf gewöhnliche Differentialgleichungen für einen Körper, begrenzt von einer Cylinderfläche zweiten Grades mit der Gleichung $F(xyz) = 0$, gelungen und ist das Potential $V(xyz)$, so gelingt sie auch für den von der inversen Fläche begrenzten Körper:

$$(81)\qquad F\left(\frac{c^2\xi}{\xi^2+\eta^2+\zeta^2}, \frac{c^2\eta}{\xi^2+\eta^2+\zeta^2}, \frac{c^2\zeta}{\xi^2+\eta^2+\zeta^2}\right) = 0$$

und das Potential ist:

$$(82)\qquad \frac{c}{\sqrt{\xi^2+\eta^2+\zeta^2}}V\left(\frac{c^2\xi}{\xi^2+\eta^2+\zeta^2}, \frac{c^2\eta}{\xi^2+\eta^2+\zeta^2}, \frac{c^2\zeta}{\xi^2+\eta^2+\zeta^2}\right).$$

Dem geraden elliptischen Cylinder:

$$\frac{y^2}{c^2.\cos^2 iu}+\frac{z^2}{c^2(\cos^2 iu-1)}=1$$

entspricht demnach die Fläche:

$$(\xi^2+\eta^2+\zeta^2)^2=\frac{\eta^2}{c^2.\cos^2 iu}+\frac{\zeta^2}{c^2(\cos^2 iu-1)},$$

welche die Einhüllende aller Kugeln ist, deren Mittelpunkte auf der Ellipse $4c^2\cos^2 iu.y^2+4c^2(\cos^2 iu-1)z^2=1$ liegen und deren Oberflächen durch den Mittelpunkt dieser Ellipse gehen (Schlömilch, Uebungsbuch, I, § 26 Aufg. 5).

Dem geraden hyperbolischen Cylinder:

$$\frac{y^2}{c^2\cos^2 t}-\frac{z^2}{c^2\sin^2 t}=1$$

ist beigeordnet die Fläche:

$$(\xi^2+\eta^2+\zeta^2)^2=\frac{\eta^2}{c^2\cos^2 t}-\frac{\zeta^2}{c^2\sin^2 t},$$

welche in ähnlicher Weise erzeugt werden kann; dem geraden parabolischen Cylinder:

$$y^2=-4c^2z+4c^4$$

entspricht die Fläche:

$$\left(\xi^2+\eta^2+\zeta^2-\frac{\zeta}{2c^2}\right)^2=\frac{1}{4c^4}(\eta^2+\zeta^2)$$

(Programmabhandlung des Herrn Karl Baer, Die Function des parabolischen Cylinders, Cüstrin 1883); endlich dem Kreiscylinder:

$$y^2+z^2=c^2$$

entspricht der Kreiswulst:

$$(\xi^2+\eta^2+\zeta^2)^2=\frac{1}{c^2}(\eta^2+\zeta^2).$$

Offenbar gehören die soeben angegebenen Flächen zu den Cycliden. Statt daher die Gleichung (1) direct herzuleiten, wie es in meiner Programm-Abhandlung vom Realgymnasium zu Duisburg, Ostern 1886, geschah, kann man dieselbe auch als speciellen Fall der von Herrn Wangerin[1]) aufgestellten Differentialgleichung der Cyclidenfunction

[1]) Wangerin, Ueber ein dreifach orthogonales Flächensystem, gebildet aus gewissen Flächen vierter Ordnung. Crelle's Journal, Bd. 82, 1877.

betrachten und versuchen, sie aus der allgemeineren Gleichung herzuleiten. Herr Wangerin betrachtet das dreifach orthogonale System symmetrischer Cycliden:

$$(83)\quad\begin{cases}(x^2+y^2+z^2)^2+\dfrac{a\lambda_1-4D^2}{\lambda_1+a}x^2+\dfrac{b\lambda_1-4D^2}{\lambda_1+b}y^2+\dfrac{c\lambda_1-4D^2}{\lambda_1+c}z^2=-D^2\\ (x^2+y^2+z^2)^2+\dfrac{a\lambda_2-4D^2}{\lambda_2+a}x^2+\dfrac{b\lambda_2-4D^2}{\lambda_2+b}y^2+\dfrac{c\lambda_2-4D^2}{\lambda_2+c}z^2=-D^2\\ (x^2+y^2+z^2)^2+\dfrac{a\lambda_3-4D^2}{\lambda_3+a}x^2+\dfrac{b\lambda_3-4D^2}{\lambda_3+b}y^2+\dfrac{c\lambda_3-4D^2}{\lambda_3+c}z^2=-D^2,\\ \qquad\lambda_1>-c>\lambda_2>-b>\lambda_3>-a,\end{cases}$$

und zeigt, dass die Reduction der Potentialgleichung für Körper, welche von derartigen Cycliden begrenzt werden, auf die Differentialgleichung

$$(84)\quad f(\lambda)\frac{d^2z}{d\lambda^2}+\tfrac{1}{2}f'(\lambda)\frac{dz}{d\lambda}+\tfrac{1}{4}(5\lambda^3-3\mathfrak{a}\lambda^2+C\lambda+C')z=0,$$

wenn $f(\lambda)=4(\lambda+a)(\lambda+b)(\lambda+c)(\lambda^2+4D^2)$, $\mathfrak{a}=a+b+c$ ist, führt. Setzt man

(85) $\tau=\lambda_1$, bez. λ_2, bez. λ_3; $-a_1$ statt a, $-a_2$ statt b, $-a_3$ statt c,

so kann man (83) zusammenfassen zu

$$(83\text{a})\quad (x^2+y^2+z^2)^2-\frac{a_1\tau+4D^2}{\tau-a_1}x^2-\frac{a_2\tau+4D^2}{\tau-a_2}y^2-\frac{a_3\tau+4D^2}{\tau-a_3}z^2=-D^2$$

Für $D^2=\infty$ stellt (83a) ein System orthogonaler Flächen zweiten Grades mit Mittelpunkt dar, nämlich

$$(86)\qquad \frac{4x^2}{\tau-a_1}+\frac{4y^2}{\tau-a_2}+\frac{4z^2}{\tau-a_3}=1.$$

Die zugehörige Gleichung (84) lautet:

$$(87)\qquad \varphi(\tau)\frac{d^2z}{d\tau^2}+\tfrac{1}{2}\varphi'(\tau)\frac{dz}{d\tau}+\tfrac{1}{4}(\mathfrak{C}\tau+\mathfrak{C}')z=0,$$

wenn $\varphi(\tau)=4(\tau-a_1)(\tau-a_2)(\tau-a_3)$ ist.

Offenbar ist dies die Lamé'sche Gleichung; aber es ist zu bemerken, dass $\dfrac{\mathfrak{C}}{4}$ ganz willkürlich ist; es ohne weiteres mit $n(n+1)$ zu identificiren, ist unstatthaft, obgleich es oft geschieht.

Nehmen wir an, D sei gleich Null, so heisst (83a)

$$(88)\quad (x^2+y^2+z^2)^2-\frac{a_1\tau}{\tau-a_1}x^2-\frac{a_2\tau}{\tau-a_2}y^2-\frac{a_3\tau}{\tau-a_3}z^2=0;$$

in dieser Gleichung sind die Inversen von drei der oben genannten Cylinder enthalten. Die zugehörige gewöhnliche Differentialgleichung heisst:

$$(89)\quad \psi(\tau)\frac{d^2z}{d\tau^2}+\tfrac{1}{2}\psi'(\tau)\frac{dz}{d\tau}+\tfrac{1}{4}(5\lambda^3-3\mathfrak{a}\lambda^2+C\lambda+C')z=0,$$

wo $\psi(\tau)=4\tau^2(\tau-a_1)(\tau-a_2)(\tau-a_3)$ ist.

Wir transformiren (88) durch reciproke Radien und erhalten:

$$(88\text{a})\qquad \frac{a_1\tau}{\tau-a_1}\frac{\xi^2}{c^4}+\frac{a_2\tau}{\tau-a_2}\frac{\eta^2}{c^4}+\frac{a_3\tau}{\tau-a_3}\frac{\zeta^2}{c^4}=1,$$

welche Gleichung wiederum ein orthogonales System confocaler Flächen zweiten Grades darstellt. Es ist aber aus (80) ersichtlich, dass, wenn $\varDelta V=0$ ist, die Gleichung (84) sich bei einer Transformation durch reciproke Radien nicht ändert, demnach muss zwischen (87) und (89) eine Beziehung stattfinden. Nun geht (88a) durch die Substitutionen

$$(90)\qquad \tau=-\frac{4c^4}{s};\quad a_i=-\frac{4c^4}{a_i}$$

über in

$$(88\text{b})\qquad \frac{4\xi^2}{s-a_1}+\frac{4\eta^2}{s-a_2}+\frac{4\zeta^2}{s-a_3}=1,$$

also in eine Gleichung von genau derselben Form wie (86). Demnach haben wir in (89)

$$(91)\qquad \tau=\frac{1}{s}$$

und, damit der Coefficient von $\frac{dz}{ds}$ auch die halbe Ableitung desjenigen von $\frac{d^2z}{ds^2}$ werde,

$$(92)\qquad z=y\tau^{-\frac{1}{2}}$$

zu setzen. Dadurch entsteht:

$$(93)\begin{cases} 4(a_1s-1)(a_2s-1)(a_3s-1)\dfrac{d^2y}{ds^2} \\ \quad +2(3a_1a_2a_3s^2-2(a_1a_2+a_1a_3+a_2a_3)s+(a_1+a_2+a_3))\dfrac{dy}{ds} \\ \qquad +\tfrac{1}{4}((C'+a_1a_2a_3)s+a_1a_2+a_1a_3+a_2a_3-C)y=0 \end{cases}$$

und diese Gleichung definirt offenbar wieder eine Lamé'sche Function zweiter Ordnung. Würden wir durch $a_1a_2a_3$ dividiren, so erhielten wir die Differentialgleichung in der algebraischen Normalform. Wir dürfen dies aber nicht thun, denn wir müssen in (88a) $a_1 = 0$ oder in (88b) $a_1 = \infty$ setzen, um diese Gleichungen mit denen des elliptischen Cylinders identisch zu machen. Führen wir vorerst in (93)

$$x = a_2 s - 1 \tag{94}$$

ein, so ergiebt dies

$$\left\{\begin{aligned} & 4x(a_1 - a_2 + a_1 x)(a_3 - a_2 + a_3 x)\frac{d^2y}{dx^2} \\ & + 2[3a_1 a_3 x^2 + 2(2a_1 a_3 - a_1 a_2 - a_2 a_3)x + (a_1 - a_2)(a_3 - a_2)]\frac{dy}{dx} \\ & \qquad + \tfrac{1}{4}\left[\left(a_1 a_3 + \frac{C'}{a_2}\right)x + \frac{C'}{a_2} - C + 2a_1 a_3 + a_2(a_1 + a_3)\right]y = 0. \end{aligned}\right. \tag{95}$$

Für $\qquad a_1 = 0, \quad -a_2(a_3 - a_2) = \alpha\beta, \quad a_2 a_3 = m^2$

geht (95) sofort in die Differentialgleichung (4) der Functionen des elliptischen Cylinders über. Nach den Untersuchungen des vierten Theiles ist die Integration von (95) nach den Methoden Hermite's nur möglich, wenn $\frac{1}{4}\left(a_1 a_3 + \frac{C'}{a_2}\right)$ proportional mit $a_1 a_3$ ist. Da hier $a_1 = 0$ sein muss, so müsste auch $C' = 0$ sein; dann stellt aber (4) die Exponentialfunction vor. Demnach ist die Integrationsmethode Hermite's nicht anwendbar auf die Differentialgleichung der Functionen des elliptischen Cylinders; das Product zweier particulären Integrale von (4) ist niemals eine ganze Function, wie bei der Lamé'schen Gleichung (95), wenn dort $\frac{1}{4}\left(a_1 a_3 + \frac{C'}{a_2}\right)$ gleich $n(n+1)a_1 a_3$ oder gleich $\frac{(2\nu+1)(2\nu+3)}{4} a_1 a_3$ ist, obgleich (4) ein Grenzfall von (95) ist. Um diesen Grenzfall genauer zu beschreiben, nehmen wir an, x sei eine Function einer neuen Unabhängigen w, definirt durch

$$\left(\frac{dx}{dw}\right)^2 = 4x\left(1 - \frac{a_1 x}{a_2 - a_1}\right)\left(1 - \frac{a_3 x}{a_2 - a_3}\right), \tag{96}$$

so geht (95) über in

$$\left\{\begin{aligned} & \frac{d^2y}{dw^2} + \frac{1}{4(a_2 - a_1)(a_2 - a_3)} \\ & \quad \times\left[\left(a_1 a_3 + \frac{C'}{a_2}\right)x + \frac{C'}{a_2} - C + 2a_1 a_3 + a_2(a_1 + a_3)\right]y = 0. \end{aligned}\right. \tag{97}$$

Setzen wir jetzt $a_1 = 0$, so muss (97) sich in (1) verwandeln, oder mindestens in die Gleichung

$$\text{(1a)} \qquad \frac{d^2y}{dw^2} + \left[h^2\left(\frac{e^w - e^{-w}}{2i}\right)^2 - \nu^2\right] y = 0,$$

d. h. x muss eine solche elliptische Function von w sein, die für $a_1 = 0$ in $\left(\frac{e^w - e^{-w}}{2i}\right)^2$ übergeht. Nun genügen nach der Weierstrass-Schwarz'schen Formelsammlung S. 29 der Gleichung (96) die zwölf Quadrate von Weierstrass'schen σ-Quotienten:

$$\text{(98)} \qquad \begin{cases} \left(\frac{\sigma w}{\sigma_\lambda w}\right)^2, \quad \frac{1}{e_\mu - e_\lambda}\left(\frac{\sigma_\mu w}{\sigma_\nu w}\right)^2, \\ \qquad \frac{1}{e_\nu - e_\lambda}\left(\frac{\sigma_\nu w}{\sigma_\mu w}\right)^2, \quad \frac{1}{(e_\mu - e_\lambda)(e_\nu - e_\lambda)}\left(\frac{\sigma_\lambda w}{\sigma w}\right)^2, \end{cases}$$

wenn

$$e_\mu - e_\lambda = \frac{a_1}{a_2 - a_1}, \quad e_\nu - e_\lambda = \frac{a_3}{a_2 - a_3}, \quad e_\lambda + e_\mu + e_\nu = 0$$

ist. Dann ist aber

$$\text{(99)} \qquad \begin{cases} e_\lambda = \frac{1}{3}\left(\frac{a_1}{a_1 - a_2} + \frac{a_3}{a_3 - a_2}\right), \\ e_\mu = \frac{1}{3}\left(\frac{2a_1}{a_2 - a_1} + \frac{a_3}{a_3 - a_2}\right), \\ e_\nu = \frac{1}{3}\left(\frac{2a_3}{a_2 - a_3} + \frac{a_1}{a_1 - a_2}\right). \end{cases}$$

Für $a_1 = 0$, wird

$$\text{(100)} \qquad e_\lambda = e_\mu,$$

d. h. die gesuchte elliptische Function muss so beschaffen sein, dass für $e_\lambda = e_\mu$, oder für den Modul k gleich Null oder Eins, sie selbst in $\left(\frac{e^w - e^{-w}}{2i}\right)^2$ übergeht. Nun ist $\sin\text{am}(iu, k) = i\,\text{tg}\,\text{am}(u, k')$, also muss $x = -\text{tg}^2\text{am}(w, k)$ sein, denn

$$\sin(iu, 1) = i\,\text{tg}\,\text{am}(u, 0) = \frac{e^{-u} - e^u}{2i}.$$

Während also Herr Hermite von der Gleichung

$$\frac{d^2y}{dw^2} = [n(n+1)k^2 \sin^2 \text{am}\, w + h]y$$

ausging, welche für $x = \sin^2 \mathrm{am}\, w$ übergeht in

$$4\varphi(x)\frac{d^2y}{dx^2} + 2\varphi'(x)\frac{dy}{dx} - [n(n+1)k^2x + h]y = 0,$$
$$\varphi(x) = x(1-x)(1-k^2x),$$

und für $k^2 = 1$ die Differentialgleichung der zugeordneten Kugelfunctionen darstellt, so haben wir es im wesentlichen zu thun mit

$$\frac{d^2y}{dw^2} + [\alpha k^2 \mathrm{tg}^2 \mathrm{am}\, w - h]y, \tag{101}$$

welche für $x = -\mathrm{tg}^2 \mathrm{am}\, w$ übergeht in

$$\left\{\begin{aligned} &4\varphi(x)\frac{d^2y}{dx^2} + 2\varphi'(x)\frac{dy}{dx} - (\alpha k^2 x + h)y = 0,\\ &\qquad \varphi(x) = x(1-x)(1-k'^2x), \end{aligned}\right. \tag{102}$$

und für $k^2 = 1$, $k'^2 = 0$ die Differentialgleichung der Functionen des elliptischen Cylinders darstellt. Damit ist die Beziehung der Functionen des elliptischen Cylinders zu den Lamé'schen Functionen zweiter Ordnung in einfacher Weise klargelegt und zugleich erwiesen, was ich schon früher behauptet, dass Heine's Grenzübergang (Handbuch I, S. 403) auf falscher Basis construirt ist, denn Heine wollte sie aus den Lamé-Hermite'schen Functionen herleiten. Wir machen schliesslich noch auf Gleichung (56) aufmerksam. Wird dort $y = z.s^{-\frac{1}{4}}$ gesetzt, so entsteht die algebraische Normalform der Differentialgleichung für die Functionen des elliptischen Cylinders:

$$\left\{\begin{aligned} &4s^3(\alpha\beta s - m^2)\frac{d^2y}{ds^2} + 2s^2(4\alpha\beta s - 3m^2)\frac{dy}{ds}\\ &\qquad + \left[\tfrac{3}{4}\alpha\beta s^2 + \left(\nu^2 - \frac{m^2}{4}\right)s - h^2\right]y = 0, \end{aligned}\right. \tag{103}$$

welche erkennen lässt, dass unsere Functionen Cylinderfunctionen der dritten Ordnung sind.

Wir schreiben diese Gleichung

$$\begin{aligned} &4s^3\left(s - \frac{m^2}{\alpha\beta}\right)\frac{d^2y}{ds^2} + 2s^2\left(4s - 3\frac{m^2}{\alpha\beta}\right)\frac{dy}{ds}\\ &\qquad + \left\{-(-\tfrac{1}{2})(-\tfrac{1}{2}+2)s^2 + \left(\frac{\nu^2}{\alpha\beta} - \frac{m^2}{4\alpha\beta}\right)s - \frac{h^2}{\alpha\beta}\right\}y = 0 \end{aligned}$$

und erkennen in derselben einen besonderen Fall der anderen

$$
(104)\quad \begin{cases} 4s^3(s-\xi)\dfrac{d^2y}{ds^2}+2s^2(4s-3\xi)\dfrac{dy}{ds} \\ \quad +\left\{-\left(\varrho+\dfrac{1-k}{2}\right)\left(\varrho+\dfrac{1-k}{2}+2\right)s^2+m_1 s+m_2\right\}y=0, \end{cases}
$$

die für $k=2\varrho+2$ in die erste übergeht. Die Differentialgleichung (104) ist meines Wissens in der mathematischen Physik noch nicht aufgetreten; wir wollen von ihr sagen, sie definire die verallgemeinerte Function des elliptischen Cylinders. Die letztere hat in der Umgebung der Stelle $s=0$ geschlossene Thomé'sche Normalintegrale, wenn das Product $v=y_1 y_2$ zweier particulären Integrale von (104) die Form hat

$$
(105)\qquad v=\frac{P}{s^{\frac{k-1}{2}}},
$$

wo P eine ganze rationale Function ϱ^{ten} Grades in s vorstellt, wie wir auf S. 77 und 78 im vierten Theil ermittelt haben, und wenn ausserdem m_1 und m_2 diejenigen Werthe haben, die aus Gleichung (IIIa) auf S. 77 folgen. Wir verzichten hier darauf, weitere Schlüsse aus diesen Andeutungen zu ziehen, welche z. B. sofort ergeben, dass für die Function des elliptischen Cylinders das Product zweier particulären Integrale niemals eine ganze rationale Function sein kann, und wir unterlassen dies um so mehr, als die Ergebnisse der Untersuchung sich als eine Fortsetzung unserer Programm-Abhandlung von Ostern 1889 darstellen, hingegen directe Schlüsse auf unsere Entwickelungen in Paragraph 2 und 3 nicht zulassen.

Sechster Theil.

Ueber die Heine'sche Function und die aus ihr abgeleitete hyper-Bessel'sche Transcendente.

Heine hat den dritten Theil im zweiten Bande seines Handbuches der Kugelfunctionen der analytischen Theorie der Wärme gewidmet und hier im besonderen das Problem in Angriff genommen, die Bewegung der Wärme in einem Rotationsellipsoide zu bestimmen[1]). Die Lösung der Aufgabe erscheint abhängig von der Integration einer linearen Differentialgleichung zweiter Ordnung, für welche ermittelt wird, dass ihr Integral eine Cylinderfunction dritter Ordnung ist. Aber, schreibt Heine: „noch gelang es nicht, alle Schwierigkeiten zu überwinden, auf welche der Versuch stiess, für diese Gleichung Resultate zu gewinnen, wie die, welche man für die Functionen des elliptischen Cylinders erhielt. Es bleibt also noch nachzuweisen, dass man für jedes λ eine oder mehrere Zahlen μ bestimmen kann, welche ein endliches Integral verschaffen. Ferner, setzt man die Variable gleich $\cos\theta$, so muss die gesuchte Function eine periodische von θ sein. Im vorigen Bande habe ich derartige Untersuchungen geführt, indem ich mich der Integration durch Reihen bediente und nachwies, dass bei gehöriger Wahl der μ entsprechenden Constanten das Integral sich durch eine convergente trigonometrische Reihe, die nach ganzen Vielfachen des Winkels fortschreitet, darstellen lasse. Dieser Weg führte hier bisher nicht zum Ziele. Die Untersuchungen des Herrn Hermite über die Lamé'schen Functionen, und die Fälle,

---

[1]) Die Resultate dieses Theiles wurden in dieser Form schon December 1886 Herrn Professor Kronecker vorgelegt.

in welchen sie sich in periodische Functionen der Veränderlichen verwandeln, an die sich dann die Entwickelungen des Herrn Fuchs schlossen, haben vielleicht den Weg zur Behandlung der Integrale unserer Gleichung bereits eröffnet.“ (Heine, Handbuch der Kugelfunctionen, Band II, S. 331.)

Heine hat hiermit deutlich ausgesprochen, welchen Weg eine von ihm geführte Untersuchung genommen haben würde, hätte nicht der Tod seinem arbeitreichen Leben ein Ziel gesetzt. Diesen Weg zu betreten und nach Heine's Plan die Untersuchung zu führen, erschien mir der Mühe werth zu sein. Der Versuch die Hermite'schen Methoden auf die vorgelegte Differentialgleichung anzuwenden, führte mich auf die Integration derselben in geschlossener Form für einen speciellen Fall. Das allgemeine Integral aber wird in Reihen entwickelt, die nach Potenzen von $\frac{1}{\cos(\varepsilon u)}$ und nach solchen von $\frac{\varepsilon}{\sin(\varepsilon u)}$ aufsteigen. Die vorliegende Function nimmt aber noch ein besonderes Interesse für sich in Anspruch. Erschienen die Kugelfunctionen bisher als Grenzfälle der den Lamé-Wangerin'schen Functionen zweiter Ordnung adjungirten Functionen, so wird nun gezeigt, dass sie auch als specieller Fall in der der hier zu behandelnden Cylinderfunction dritter Ordnung adjungirten Function enthalten sind. Möge es daher nicht unpassend erscheinen, mit dieser Cylinderfunction Heine's Namen zu verknüpfen.

I. Abschnitt. Ableitung der Differentialgleichung.

§ 1.

Bei der Aufsuchung der Temperatur V, welche zu einer beliebigen Zeit t_1 in einem Körper herrscht, gelangt man bekanntlich zu der Hauptbedingung, der V genügen muss und welche durch die Gleichung ausgesprochen ist:

$$(1) \qquad \frac{\partial V}{\partial t_1} = a^2\left(\frac{\partial^2 V}{\partial x^2} + \frac{\partial^2 V}{\partial y^2} + \frac{\partial^2 V}{\partial z^2}\right).$$

Liegt nun ein Rotationskörper vor, und sind t und u die krummlinigen Coordinaten zweier orthogonalen Curvenscharen in der Meridianebene eines solchen, so wähle man den Winkel ϑ, welchen eine beliebige Meridianebene mit einer festen bildet, als dritte Coordinate. Die x-Achse sei Rotationsachse. Alsdann stellen sich die rechtwinkligen Coordinaten eines Punktes durch t, u und ϑ ausgedrückt folgendermassen dar:

$$(2)\qquad x = F_1(t,u),\quad y = r\cos\vartheta,\quad z = r\sin\vartheta,\quad r = F_2(t,u).$$

Die Bedingung der Orthogonalität lautet:

$$\frac{\partial x}{\partial t}\frac{\partial x}{\partial u} + \frac{\partial r}{\partial t}\frac{\partial r}{\partial u} = 0;$$

sie wird erfüllt, wenn man zwischen x und r den Zusammenhang

$$(3)\qquad x + ir = F(t+iu)$$

annimmt, was, wie sich nachweisen lässt, stets erlaubt ist. Transformirt man (1) auf die Coordinaten t, u und ϑ, so erhält man:

$$(4)\qquad \frac{\partial V}{\partial t_1} = a^2 h_1 h_2 h_3 \left\{ \frac{\partial \dfrac{h_1}{h_2 h_3}\dfrac{\partial V}{\partial t}}{\partial t} + \frac{\partial \dfrac{h_2}{h_1 h_3}\dfrac{\partial V}{\partial u}}{\partial u} + \frac{\partial \dfrac{h_3}{h_1 h_2}\dfrac{\partial V}{\partial \vartheta}}{\partial \vartheta} \right\}.$$

Mit Rücksicht auf die Orthogonalitätsbedingung ist[1])

$$(5)\qquad \frac{1}{h_1^2} = \frac{1}{h_2^2} = F'(t+iu)F'(t-iu),\quad \frac{1}{h_3^2} = r^2.$$

Daher geht (4) über in:

$$(6)\qquad \begin{cases} \dfrac{\partial V}{\partial t_1} = \dfrac{a^2}{rF'(t+iu)F'(t-iu)} \\ \times\left\{\dfrac{\partial}{\partial t}\left(r\dfrac{\partial V}{\partial t}\right) + \dfrac{\partial}{\partial u}\left(r\dfrac{\partial V}{\partial u}\right) + \dfrac{F'(t+iu)F'(t-iu)}{r}\dfrac{\partial^2 V}{\partial \vartheta^2}\right\}. \end{cases}$$

Mit Heine[2]) nehme man zwischen V und t_1 die Beziehung:

$$(7)\qquad V = e^{\frac{a^2\lambda^2}{4}t_1} V_1$$

an, so bekommt (6) die Gestalt:

$$\frac{\lambda^2}{4}V_1 = \frac{1}{rF'(t+iu)F'(t-iu)}$$
$$\times\left\{\frac{\partial}{\partial t}\left(r\frac{\partial V_1}{\partial t}\right) + \frac{\partial}{\partial u}\left(r\frac{\partial V_1}{\partial u}\right) + \frac{F'(t+iu)F'(t-iu)}{r}\frac{\partial^2 V_1}{\partial \vartheta^2}\right\}.$$

Zur Vereinfachung substituire man:

$$(8)\qquad V_1 = \frac{V_2}{\sqrt{r}},$$

[1]) Wangerin, Reduction der Potentialgleichung für gewisse Rotationskörper auf eine gewöhnliche Differentialgleichung. Preisschrift der Fürstlich Jablonowskischen Gesellschaft. Leipzig 1875. S. 3.

[2]) Heine, Handbuch der Kugelfunctionen. Berlin 1878/81. Bd. II, S. 329.

so ergiebt sich:

$$(9)\begin{cases} \frac{\lambda^2}{4}V_2 = \frac{1}{F'(t+iu)F'(t-iu)} \\ \times\left\{\frac{\partial^2 V_2}{\partial t^2}+\frac{\partial^2 V_2}{\partial u^2}+\frac{F'(t+iu)F'(t-iu)}{r^2}\left(\frac{V_2}{4}+\frac{\partial^2 V_2}{\partial\vartheta^2}\right)\right\}. \end{cases}$$

Da V_2 eine in ϑ periodische Function sein muss, so entwickele man es in eine nach ganzen Vielfachen von ϑ fortschreitende trigonometrische Reihe; also man setze:

$$(10)\qquad V_2 = \sum_\nu v_\nu (a_\nu \cos(\nu\vartheta)+b_\nu \sin(\nu\vartheta)).$$

Alsdann genügt v_ν der partiellen Differentialgleichung:

$$(11)\begin{cases} \frac{\lambda^2}{4}F'(t+iu)F'(t-iu)v \\ = \frac{\partial^2 v}{\partial t^2}+\frac{\partial^2 v}{\partial u^2}-(\nu^2-\tfrac{1}{4})\frac{F'(t+iu)F'(t-iu)}{r^2}v. \end{cases}$$

An diese Gleichung knüpfe man mit Heine die Bedingung:

$$(12)\qquad v = P(t)Q(iu),$$

so folgt:

$$(13)\begin{cases} \frac{1}{P}\frac{d^2P}{dt^2}+\frac{1}{Q}\frac{d^2Q}{du^2} \\ = \frac{\lambda^2}{4}F'(t+iu)F'(t-iu)-\frac{4(\nu^2-\frac{1}{4})F'(t+iu)F'(t-iu)}{(F(t+iu)-F(t-iu))^2}. \end{cases}$$

Daraus leitet man in bekannter Weise die Bedingungsgleichungen ab:

$$(14)\begin{cases} F'(t+iu)F'(t-iu) = g(t)+g_1(iu) \\ \frac{F'(t+iu)F'(t-iu)}{(F(t+iu)-F(t-iu))^2} = h(t)+h_1(iu). \end{cases}$$

Aus beiden ergiebt sich, dass $F(t+iu)$ das Integral der Differentialgleichung:

$$(15)\qquad \frac{F'''(t+iu)}{F'(t+iu)} = \text{const} = \varepsilon^2$$

sein muss und in folge dessen die Gestalt hat:

$$(16)\qquad F(t+iu) = \gamma+\frac{\alpha}{\varepsilon^2}e^{\varepsilon(t+iu)}+\frac{\beta}{\varepsilon^2}e^{-\varepsilon(t+iu)},$$

wo α, β, γ willkürliche Integrationsconstanten bedeuten [1]).

---

[1]) Man vergleiche: Haentzschel, Zur Theorie der Functionen des elliptischen Cylinders. Wissenschaftliche Beilage zum Programm des Realgymnasiums zu Duisburg. Ostern 1886; S. 5.

§ 2.

Zur Ableitung der Meridiancurven ist zu setzen:

$$(17) \qquad x+ir=\gamma+\frac{\alpha}{\varepsilon^2}e^{\varepsilon(t+iu)}+\frac{\beta}{\varepsilon^2}e^{-\varepsilon(t+iu)}.$$

Es ergeben sich die orthogonalen Scharen:

$$(18) \quad \begin{cases} \text{a)}\ \dfrac{(x-\gamma)^2}{\left(\dfrac{\alpha}{\varepsilon^2}e^{\varepsilon t}+\dfrac{\beta}{\varepsilon^2}e^{-\varepsilon t}\right)^2}+\dfrac{r^2}{\left(\dfrac{\alpha}{\varepsilon^2}e^{\varepsilon t}-\dfrac{\beta}{\varepsilon^2}e^{-\varepsilon t}\right)^2}=1, \\ \text{b)}\ \dfrac{(x-\gamma)^2}{\cos^2(\varepsilon u)}-\dfrac{r^2}{\sin^2(\varepsilon u)}=\dfrac{4\alpha\beta}{\varepsilon^4}, \end{cases}$$

welche Ellipsen bez. Hyperbeln darstellen. Ihnen entsprechen Rotationsellipsoide bez. -hyperboloide. In dem besonderen Falle:

$$\alpha=0 \quad \text{oder} \quad \beta=0$$

heisst die Abbildungsfunction:

$$(16\text{a}) \quad \begin{cases} F(t+iu)=\gamma+\dfrac{\beta}{\varepsilon^2}e^{-\varepsilon(t+iu)}, \quad \text{bez.} \\ F(t+iu)=\gamma+\dfrac{\alpha}{\varepsilon^2}e^{\varepsilon(t+iu)}, \end{cases}$$

und die Schar (18a) geht in concentrische Kreise, die Schar (18b) in ein durch den Anfangspunkt gehendes Paar von geraden Linien über. Diesen Meridiancurven sind Kugeln bez. Rotationskegel zuzuordnen.

Ein Grenzfall tritt für $\varepsilon=0$ ein. Geht man zur Erledigung desselben auf Gleichung (15) zurück und führt in das Integral derselben statt der Exponentialfunction die entsprechende Reihe ein, bestimmt ausserdem die willkürlichen Constanten so, dass $\alpha=\beta$ und $\left[\gamma+\frac{2\alpha}{\varepsilon^2}\right]_{\varepsilon=0}$ einen endlichen Werth δ hat, so nimmt (16) die Form an

$$(16\text{b}) \qquad F(t+iu)=\delta+\alpha(t+iu)^2.$$

Die zugehörigen Curven sind Parabelscharen, nämlich:

$$[18] \quad \begin{cases} \text{a)}\ r^2=-4\alpha t^2(x-\delta)+4\alpha^2t^4, \\ \text{b)}\ r^2=4\alpha u^2(x-\delta)+4\alpha^2u^4. \end{cases}$$

Daher der Satz:

Die Reduction der Gleichung (1) auf gewöhnliche Differentialgleichungen ist nur für solche Rotationskörper möglich, die von Flächen zweiten Grades begrenzt werden.

Dieses Resultat ist bereits Heine bekannt gewesen.[1])

§ 3.

Die Bestimmung der Functionen g und h in (14) erledigt sich nun sofort.

In der That findet man:

$$(19)\quad \begin{cases} F'(t+iu)F'(t-iu) = 4\left(\dfrac{\alpha e^{\varepsilon t}-\beta e^{-\varepsilon t}}{2\varepsilon}\right)^2 + 4\alpha\beta\left(\dfrac{e^{\varepsilon iu}-e^{-\varepsilon iu}}{2\varepsilon i}\right)^2 \\ \dfrac{F'(t+iu)F'(t-iu)}{(F(t+iu)-F(t-iu))^2} = -\dfrac{\alpha\beta}{4\left(\dfrac{\alpha e^{\varepsilon t}-\beta e^{-\varepsilon t}}{2\varepsilon}\right)^2} - \dfrac{1}{4\left(\dfrac{e^{\varepsilon iu}-e^{-\varepsilon iu}}{2\varepsilon i}\right)^2}. \end{cases}$$

Daher lautet Gleichung (13):

$$\frac{1}{P}\frac{d^2P}{dt^2}+\frac{1}{Q}\frac{d^2Q}{du^2}$$

$$= \lambda^2\left(\frac{\alpha e^{\varepsilon t}-\beta e^{-\varepsilon t}}{2\varepsilon}\right)^2 + \frac{\alpha\beta(\nu^2-\frac{1}{4})}{\left(\dfrac{\alpha e^{\varepsilon t}-\beta e^{-\varepsilon t}}{2\varepsilon}\right)^2} + \lambda^2\frac{\alpha\beta}{\varepsilon^2}\sin^2\varepsilon u + \frac{(\nu^2-\frac{1}{4})\varepsilon^2}{\sin^2\varepsilon u};$$

sie zerlegt sich in die beiden anderen:

$$(20)\quad \begin{cases} \dfrac{d^2P}{dt^2} = \left\{\dfrac{\alpha\beta(\nu^2-\frac{1}{4})}{\left(\dfrac{\alpha e^{\varepsilon t}-\beta e^{-\varepsilon t}}{2\varepsilon}\right)^2} + \lambda^2\left(\dfrac{\alpha e^{\varepsilon t}-\beta e^{-\varepsilon t}}{2\varepsilon}\right)^2 + \mu^2\right\} P \\ \dfrac{d^2Q}{du^2} = \left\{\dfrac{(\nu^2-\frac{1}{4})\varepsilon^2}{\sin^2\varepsilon u} + \dfrac{\lambda^2\alpha\beta}{\varepsilon^2}\sin^2\varepsilon u - \mu^2\right\} Q. \end{cases}$$

In dem besonderen sich auf die Kugel bez. den Kreiskegel beziehenden Fall geht die erste dieser Gleichungen, da α oder β gleich Null zu setzen ist, in die Differentialgleichung der Fourier-Besselschen, die zweite in die reducirte der Laplace'schen Functionen über.

---

[1]) Man vergl. Karl Baer, Ueber das Gleichgewicht und die Bewegung der Wärme in einem homogenen Rotationsparaboloid. Inauguraldissertation. Halle 1881. S. 3. Diese inhaltreiche Arbeit hat Heine selbst noch vorgelegen, er erwähnt sie im Handbuch der Kugelfunctionen, Bd. II, S. 292. Die durch (21) definirten Functionen sind in ihr zuerst behandelt worden.

Für den Grenzfall des Rotationsparaboloides aber lautet das System (20):

$$(21)\qquad \begin{cases} \dfrac{d^2P}{dt^2} = \left\{\dfrac{\nu^2-\frac{1}{4}}{t^2} + \lambda^2\alpha^2t^2 + \mu^2\right\} P, \\ \dfrac{d^2Q}{du^2} = \left\{\dfrac{\nu^2-\frac{1}{4}}{u^2} + \lambda^2\alpha^2u^2 - \mu^2\right\} Q. \end{cases}$$

Macht man in der Differentialgleichung für die Function P das Argument $w = it$ zur Unabhängigen und setzt $\alpha = \beta$, was für Rotations-Ellipsoid, -Hyperboloid und -Paraboloid erlaubt ist, so haben beide Gleichungen des Systems die Form:

$$(22)\qquad \frac{d^2v}{du^2} = \left\{\frac{(\nu^2-\frac{1}{4})\varepsilon^2}{\sin^2\varepsilon u} + \frac{\lambda^2\alpha^2}{\varepsilon^2}\sin^2\varepsilon u - \mu^2\right\} v.$$

Es sind demnach die durch (22) definirten Functionen zu untersuchen. $y = v\varepsilon^{-\frac{1}{2}}\sqrt{\sin(\varepsilon u)}$ soll als Heine'sche Function im Folgenden bezeichnet werden. Der Fall $\lambda = 0$, welcher sich auf das Wärmegleichgewicht bezieht, lässt die adjungirte der Heine'schen Function in die Kugelfunction mit ganzzahligem unteren, aber beliebigem oberen Index, welche ich kurz Laplace'sche Function nenne, übergehen. Ist ausserdem $\varepsilon = 0$, so erhalten wir die Fourier-Bessel'sche Transcendente. Im allgemeinen ist ν eine ganze Zahl; setzt man aber für den Augenblick $\nu = \frac{1}{2}$, so ist v die Function des elliptischen Cylinders; also hat v auch Beziehungen zu dieser Function.

II. Abschnitt.

Die Heine'sche Function ist eine Cylinderfunction dritter Ordnung. Allgemeine Bemerkungen.

§ 1.

Wir gehen aus von:

$$(1)\qquad \frac{d^2v}{du^2} = \left\{\frac{(\nu^2-\frac{1}{4})\varepsilon^2}{\sin^2\varepsilon u} + \frac{\lambda^2\alpha^2}{\varepsilon^2}\sin^2\varepsilon u - \mu^2\right\} v,$$

substituiren

$$2)\qquad s = \frac{\varepsilon^2}{\sin^2\varepsilon u}$$

und machen s zur Unabhängigen, so entsteht:

$$(3)\quad 4s^2(s-\varepsilon^2)\frac{d^2v}{ds^2}+2s^2(3s-2\varepsilon^2)\frac{dv}{ds}-\{(\nu^2-\tfrac{1}{4})s^2-\mu^2 s+\lambda^2\alpha^2\}v=0.$$

Setzt man alsdann:

$$(4)\qquad v=ys^{\frac{1}{4}},$$

so genügt y der Differentialgleichung:

$$(5)\quad \begin{cases} 4s^2(s-\varepsilon^2)\dfrac{d^2y}{ds^2}+2s^2(4s-3\varepsilon^2)\dfrac{dy}{ds} \\ \qquad -\left\{(\nu^2-1)s^2-\left(\mu^2-\dfrac{\varepsilon^2}{4}\right)s+\lambda^2\alpha^2\right\}y=0. \end{cases}$$

Diese Gleichung werde als die algebraische Normalform der Differentialgleichung für die Heine'schen Functionen bezeichnet, weil in ihr der Coefficient von $\frac{dy}{ds}$ die halbe Ableitung des Coefficienten von $\frac{d^2y}{ds^2}$ ist, auch die Ordnung des Coefficienten von y um zwei Einheiten geringer ist als die von $\frac{d^2y}{ds^2}$. Hingegen sei die Gleichung

$$(6)\quad \frac{d^2y}{d\varepsilon u^2}=\left\{\frac{(\nu^2-1)\varepsilon^4}{\sin^4\varepsilon u}-\left(\mu^2-\frac{\varepsilon^2}{4}\right)\frac{\varepsilon^2}{\sin^2\varepsilon u}+\lambda^2\alpha^2\right\}y$$

die einfach periodische Normalform der Differentialgleichung.

Die Function y ist eine Cylinderfunction dritter Ordnung. Denn das Integral

$$(7)\qquad \int\frac{ds}{\sqrt{4s^2(s-\varepsilon^2)}}$$

verwandelt sich für

$$(8)\qquad s=\frac{\varepsilon^2 x}{x-\varepsilon^4}$$

in

$$-\int\frac{dx}{\sqrt{4x^3}},$$

also in den Grenzfall des elliptischen Integrals

$$\int\frac{dx}{\sqrt{4x^3-g_2x-g_3}},$$

dessen Invarianten g_2 und g_3 Null geworden sind. Eine Function y sollte aber eine Lamé'sche von der dritten bez. zweiten Ordnung heissen, sobald g_2 und g_3 unbeschränkt veränderlich sind; sie sollte zur Laplace'schen werden, sobald $g_2^3-27g_3^2=0$ ist; sie sollte endlich für $g_2=g_3=0$ in eine Cylinderfunction übergehen.

Dass die Heine'sche Function eine Cylinderfunction dritter Ordnung sei, hat Heine durch eben denselben Grenzübergang aus der allgemeinen Lamé'schen Function dritter Ordnung abgeleitet, durch welchen er darzuthun versuchte, dass die Functionen des elliptischen Cylinders aus den Lamé-Hermite'schen Functionen zweiter Ordnung hervorgehen. Nun stellt aber Gleichung (5) für $\nu=\frac{1}{2}$ die Differentialgleichung der Functionen des elliptischen Cylinders vor; wer daher den Charakter der Heine'schen Functionen als Cylinderfunctionen dritter Ordnung anerkennt, wird nothwendig auch die Functionen des elliptischen Cylinders als Cylinderfunctionen dritter Ordnung ansehen müssen, wie ich letzteres in der Duisburger Programmabhandlung zuerst gethan habe. Die Heine'sche Function und die verallgemeinerte Function des elliptischen Cylinders stehen einander gerade so gegenüber, wie die Lamé-Wangerin'sche Function der Lamé-Hermite'schen Function zweiter Ordnung; hier kann ν nur die Hälfte von ungeraden Zahlen, dort kann ν nur ganzzahlig sein.

§ 2.

Da y für $\alpha=0$ zur Laplace'schen Function zweiter Ordnung wird, so liegt hier der Fall vor, dass eine Cylinderfunction als speciellen Fall die Laplace'sche Function der nächst niederen Ordnung in sich schliesst. — Die Gleichung (5) enthält ausserdem den Grenzfall

(9) $$\varepsilon=0.$$

Für denselben versagt die Substitution (8). Wir haben es alsdann mit jener Abart der Heine'schen Functionen zu thun, welche zu den allgemeinen, in (5) definirten, Functionen in derselben Beziehung stehen, wie die Functionen des parabolischen Cylinders zu den Functionen des elliptischen Cylinders. Die besagten Functionen gehen aus den Heine'schen durch einen streng functionentheoretischen Grenzübergang hervor. Es ist aber wiederum hervorzuheben, dass sie, wenn auch $\lambda=0$ ist, durch Cylinderfunctionen zweiter Ordnung, nämlich durch die Fourier-Bessel'sche Transcendente, sich darstellen lassen. Da sie dies aber auch für $\mu=0$ thun, was zwar an den Gleichungen (I), (21) nicht direct erkennbar ist, so will ich diese Functionen als hyper-Bessel'sche Transcendenten bezeichnen.

§ 3.

Die Gleichung (1) lässt sich aber noch von einem zweiten Gesichtspunkte aus betrachten; es ist gerade derjenige, von welchem Heine die Gleichung (1) behandeln wollte, wie aus den in der Einleitung citirten Worten hervorgeht.

Der Function v stellen wir eine Function φ gegenüber, die als adjungirte Function bezeichnet werde und mit v verbunden ist durch die Gleichung:

$$(10) \qquad v = \varphi \varepsilon^{-\frac{1}{2}} \sin^{\frac{1}{2}} \varepsilon u,$$

so dass also $v = \varphi s^{-\frac{1}{2}}$ oder

$$\varphi = v s^{\frac{1}{2}} = y s^{\frac{1}{2}}$$

ist.

φ genügt der Differentialgleichung:

$$(11) \quad \frac{d^2\varphi}{du^2} + \varepsilon \operatorname{ctg} \varepsilon u \frac{d\varphi}{du} + \left\{\mu^2 - \frac{\varepsilon^2}{4} - \frac{\nu^2 \varepsilon^2}{\sin^2 \varepsilon u} - \frac{\lambda^2 \alpha^2}{\varepsilon^2} \sin^2 \varepsilon u\right\} \varphi = 0.$$

Setzt man

$$(12) \qquad \varkappa = \frac{\mu}{\varepsilon} - \frac{1}{2},$$

so ergiebt sich:

$$(13) \quad \frac{d^2\varphi}{du^2} + \varepsilon \operatorname{ctg} \varepsilon u \frac{d\varphi}{du} + \left\{\varepsilon^2 \varkappa(\varkappa+1) - \frac{\nu^2 \varepsilon^2}{\sin^2 \varepsilon u} - \frac{\lambda^2 \alpha^2}{\varepsilon^2} \sin^2 \varepsilon u\right\} \varphi = 0,$$

welche Gleichung für $\lambda = 0$ die Laplace'sche Function zweiter Ordnung, wie sie Heine betrachtet hat, zu Integralen hat, nämlich:

$$[\varphi]_{\alpha=0} = G P_\nu^\varkappa(\cos \varepsilon u) + G' Q_\nu^\varkappa(\cos \varepsilon u),$$

wo der untere Index ganzzahlig, der obere hingegen willkürlich ist.

Um (13) auf eine algebraische Form zu bringen, führe man die neue Variable

$$(14) \qquad \varrho = \cos \varepsilon u$$

ein, so erhält man:

$$(15) \quad (1-\varrho^2) \frac{d^2\varphi}{d\varrho^2} - 2\varrho \frac{d\varphi}{d\varrho} + \left\{\varkappa(\varkappa+1) - \frac{\nu^2}{1-\varrho^2} - \frac{\lambda^2 \alpha^2}{\varepsilon^4}(1-\varrho^2)\right\} \varphi = 0;$$

also genau die Gleichung, welche Heine im Handbuch, Bd. II, S. 329 mit No. (7) bezeichnet. Heine's Gedankengang folgend, bilden wir weiter zwei Functionen $\varphi^{(\nu)}$ bez. $\varphi_{(\nu)}$ und definiren sie durch:

$$\varphi^{(\nu)} = v\varepsilon^{\nu+\frac{1}{2}}\sin^{-(\nu+\frac{1}{2})}\varepsilon u = \varphi\varepsilon^{\nu}\sin^{-\nu}\varepsilon u, \tag{16}$$

$$\varphi_{(\nu)} = v\varepsilon^{-\nu+\frac{1}{2}}\sin^{\nu-\frac{1}{2}}\varepsilon u = \varphi\varepsilon^{-\nu}\sin^{\nu}\varepsilon u, \tag{17}$$

oder durch die Differentialgleichungen:

$$\left\{\begin{aligned} &\frac{d^2\varphi^{(\nu)}}{du^2} + \varepsilon(2\nu+1)\operatorname{ctg}\varepsilon u\,\frac{d\varphi^{(\nu)}}{du} \\ &\qquad + \left\{\varepsilon^2(n-\nu)(n+\nu+1) - \frac{\lambda^2\alpha^2}{\varepsilon^2}\sin^2\varepsilon u\right\}\varphi^{(\nu)} = 0. \end{aligned}\right. \tag{18}$$

$$\left\{\begin{aligned} &\frac{d^2\varphi_{(\nu)}}{du^2} - \varepsilon(2\nu-1)\operatorname{ctg}\varepsilon u\,\frac{d\varphi_{(\nu)}}{du} \\ &\qquad + \left\{\varepsilon^2(n+\nu)(n-\nu+1) - \frac{\lambda^2\alpha^2}{\varepsilon^2}\sin^2\varepsilon u\right\}\varphi_{(\nu)} = 0. \end{aligned}\right. \tag{19}$$

Machen wir schliesslich noch[1])

$$x = \frac{\sin^2\varepsilon u}{\varepsilon^2} \tag{20}$$

zur unabhängigen Variablen, so lautet Gleichung (1):

$$\left\{\begin{aligned} &4x(1-\varepsilon^2 x)\frac{d^2 v}{dx^2} + 2(1-2\varepsilon^2 x)\frac{dv}{dx} \\ &\qquad - \left\{\frac{\nu^2-\frac{1}{4}}{x} + \lambda^2\alpha^2 x - \mu^2\right\}v = 0, \end{aligned}\right. \tag{21}$$

weiter Gleichung (13):

$$\left\{\begin{aligned} &4x(1-\varepsilon^2 x)\frac{d^2\varphi}{dx^2} + 2(2-3\varepsilon^2 x)\frac{d\varphi}{dx} \\ &\qquad + \left\{\varepsilon^2\varkappa(\varkappa+1) - \frac{\nu^2}{x} - \lambda^2\alpha^2 x\right\}\varphi = 0, \end{aligned}\right. \tag{22}$$

weiter (18):

$$\left\{\begin{aligned} &4x(1-\varepsilon^2 x)\frac{d^2\varphi^{(\nu)}}{dx^2} + 2[-\varepsilon^2 x + (2\nu+2)(1-\varepsilon^2 x)]\frac{d\varphi^{(\nu)}}{dx} \\ &\qquad + \{\varepsilon^2(\varkappa-\nu)(\varkappa+\nu+1) - \lambda^2\alpha^2 x\}\varphi^{(\nu)} = 0 \end{aligned}\right. \tag{23}$$

---

[1]) Eine Verwechselung dieses x mit dem in Abschnitt I, Gleichung (1) auftretenden ist wohl ausgeschlossen. Die Bezeichnung ist so gewählt, dass eine Vergleichung sowohl mit meiner Abhandlung: „Ueber den functionentheoretischen Zusammenhang u. s. w." in Schlömilch's Zeitschrift, 31. Jahrgang, 1886 stets möglich ist — man hat nämlich für $\alpha = 0$ die v- in y-Functionen, die φ- in z-Functionen zu verwandeln — als auch mit der schon genannten Programmabhandlung für $\nu = \frac{1}{2}$, $\varepsilon = m$.

und endlich (19):

$$(24)\quad \begin{cases} 4x(1-\varepsilon^2 x)\dfrac{d^2\varphi_{(\nu)}}{dx^2}-2[\varepsilon^2 x+(2\nu-2)(1-\varepsilon^2 x)]\dfrac{d\varphi_{(\nu)}}{dx} \\ \qquad +\{\varepsilon^2(\varkappa+\nu)(\varkappa-\nu+1)-\lambda^2\alpha^2 x\}\varphi_{(\nu)}=0. \end{cases}$$

Setzt man in Gleichung (23) $\varepsilon^2 = -1$, so bemerkt man, dass sie identisch wird mit der von Heine im zweiten Bande des Handbuches auf der vorletzten Zeile der S. 330 abgeleiteten. Es sind demnach die Gleichungen (1), (5) und (23) diejenigen, auf die wir unsere Aufmerksamkeit besonders zu richten haben.

§ 4.

Wir dürfen aber nicht unterlassen die soeben hingeschriebenen Gleichungen für den Grenzfall $\varepsilon = 0$ noch einmal vorzuführen. Es ist:

$$(1\text{a})\quad \frac{d^2 v}{du^2}=\left\{\frac{\nu^2-\frac{1}{4}}{u^2}+\lambda^2\alpha^2u^2-\mu^2\right\}v,$$

$$(2\text{a})\quad s=\frac{1}{u^2},$$

$$(3\text{a})\quad 4s^4\frac{d^2v}{ds^2}+6s^3\frac{dv}{ds}-\{(\nu^2-\tfrac{1}{4})s^2-\mu^2 s+\lambda^2\alpha^2\}v=0,$$

$$(4\text{a})\quad v=ys^{\frac{1}{4}},$$

$$(5\text{a})\quad 4s^4\frac{d^2y}{ds^2}+8s^3\frac{dy}{ds}-\{(\nu^2-1)s^2-\mu^2 s+\lambda^2\alpha^2\}y=0.$$

$$(10\text{a})\quad v=\varphi\sqrt{u},\quad \text{also}\quad \varphi=\frac{v}{\sqrt{u}}=\frac{y}{u}.$$

$$(11\text{a})\quad \frac{d^2\varphi}{du^2}+\frac{1}{u}\frac{d\varphi}{du}+\left\{\mu^2-\frac{\nu^2}{u^2}-\lambda^2\alpha^2u^2\right\}\varphi=0.$$

$$(16\text{a})\quad \varphi^{(\nu)}=vu^{-(\nu+\frac{1}{2})}=\varphi u^{-\nu},$$

$$(17\text{a})\quad \varphi_{(\nu)}=vu^{\nu-\frac{1}{2}}=\varphi u^{\nu}.$$

$$(18\text{a})\quad \frac{d^2\varphi^{(\nu)}}{du^2}+\frac{(2\nu+1)}{u}\frac{d\varphi^{(\nu)}}{du}+\{\mu^2-\lambda^2\alpha^2u^2\}\varphi^{(\nu)}=0,$$

$$(19\text{a})\quad \frac{d^2\varphi_{(\nu)}}{du^2}-\frac{(2\nu+1)}{u}\frac{d\varphi_{(\nu)}}{du}+\{\mu^2-\lambda^2\alpha^2u^2\}\varphi_{(\nu)}=0.$$

$$(20\text{a})\quad x=u^2.$$

$$(21\text{a})\quad 4x\frac{d^2v}{dx^2}+2\frac{dv}{dx}-\left\{\frac{\nu^2-\frac{1}{4}}{x}+\lambda^2\alpha^2x-\mu^2\right\}v=0;$$

$$(22\text{a})\quad \frac{d^2\varphi}{dx^2}+\frac{1}{x}\frac{d\varphi}{dx}+\left\{\frac{\mu^2}{4x}-\frac{\nu^2}{4x^2}-\frac{\lambda^2\alpha^2}{4}\right\}\varphi=0.$$

Gerade diese Gleichung ist höchst charakteristisch für die hier vorliegenden Functionen. Bezeichnet man die durch (22) definirte Function mit $\varphi_{\nu,e}^{\mu,\lambda a}(x)$, so ist

$$\varphi_{\nu,o}^{o,\lambda a}(x) = G J_{\frac{\nu}{2}}\left(\frac{i\lambda a}{2}x\right) + G' K_{\frac{\nu}{2}}\left(\frac{i\lambda a}{2}x\right),$$

d. h. identisch mit der Fourier-Bessel'schen Transcendente mit ganzzahligem oder gebrochenem Index und der Variablen x.[1]) Ebenso ist

$$\varphi_{\nu,o}^{\mu,o}(x) = G J_\nu(\mu\sqrt{x}) + G' K_\nu(\mu\sqrt{x})$$

die Fourier-Bessel'sche Transcendente mit ganzzahligem Index und der Variablen $\sqrt{x}$. Wegen dieser gewiss merkwürdigen Eigenschaft der Function $\varphi_{\nu,o}^{\mu,\lambda a}(x)$ in doppelter Weise durch Specialisirung in die Fourier-Bessel'sche Function überzugehen, bezeichne ich diese Function als hyper-Bessel'sche Transcendente.

Schliesslich ist

$$(23\text{a})\quad 4x\frac{d^2\varphi^{(\nu)}}{dx^2} + 4(\nu+1)\frac{d\varphi^{(\nu)}}{dx} + \{\mu^2 - \lambda^2 a^2 x\}\varphi^{(\nu)} = 0,$$

$$(24\text{a})\quad 4x\frac{d^2\varphi_{(\nu)}}{dx^2} - 4(\nu-1)\frac{d\varphi_{(\nu)}}{dx} + \{\mu^2 - \lambda^2 a^2 x\}\varphi_{(\nu)} = 0.$$

§ 5.

Die nächste Frage, welche wir uns vorzulegen haben, ist die, welchen analytischen Charakter hat die Heine'sche Function. Die Antwort darauf kann in doppelter Weise gegeben werden. Geht man von der Gleichung (5) aus, so ist dieselbe offenbar ein besonderer Fall der Differentialgleichung:

$$(25)\quad \varphi(s)\frac{d^2y}{ds^2} + \tfrac{1}{2}\varphi'(s)\frac{dy}{ds} - \{(\nu^2-1)s^2 + Cs + C'\}y = 0,$$

wenn $\varphi(s) = 4(s-\alpha_1)(s-\alpha_2)(s-\alpha_3)(s-\alpha_4)$ gesetzt ist. Definirt man nun

$$(26)\quad \left(\frac{ds}{du}\right)^2 = \varphi(s),$$

[1]) Man vergl. K. Baer, Ueber das Gleichgewicht und die Bewegung der Wärme in einem homogenen Rotationsparaboloid. S. 20, Gleichung d) und e).

so ist bekanntlich:

$$s = a_i + \frac{\frac{1}{4}\varphi'(a_i)}{\wp(u) - \frac{1}{24}\varphi''(a_i)} \qquad i = 1, 2, 3, 4.$$

Macht man nun in (25) u zur Unabhängigen, so geht hervor:

$$(27)\quad \left\{ \begin{aligned} \frac{d^2y}{du^2} = \Big\{ (\nu^2-1)\left[a_i + \frac{\frac{1}{4}\varphi'(a_i)}{\wp u - \frac{1}{24}\varphi''(a_i)}\right]^2 \\ + C\left[a_i + \frac{\frac{1}{4}\varphi'(a_i)}{\wp u - \frac{1}{24}\varphi''(a_i)}\right] + C'\Big\} y. \end{aligned} \right.$$

Diese Gleichung mit doppelt-periodischen Coefficienten hat nach Herrn Picard[1]) eine doppelt-periodische Function zweiter Gattung als particuläres Integral. Verschwinden nun in $\varphi(s)$ drei der Grössen a, so hat dies für die Integrale von (27) die Folge, dass man überall, wo $\wp u$ in denselben vorkommt, statt dessen $\frac{1}{u^2}$ lesen muss, wie es die Gleichungen (7) und (8) darthun. Da aber eine doppelt-periodische Function zweiter Gattung zuweilen darstellbar ist als Product einer gewöhnlichen doppelt-periodischen Function in eine Exponentialfunction, so wird unter Umständen unsere Function y in der Form einer algebraischen Function von s multiplicirt mit einem Exponentialfactor auftreten können. Es weist dies auf die Möglichkeit hin, die Heine'sche Function in Form eines geschlossenen Thomé'schen Normalintegrals darzustellen und in der That gelingt es, wenn zwischen den Constanten der Differentialgleichung eine gewisse Bedingungsgleichung stattfindet. Eine andere Seite unserer Untersuchung betrifft die Entwickelung der vorliegenden Function in Reihen. Gehen wir dazu zurück auf die Gleichung (1), so hat dieselbe als Differentialgleichung mit einfach-periodischen Coefficienten zu Integralen einfach-periodische Functionen der ersten oder zweiten Art, wenn wir mit Herrn Floquet[2]) eine einfach periodische Function zweiter Art dahin definiren, dass sie bei Vermehrung des Argumentes um die Periode übergeht in sich selbst multiplicirt mit einem Factor.

Herr Mittag-Leffler[3]) hat nun den Nachweis geführt, dass die

---

[1]) Picard, Sur les équations différentielles à coefficients doublement périodiques, Borchardt's Journal, Bd. 90. 1881.

[2]) Floquet, Sur les équations différentielles linéaires à coefficients périodiques. Annales de l'École Normale Supérieure. IIe Série, Tome 12. 1883.

[3]) Mittag-Leffler, Sur les équations linéaires à coefficients doublement périodiques. Comptes Rendus, Tome 90, p. 299—300. 1880.

lineare Differentialgleichung

$$\frac{d^n v}{du^n} = p_1 \frac{d^{n-1} v}{du^{n-1}} + p_2 \frac{d^{n-2} v}{du^{n-2}} + \cdots + p_n v,$$

deren Coefficienten eindeutige periodische Functionen mit der einen singulären Stelle $u = \frac{1}{0}$ sind, immer ein Integral $v(u)$ hat der Art, dass

$$v(u+2\pi) = l v(u)$$

ist. Denn sei $f(u)$ ein beliebiges Integral, so sind

$$f(u+2\pi),\quad f(u+4\pi)\ \ldots$$

auch Integrale und man hat folglich:

$$f(u+2m\pi) = A_1 f(u) + A_2 f(u+2\pi) + \cdots + A_m f(u+2(m-1)\pi)$$

wo man immer A_1 von Null verschieden und $m \leqq n$ annehmen kann. Setzt man nun

$$v(u) = f(u+2(m-1)\pi) + l_1 f(u+2(m-2)\pi) + \cdots + l_{m-1} f(u)$$

und wählt die Coefficienten $l_1, l_2 \ldots l_{m-1}$ so, dass die Gleichungen

$$A_m + l_1 = \frac{A_{m-1} + l_2}{l_1} = \cdots = \frac{A_2 + l_{m-1}}{l_{m-2}} = \frac{A_1}{l_{m-1}} = l$$

befriedigt werden, was immer möglich ist, so erhält man

$$v(u+2\pi) = l v(u),$$

und es ist $v(u)$ eben so gut ein Integral der vorgelegten Differentialgleichung wie $f(u)$.

Denkt man sich aber l auf die Form gebracht

$$l = e^{2\pi i m},$$

so ist $e^{-miu} v(u)$ eine periodische Function und kann als solche nach einem bekannten Satze[1]) in die convergente Reihe entwickelt werden

$$e^{-imu} v(u) = \sum_{n=-\infty}^{n=\infty} C_n e^{inu}.$$

Also ist $v(u)$ darstellbar in der Form

$$v(u) = \sum_{n=-\infty}^{n=\infty} C_n e^{imu} e^{inu}$$

und

$$v(-u) = \sum_{n=-\infty}^{n=\infty} C_n e^{-imu} e^{-inu};$$

---

[1]) Briot et Bouquet, Théorie des fonctions elliptiques. IIe édition, p. 158, Paris 1875.

daher

$$f(u) = \frac{v(u)-v(-u)}{2i}$$

$$= \sum_{n=-\infty}^{n=\infty} C_n \frac{(e^{iu(m+n)}-e^{-iu(m+n)})}{2i} = \sum_{n=-\infty}^{n=\infty} C_n \sin(m+n)u,$$

d. h. das Integral lässt sich in eine Potenzreihe entwickeln, die sich ihrerseits in eine trigonometrische Reihe umformen lässt.

§ 6.

Um einen weiteren Einblick in die Natur der Integrale zu erhalten, wende man auf die Gleichung (5)

$$4s^3(s-\varepsilon^2)\frac{d^2y}{ds^2}+2s^2(4s-3\varepsilon^2)\frac{dy}{ds}-\left\{(\nu^2-1)s^2-\left(\mu^2-\frac{\varepsilon^2}{4}\right)s+\lambda^2\alpha^2\right\}y=0$$

die von den Herren Fuchs und Thomé ausgebildete Theorie der Differentialgleichungen an. Die Coefficienten unserer Gleichung werden nur unstetig an der dreifach zu zählenden Stelle $s=0$, ausserdem für $s=\varepsilon^2$ und $s=\infty$. Was die Stelle $s=0$ betrifft, so ist dieselbe nach Herrn Fuchs[1]) eine Stelle der Unbestimmtheit mit bestimmter Verzweigung; eine determinirende Fundamentalgleichung giebt es für sie nicht. Wir werden uns daher auf eine einfache Reihenentwickelung beschränken müssen, nachdem vorher noch von der Function y der determinirende Factor abgesondert ist.

Um das Verhalten des Integrals an den Stellen $s=\varepsilon^2$ und $s=\infty$ zu ermitteln, verlege man die unendlich ferne Stelle ins Endliche. Dazu setze man $s=\frac{1}{x}$ und mache x zur Unabhängigen, so erhält man:

$$4x^2(1-\varepsilon^2x)\frac{d^2y}{dx^2}-2\varepsilon^2x^2\frac{dy}{dx}-\left\{(\nu^2-1)-\left(\mu^2-\frac{\varepsilon^2}{4}\right)x+\lambda^2\alpha^2x^2\right\}y=0.$$

Für die Stelle $x=0$ bez. $s=\infty$ lautet die determinirende Fundamentalgleichung

$$r(r-1)=\frac{\nu^2-1}{4},$$

---

[1]) Fuchs, Ueber die Werthe, welche die Integrale einer Differentialgleichung erster Ordnung in singulären Punkten annehmen können. Sitzungsberichte der Kgl. Akademie der Wissenschaften zu Berlin, 11. März 1886, § 4, S. 14.

deren Wurzeln $r_1 = \frac{1}{2} + \frac{\nu}{2}$ bez. $r_2 = \frac{1}{2} - \frac{\nu}{2}$ sind. Die Differenz derselben $r_1 - r_2$ ist demnach gleich der ganzen Zahl ν, woraus folgt, dass das allgemeine Integral mit Logarithmen behaftet sein kann, d. h. dass $x = 0$, bez. $s = \infty$ unter Umständen eine wesentlich singuläre Stelle im Giltigkeitsbereich des Integrals ist. Andererseits sind r_1 und r_2 von einander verschiedene rationale Zahlen; demnach hat die Differentialgleichung auch algebraische Integrale ausser für $\nu = 0$. Wir werden sehen, dass die Stelle $x = 0$ im allgemeinen wesentlich singulär ist. Verbindet man jedoch ν, μ und λ durch eine gewisse Bedingungsgleichung, so wird $x = 0$ ausserwesentlich singulär, wofern ν von Null verschieden ist, und die Integrale sind in geschlossener Form darstellbar. Dieselben erscheinen als das Product einer algebraischen Function in eine Exponentialfunction; es sind geschlossene Thomé'sche Normalintegrale.

Für die Stelle $x = \frac{1}{\varepsilon^2}$ bez. $s = \varepsilon^2$ lautet die determinirende Fundamentalgleichung:

$$r(r-1) + \tfrac{1}{2}r = 0;$$

also $r_1 = 0$, $r_2 = \frac{1}{2}$.

Diese Stelle ist also ausserwesentlich singulär.

III. Abschnitt. Die Heine'sche Function in der Umgebung der Stelle der Unbestimmtheit.

A. Unter welcher Bedingung ist die Heine'sche Function in geschlossener Form darstellbar und welchen Ausdruck hat dieselbe?

§ 1.
Herleitung der Bedingung.

An eine Untersuchung des Herrn Brioschi anknüpfend war es mir in meiner Dissertation [1]) gelungen, den Nachweis zu führen, dass Herr Brioschi die Differentialgleichung der Lamé-Wangerin'schen Functionen zweiter Ordnung algebraisch integrirt habe. Die an jene

---

[1]) Haentzschel, Ueber die Reduction der Gleichung $\frac{\partial^2 V}{\partial x^2} + \frac{\partial^2 V}{\partial y^2} + \frac{\partial^2 V}{\partial z^2} = 0$ auf gewöhnliche Differentialgleichungen. Ein Beitrag zur Theorie der Lamé-schen Functionen zweiter Ordnung. Berlin 1883, Mayer und Müller.

Integrale geknüpfte Bedingungsgleichung aufstellend, zeigte ich, dass man zur Grenze übergehend, nämlich von den elliptischen Functionen zu den einfach periodischen, zugleich algebraische Ausdrücke für die Kugelfunction P_ν^n, wofern $\nu > n$ ist, erhalten habe. Die Heine'sche Function ist nun die Verallgemeinerung der Laplace'schen Functionen zweiter Ordnung in das Gebiet der Cylinderfunctionen dritter Ordnung hinein. Es liegt daher der Gedanke nahe zu untersuchen, ob unsere Differentialgleichung in geschlossener Form integrirbar ist, da sie für $\lambda = 0$ algebraische Integrale besitzt, und wenn dies möglich ist, welcher Bedingungsgleichung ihre Parameter genügen müssen.

Eine Methode, die man Herrn Hermite[1]) verdankt, anwendend, gehe man aus von

$$(1)\quad 4s^2(s-\varepsilon^2)\frac{d^2y}{ds^2}+2s^2(4s-3\varepsilon^2)\frac{dy}{ds}-\left\{(\nu^2-1)s^2-\left(\mu^2-\frac{\varepsilon^2}{4}\right)s+\lambda^2\alpha^2\right\}y=0.$$

Man setze:

$$(2)\qquad \begin{cases} A = s^4-\varepsilon^2 s^3 \\ B = \dfrac{1}{4}\left\{(\nu^2-1)s^2-\left(\mu^2-\dfrac{\varepsilon^2}{4}\right)s+\lambda^2\alpha^2\right\}, \end{cases}$$

dann lautet Gleichung (1):

$$(3)\qquad 2Ay''+A'y' = 2By.$$

Sind y_1 und y_2 zwei particuläre Integrale dieser Gleichung und bildet man

$$(4)\qquad v = y_1 y_2,$$

so genügt v der Differentialgleichung:

$$(5)\qquad 2Av'''+3A'v''+A''v' = 8Bv'+4B'v.$$

Man untersuche, ob dieser Gleichung eine in s ganze Function v genügt und differenzire dazu Gleichung (5) p-mal nach s, so erhält man:

$$(6)\qquad \begin{cases} 2Av^{(p+3)}+(2p+3)A'v^{(p+2)}+(p+1)^2A''v^{(p+1)} \\ \qquad +\dfrac{p(p+1)(2p+1)}{1.2.3}A'''v^{(p)}+\dfrac{p^2(p^2-1)}{3.4}A^{(4)}v^{(p-1)} \\ \qquad = 8Bv^{(p+1)}+4(2p+1)B'v^{(p)}+4p^2B''v^{(p-1)}. \end{cases}$$

Demnach heisst der Coefficient von $v^{(p-1)}$:

$$\frac{p^2(p^2-1)}{3.4}A^{(4)}-4p^2B''$$

[1]) Hermite, Sur l'équation de Lamé. Annali di matematica, 2. Reihe, Bd. 9, 1878.

und er nimmt, wenn man $A^{(4)}$ und B'' einführt, die Gestalt an:

$$4p^2(p^2-1-(\nu^2-1)).$$

Er verschwindet daher, sobald $p=\nu$ ist, d. h. man kann der Gleichung (5) durch eine ganze Function in s vom $(\nu-1)^{\text{ten}}$ Grade genügen, denn $v^{(p-1)}=$ const. befriedigt Gleichung (6) identisch.

Da nun ν alle ganzzahligen Werthe von 0 bis ∞ anzunehmen im Stande ist, so ersieht man sofort, dass der Werth $\nu=0$ nicht zu denjenigen gehört, für welche die obige Deduction gilt. Der Fall $\nu=0$ ist von der ferneren Untersuchung auszuschliessen und wir setzen deshalb

$$\nu=n+1, \tag{7}$$

wo n alle Werthe von 0 bis ∞ erhalten darf. Alsdann heisst Gleichung (1):

$$[1]\quad 4s^2(s-\varepsilon^2)\frac{d^2y}{ds^2}+2s^2(4s-3\varepsilon^2)\frac{dy}{ds}-\left\{n(n+2)s^2-\left(\mu^2-\frac{\varepsilon^2}{4}\right)s+\lambda^2\alpha^2\right\}y=0.$$

Es tritt in ihr also jener Parameter $n(n+2)$ auf, welcher nach Heine[1]) für die Lamé'schen Functionen dritter Ordnung, also auch für die aus ihnen abgeleiteten Cylinderfunctionen derselben Ordnung, so charakteristisch ist. Man führe nun:

$$v=a_0s^n-a_1s^{n-1}+a_2s^{n-2}-\cdots+(-1)^pa_ps^{n-p}\cdots+(-1)^na_n \tag{8}$$

in die Gleichung (5) ein[2]), also in

$$[5]\quad\left\{\begin{aligned}&(s^4-\varepsilon^2s^3)\frac{d^3v}{ds^3}+(6s^3-\tfrac{9}{2}\varepsilon^2s^2)\frac{d^2v}{ds^2}\\&\quad+([6-n(n+2)]s^2+(\mu^2-\tfrac{13}{4}\varepsilon^2)s-\lambda^2\alpha^2)\frac{dv}{ds}\\&\quad-\left(n(n+2)s-\tfrac{1}{2}\left(\mu^2-\frac{\varepsilon^2}{4}\right)\right)v=0,\end{aligned}\right.$$

so müssen die Coefficienten der einzelnen Potenzen verschwinden. Daraus leiten sich folgende Bedingungsgleichungen her:

---

[1]) Heine, Handbuch der Kugelfunctionen. II. Aufl. 1878/81. Bd. I, S. 447.

[2]) Wir unterlassen nicht auf unsere weitergehenden Resultate auf S. 77 hinzuweisen, die, wenn $\nu=n-k+1$ gesetzt wird, für v die gebrochene Function $\frac{S}{s^k}$ anzunehmen gestatten, wo S eine ganze Function n^{ten} Grades ist. Die der Gleichung [5] alsdann entsprechende Gleichung ist aus (IIIa) auf S. 77 zu bilden; für $\nu=0$ kann also v keine ganze Function sein.

$$
(9)\quad \begin{cases}
(n+\frac{1}{2})(\mu^2-\varepsilon^2(n+\frac{1}{2})^2)a_0+1(2n+1)na_1 & =0,\\
\lambda^2\alpha^2 n a_0+(n-\frac{1}{2})(\mu^2-\varepsilon^2(n-\frac{1}{2})^2)a_1+2(2n)(n-1)a_2 & =0,\\
\lambda^2\alpha^2(n-1)a_1+(n-\frac{3}{2})(\mu^2-\varepsilon^2(n-\frac{3}{2})^2)a_2+3(2n-1)(n-2)a_3 & =0,\\
\lambda^2\alpha^2(n-2)a_2+(n-\frac{5}{2})(\mu^2-\varepsilon^2(n-\frac{5}{2})^2)a_3+4(2n-2)(n-3)a_4 & =0,\\
\dots\dots\dots\dots\dots\dots\dots\dots & \\
\lambda^2\alpha^2(n-p+1)a_{p-1}+(n-p+\frac{1}{2})(\mu^2+\varepsilon^2(n-p+\frac{1}{2})^2)a_p & \\
\qquad\qquad +(p+1)(2n-p+1)(n-p)a_{p+1} & =0,\\
\dots\dots\dots\dots\dots\dots\dots\dots & \\
\lambda^2\alpha^2.2.a_{n-2}+\frac{3}{2}(\mu^2-\frac{9}{4}\varepsilon^2)a_{n-1}+n(n+2)a_n & =0,\\
\lambda^2\alpha^2.1.a_{n-1}+\frac{1}{2}\left(\mu^2-\frac{\varepsilon^2}{4}\right)a_n & =0.
\end{cases}
$$

Man folgert aus diesen Gleichungen:

$$a_1=-\frac{(\mu^2-\varepsilon^2(n+\frac{1}{2})^2)}{2n}a_0$$

$$a_2=\frac{(2n-1)(\mu^2-\varepsilon^2(n+\frac{1}{2})^2)(\mu^2-\varepsilon^2(n-\frac{1}{2})^2)-4n^2\lambda^2\alpha^2}{2!\,2^3n^2(n-1)}a_0$$

$$a_3=-\frac{(2n-3)(\mu^2-\varepsilon^2(n+\frac{1}{2})^2)(\mu^2-\varepsilon^2(n-\frac{1}{2})^2)(\mu^2-\varepsilon^2(n-\frac{3}{2})^2)-4\lambda^2\alpha^2n[\mu^2(3n-4)-\varepsilon^2(3n^3-5n^2+\frac{11}{4}n-1)]}{3!\,2^4n^2(n-1)(n-2)}$$

. . . .

Es bestehen demnach $(n+1)$ Gleichungen zwischen den $(n+1)$ Grössen a_p, zwischen μ^2 und λ^2. Von diesen bleibt a_0 willkürlich, während λ^2 durch die Nebenbedingungen des gerade vorliegenden physikalischen Problems in der Weise bestimmt wird, dass es im Fall des Wärmegleichgewichts verschwindet. Man kann daher die Coefficienten a_p durch μ^2, λ^2 und a_0 ausdrücken und μ^2 selbst dadurch ermitteln, dass man die Determinante des vorliegenden Systems von homogenen, linearen Gleichungen gleich Null setzt. Geschieht dies, so erhält man:

$$
(10)\quad 0=\begin{vmatrix}
(n+\frac{1}{2})(\mu^2-\varepsilon^2(n+\frac{1}{2})^2), & 1(2n+1)n, & 0, & 0,\\
\lambda^2\alpha^2 n, & (n-\frac{1}{2})(\mu^2-\varepsilon^2(n-\frac{1}{2})^2), & 2.2n(n-1), & 0,\\
0, & \lambda^2\alpha^2(n-1), & (n-\frac{3}{2})(\mu^2-\varepsilon^2(n-\frac{3}{2})^2), & 3(2n-1)(n-2),\\
0, & 0, & \lambda^2\alpha^2(n-2), & (n-\frac{5}{2})(\mu^2-\varepsilon^2(n-\frac{5}{2})^2),\\
. & . & 0, & .\\
. & . & . & .\\
. & . & . & .
\end{vmatrix}
$$

Diese Gleichung $(n+1)^{\text{ten}}$ oder ν^{ten} Grades in μ^2 ist demnach die Hauptbedingung für die Existenz algebraischer Integrale der Gleichung [5]; ihre Auflösung ist zu leisten, bevor man zur Bestimmung der ganzen Function v übergehen kann.

Diese Gleichungen lauten für

$$1)\begin{cases} n=0\,(\nu=1). & \mu^2-\frac{\varepsilon^2}{4}=0. \\ n=1\,(\nu=2). & \left(\mu^2-\frac{9}{4}\varepsilon^2\right)\left(\mu^2-\frac{\varepsilon^2}{4}\right)-4\lambda^2\alpha^2=0. \\ n=2\,(\nu=3). & \left(\mu^2-\frac{25}{4}\varepsilon^2\right)\left(\mu^2-\frac{9}{4}\varepsilon^2\right)\left(\mu^2-\frac{\varepsilon^2}{4}\right)-16\lambda^2\alpha^2\left(\mu^2-\frac{17}{4}\varepsilon^2\right)=0. \\ n=3\,(\nu=4). & \left(\mu^2-\frac{49}{4}\varepsilon^2\right)\left(\mu^2-\frac{25}{4}\varepsilon^2\right)\left(\mu^2-\frac{9}{4}\varepsilon^2\right)\left(\mu^2-\frac{\varepsilon^2}{4}\right) \\ & -8\lambda^2\alpha^2\left(\mu^2-\frac{\varepsilon^2}{4}\right)\left(5\left(\mu^2-\frac{\varepsilon^2}{4}\right)-66\varepsilon^2\right)-1440\lambda^2\alpha^2\varepsilon^4+144\lambda^4\alpha^4=0. \\ \ldots\ldots\ldots & \end{cases}$$

Zu denselben Gleichungen wäre man gelangt, wenn man die Zähler der Coefficienten $a_1, a_2, a_3, \ldots, a_n$ für $n=0, 1, \ldots (n-1)$ gleich Null gesetzt hätte. Denn für $n=2$ z. B. muss a_3 verschwinden; der Nenner thut dies von selbst, also muss es auch der Zähler, der dann wirklich die oben hingeschriebene Gleichung ergiebt. Wir verweilen jedoch bei diesen Gleichungen nicht, sondern versuchen nun die Integrale selbst herzuleiten.

§ 2.

Aufstellung der geschlossenen Normalintegrale.

Besitzt die ganze Function v weder eine Doppelwurzel, noch verschwindet sie für eine Wurzel der Gleichung

$$(12)\qquad s^4-\varepsilon^2 s^3=0,$$

so ist die von Herrn Hermite gelehrte Integrationsmethode anwendbar und sie führt zu:

$$(13)\qquad y=Gy_1+G'y_2=G\sqrt{v}e^{\frac{C}{2}\int\frac{ds}{v\sqrt{A}}}+G'\sqrt{v}e^{-\frac{C}{2}\int\frac{ds}{v\sqrt{A}}},$$

indem sich C aus der Differentialgleichung

$$(14)\qquad A(2vv''-v'^2)+A'vv'=4Bv^2-C^2$$

ergiebt.

Man erhält nämlich, wenn unter s_τ eine einfache Wurzel der Gleichung

$$(15)\qquad v(s)=a_0\prod_{\tau=1}^{\tau=n}(s-s_\tau)=0$$

verstanden wird,

(16a) $$C = \pm v'(s_\tau)\sqrt{A(s_\tau)},$$

oder auch, da A und A' für $s = 0$ verschwinden,

(16b) $$C = \pm \lambda a v(o) = \pm(-1)^n \lambda a a_n.$$

Wir müssen also das Integral $\int \frac{ds}{v\sqrt{A}}$ ermitteln.

Nun ist

(17) $$\begin{cases} C\int \frac{ds}{a_0 s \Pi(s-s_\tau)\sqrt{s^3-\varepsilon^2 s}} \\ = \pm\lambda a \int \frac{ds}{s\sqrt{s^3-\varepsilon^2 s}} \pm \sum_{\tau=1}^{\tau=n} \sqrt{s_\tau^3-\varepsilon^2 s_\tau} \int \frac{ds}{(s-s_\tau)\sqrt{s^3-\varepsilon^2 s}} \\ = \pm \frac{2\lambda a \sqrt{s^3-\varepsilon^2 s}}{\varepsilon^2 s} \pm \log \prod_{\tau=1}^{\tau=n} \left[\frac{\sqrt{s^3-\varepsilon^2 s}-\sqrt{s_\tau^3-\varepsilon^2 s_\tau}-(s-s_\tau)}{\sqrt{s^3-\varepsilon^2 s}+\sqrt{s_\tau^3-\varepsilon^2 s_\tau}-(s-s_\tau)}\right]. \end{cases}$$

Folglich leitet man für die beiden Particularlösungen die Ausdrücke ab:

(18) $$\begin{cases} y_1 = \sqrt{v} \prod_{\tau=1}^{\tau=n} \left[\frac{\sqrt{s^3-\varepsilon^2 s}-\sqrt{s_\tau^3-\varepsilon^2 s_\tau}-(s-s_\tau)}{\sqrt{s^3-\varepsilon^2 s}+\sqrt{s_\tau^3-\varepsilon^2 s_\tau}-(s-s_\tau)}\right]^{\frac{1}{2}} e^{\frac{\lambda a}{\varepsilon^2}\frac{\sqrt{s^3-\varepsilon^2 s}}{s}} \\ y_2 = \sqrt{v} \prod_{\tau=1}^{\tau=n} \left[\frac{\sqrt{s^3-\varepsilon^2 s}+\sqrt{s_\tau^3-\varepsilon^2 s_\tau}-(s-s_\tau)}{\sqrt{s^3-\varepsilon^2 s}-\sqrt{s_\tau^3-\varepsilon^2 s_\tau}-(s-s_\tau)}\right]^{\frac{1}{2}} e^{-\frac{\lambda a}{\varepsilon^2}\frac{\sqrt{s^3-\varepsilon^2 s}}{s}}. \end{cases}$$

Für beide Integrale ist demnach die Stelle $s = 0$ eine Stelle der Unbestimmtheit, wie man an dem Exponentialfactor sofort erkennt.

Sollte jedoch der Fall eintreten, dass die ganze Function v Doppelwurzeln besitzt, oder dass sie für $s = 0$ bez. $s = \varepsilon^2$ verschwindet, so werden die Integrale dargestellt durch:

(19) $$y_1 = \sqrt{v}, \quad y_2 = \sqrt{v}\int \frac{ds}{v\sqrt{A}}.$$

§ 3.
Beispiele.

Die Integrale sollen jetzt in den beiden einfachsten Fällen $n = 0$ und $n = 1$ wirklich hingeschrieben werden.

$n = 0$ $(\nu = 1)$. $\quad v = a_0;\quad \mu^2 = \frac{\varepsilon^2}{4},\quad C = \pm\lambda a a_0.$

$$\frac{d^2v}{du^2} = \left\{\frac{\frac{3}{4}\varepsilon^2}{\sin^2(\varepsilon u)} + \frac{\lambda^2\alpha^2}{\varepsilon^2}\sin^2(\varepsilon u) - \frac{\varepsilon^2}{4}\right\}v$$

$$s = \frac{\varepsilon^2}{\sin^2 \varepsilon u}. \quad v = y s^{\frac{1}{4}}.$$

$$4s^2(s-\varepsilon^2)\frac{d^2y}{ds^2} + 2s^2(4s-3\varepsilon^2)\frac{dy}{ds} - \lambda^2\alpha^2 y = 0.$$

$$y_1 = \sqrt{a_0}\, e^{\frac{\lambda\alpha}{\varepsilon^2}\frac{\sqrt{s^2-\varepsilon^2 s}}{s}} = \sqrt{a_0}\, e^{\frac{\lambda\alpha}{\varepsilon^2}\cos(\varepsilon u)},$$

$$y_2 = \sqrt{a_0}\, e^{-\frac{\lambda\alpha}{\varepsilon^2}\frac{\sqrt{s^2-\varepsilon^2 s}}{s}} = \sqrt{a_0}\, e^{-\frac{\lambda\alpha}{\varepsilon^2}\cos(\varepsilon u)}.$$

$$v_1 = \sqrt{a_0 \varepsilon}\sin^{-\frac{1}{2}}(\varepsilon u) e^{\frac{\lambda\alpha}{\varepsilon^2}\cos(\varepsilon u)}$$

$$v_2 = \sqrt{a_0 \varepsilon}\sin^{-\frac{1}{2}}(\varepsilon u) e^{-\frac{\lambda\alpha}{\varepsilon^2}\cos(\varepsilon u)}.$$

$n = 1$ $(\nu = 2)$.

Aus

$$\left(\mu^2 - \frac{9}{4}\varepsilon^2\right)\left(\mu^2 - \frac{\varepsilon^2}{4}\right) - 4\lambda^2\alpha^2 = 0$$

folgt:

$$\mu^2 = \frac{5}{4}\varepsilon^2 \pm \sqrt{\varepsilon^4 + 4\lambda^2\alpha^2}.$$

Daher

$$v = a_0 s - a_1 = a_0\left(s - \frac{\varepsilon^2}{2} \pm \frac{\sqrt{\varepsilon^4 + 4\lambda^2\alpha^2}}{2}\right) = a_0(s - s_1).$$

Weiter ist

$$C = \pm\lambda\alpha a_0 s_1,$$

oder

$$C = \pm\lambda\alpha a_1;$$

und

$$s_1^2 - \varepsilon^2 s_1 = \lambda^2\alpha^2.$$

Demnach erhält man:

$$y_1 = \sqrt{v}\left(\frac{\sqrt{s^2-\varepsilon^2 s} - \lambda\alpha - (s-s_1)}{\sqrt{s^2-\varepsilon^2 s} + \lambda\alpha - (s-s_1)}\right)^{\frac{1}{2}} e^{\frac{\lambda\alpha}{\varepsilon^2}\frac{\sqrt{s^2-\varepsilon^2 s}}{s}}$$

$$y_2 = \sqrt{v}\left(\frac{\sqrt{s^2-\varepsilon^2 s} + \lambda\alpha - (s-s_1)}{\sqrt{s^2-\varepsilon^2 s} - \lambda\alpha - (s-s_1)}\right)^{\frac{1}{2}} e^{-\frac{\lambda\alpha}{\varepsilon^2}\frac{\sqrt{s^2-\varepsilon^2 s}}{s}}.$$

§ 4.
Der specielle Fall der Laplace'schen Functionen.

Setzen wir in [1] $\lambda = 0$, so gelangt man, wie schon erwähnt, zur Laplace'schen Function; die Determinante (10) liefert den oberen Index derselben. In der That reducirt sich (10) auf:

$$(20)\quad \begin{cases} 0 = [\mu^2 - \varepsilon^2(n+\tfrac{1}{2})^2][\mu^2 - \varepsilon^2(n-\tfrac{1}{2})^2][\mu^2 - \varepsilon^2(n-\tfrac{3}{2})^2] \dots \\ \qquad\qquad \dots \left[\mu^2 - \dfrac{9}{4}\varepsilon^2\right]\left[\mu^2 - \dfrac{\varepsilon^2}{4}\right]. \end{cases}$$

Schreiben wir nun

$$(21)\qquad \mu^2 - \frac{\varepsilon^2}{4} = \varkappa(\varkappa+1)\varepsilon^2,$$

so folgt

$$(22)\qquad 0 = \varepsilon^{2(n+1)}\Pi(\varkappa(\varkappa+1) - n(n+1)), \qquad n = 0, 1, 2, \dots (\nu-1),$$

welche Gleichung für $n = \varkappa$ erfüllt wird. Setzt man noch $\varepsilon = 1$, so erkennt man, mit Rücksicht auf die Gleichungen (10) und (11) des zweiten Abschnitts, dass man für die beiden zugeordneten Kugelfunctionen die Ausdrücke erhalten hat:

$$(23)\quad \begin{cases} P_\nu^n(s) = s^{\frac{1}{2}}\sqrt{v}\prod\limits_{\tau=1}^{\tau=n}\left[\dfrac{\sqrt{s^2-\varepsilon^2 s} - \sqrt{s_\tau^2 - \varepsilon^2 s_\tau} - (s - s_\tau)}{\sqrt{s^2-\varepsilon^2 s} + \sqrt{s_\tau^2 - \varepsilon^2 s_\tau} - (s - s_\tau)}\right]^{\frac{1}{2}}, \\ Q_\nu^n(s) = s^{\frac{1}{2}}\sqrt{v}\prod\limits_{\tau=1}^{\tau=n}\left[\dfrac{\sqrt{s^2-\varepsilon^2 s} + \sqrt{s_\tau^2 - \varepsilon^2 s_\tau} - (s - s_\tau)}{\sqrt{s^2-\varepsilon^2 s} - \sqrt{s_\tau^2 - \varepsilon^2 s_\tau} - (s - s_\tau)}\right]^{\frac{1}{2}}, \end{cases}$$

wo wegen Gleichung (7) für einen bestimmten Werth von ν der obere Index n alle ganzen positiven Zahlen von 0 bis $(\nu-1)$ annehmen darf, was man kurz durch $\nu > n$ bezeichnet[1]). Dadurch haben die Deductionen im § 8 des dritten Theiles meiner Dissertation den dort fehlenden Abschluss erhalten.

§ 5.
Die hyper-Bessel'sche Transcendente.

Für die hyper-Bessel'sche Transcendente ist in den allgemeinen Entwickelungen überall $\varepsilon = 0$ zu setzen. Alsdann lautet insbesondere

---

[1]) Man vergl. Hermite, Sur l'intégration de l'équation différentielle de Lamé. Lettre à M. Heine. Crelle's Journal, Bd. 89.

die Determinante (10):

$$(10a)\quad 0=\begin{vmatrix} (n+\frac{1}{2})\mu^2, & 1(2n+1)n, & 0, & 0, & \ldots \\ \lambda^2\alpha^2 n, & (n-\frac{1}{2})\mu^2, & 2.2n(n-1), & 0, & \ldots \\ 0, & \lambda^2\alpha^2(n-1), & (n-\frac{3}{2})\mu^2, & 3(2n-1)(n-2), & \ldots \\ 0, & 0, & \lambda^2\alpha^2(n-2), & (n-\frac{5}{2})\mu^2, & \ldots \\ \cdot & \cdot & \cdot & \cdot & \\ \cdot & \cdot & \cdot & \cdot & \\ \cdot & \cdot & \cdot & \cdot & \end{vmatrix}$$

und zwar ist für:

$$(11a)\quad \begin{cases} n=0(\nu=1): & \mu^2=0, \\ n=1(\nu=2): & \mu^4-4\lambda^2\alpha^2=0, \\ n=2(\nu=3): & \mu^2(\mu^4-16\lambda^2\alpha^2)=0, \\ n=3(\nu=4): & (\mu^4-4\lambda^2\alpha^2)(\mu^4-36\lambda^2\alpha^2)=0, \\ n=4(\nu=5): & \mu^2(\mu^4-16\lambda^2\alpha^2)(\mu^4-64\lambda^2\alpha^2)=0, \\ n=5(\nu=6): & (\mu^4-4\lambda^2\alpha^2)(\mu^4-36\lambda^2\alpha^2)(\mu^4-100\lambda^2\alpha^2)=0, \\ \ldots\ldots\ldots & \end{cases}$$

Unterscheidet man zwischen geraden und ungeraden Werthen von n, so ist das Gesetz, nach welchem diese und die ferneren Gleichungen gebildet sind, sofort klar.

Zur Aufstellung der Integrale ermittele man:

$$C\int\frac{ds}{a_0 s^2 \prod\limits_{\tau=1}^{n}(s-s_\tau)}.$$

Mit Rücksicht auf die Werthe von C in den beiden Gleichungen (16) erhält man:

$$C\int\frac{ds}{a_0 s^2 \prod\limits_{\tau=1}^{n}(s-s_\tau)}=\mp\frac{\lambda\alpha}{s}\pm\lambda\alpha\frac{a_{n-1}}{a_n}\log s\pm\log v,$$

oder wegen der letzten Gleichung des Systems (9):

$$(17a)\quad C\int\frac{ds}{a_0 s^2 \prod\limits_{\tau=1}^{n}(s-s_\tau)}=\mp\frac{\lambda\alpha}{s}\mp\frac{\mu^2}{2\lambda\alpha}\log s\pm\log v.$$

Folglich ist:

$$
(18a)\qquad \begin{cases} y_1 = v s^{\mp\frac{\mu^2}{4\lambda\alpha}} e^{\mp\frac{1}{2}\frac{\lambda\alpha}{s}}, \\ y_2 = s^{\pm\frac{\mu^2}{4\lambda\alpha}} e^{\pm\frac{1}{2}\frac{\lambda\alpha}{s}}. \end{cases}
$$

Diese Lösung stellt in Wirklichkeit vier verschiedene Integrale dar. Um über die Zusammengehörigkeit derselben zu entscheiden, setze man y_1 in die Differentialgleichung

$$
4s^4\frac{d^2y}{ds^2}+8s^3\frac{dy}{ds}-\{n(n+2)s^2-\mu^2 s+\lambda^2\alpha^2\}y=0
$$

ein. Man gelangt dann zuerst zu der folgenden Gleichung:

$$
4s^2\frac{d^2v}{ds^2}+\left(8s\pm 4\lambda\alpha\mp\frac{2\mu^2}{\lambda\alpha}s\right)\frac{dv}{ds}+\left[\frac{\mu^4}{4\lambda^2\alpha^2}\mp\frac{\mu^2}{\lambda\alpha}-n(n+2)\right]v=0;
$$

dieser muss nun durch eine ganze Function

$$
v=1+\alpha_1 s+\alpha_2 s^2+\cdots+\alpha_p s^p
$$

genügt werden. Die Bedingung dafür spricht sich in der Gleichung aus:

$$
\left[\pm\frac{\mu^2}{2\lambda\alpha}-(2p+1)\right]^2=(n+1)^2,\quad \text{d. h.}
$$

$$
(24)\qquad 2p=\pm\frac{\mu^2}{2\lambda\alpha}-1\mp(n+1)
$$

muss eine positive, ganze Zahl sein. Zugleich muss aber $\frac{\mu^2}{2\lambda\alpha}$ aus einer der Gleichungen (11a) entnommen sein. Man findet nun leicht, dass von den vier in (24) enthaltenen Bedingungsgleichungen nur zwei zu einem System geschlossener Integrale führen, während die zwei anderen den Fall betreffen, wo nur eines der Integrale das Product einer algebraischen Function in die in (18a) gegebenen Potenzen von s und von e ist. Die brauchbaren Werthe von $2p$ sind

$$
2p=\frac{\mu^2}{2\lambda\alpha}-1+(n+1),\quad \text{bez.}
$$

$$
2p=-\frac{\mu^2}{2\lambda\alpha}-1+(n+1).
$$

Mit Rücksicht auf (11a) entwerfe man folgende zwei Tabellen:

(25)

$2p = \frac{\mu^2}{2\lambda\alpha} - 1 + (n+1)$			$2p = -\frac{\mu^2}{2\lambda\alpha} - 1 + (n+1)$		
p	$\nu = n+1$	$\frac{\mu^2}{2\lambda\alpha}$	p	$\nu = n+1$	$\frac{\mu^2}{2\lambda\alpha}$
0	1	0	0	1	0
0	2	−1	1	2	−1
1	2	1	0	2	+1
0	3	−2	2	3	−2
*1	3	0	*1	3	0
2	3	2	0	3	2
0	4	−3	3	4	−3
*1	4	−1	*2	4	−1
*2	4	1	*1	4	1
3	4	3	0	4	3
0	5	−4	4	5	−4
*1	5	−2	*3	5	−2
*2	5	0	*2	5	0
*3	5	2	*1	5	2
4	5	4	0	5	4

Wir erkennen aus denselben: Für die nicht mit einem Stern versehenen Zeilen sind die in (18a) gegebenen Integrale y_1 und y_2 die gesuchte Lösung, und zwar entpricht einem Nullwerthe von p in der einen Tabelle der gegenüberstehende Werth von p in der anderen Tabelle, der eben so gross ist, als der gerade vorliegende Werth von n. Anders ist es für die mit einem Stern versehenen Zeilen. Zwar correspondiren auch hier gegenüberstehende Zeilen der beiden Tabellen, doch muss für die dort angegebenen Werthe von $\frac{\mu^2}{2\lambda\alpha}$ und ν das Integral y_1 aus (18a) in zwei verschiedene Lösungen zerlegt werden, nämlich in

$$(26) \qquad \begin{cases} (y_1)_1 = v_1 s^{-\frac{\mu^2}{2\lambda\alpha}} e^{-\frac{1}{2}\frac{\lambda\alpha}{s}} & \text{und} \\ (y_1)_{11} = v_2 s^{\frac{\mu^2}{2\lambda\alpha}} e^{\frac{1}{2}\frac{\lambda\alpha}{s}}, \end{cases}$$

aber so, dass

$$v_1 v_2 = v$$

ist.

Es ist also das Product v zweier Particularlösungen gleichsam in zwei Theile zerrissen worden, während Herr **Hermite** bekanntlich v in $\sqrt{v}\sqrt{v}$ zerlegt. Nehmen wir nun diejenigen Zeilen heraus, wo $\frac{\mu^2}{2\lambda\alpha} = 0$ ist, so ist für dieselben v in zwei **gleiche** Theile zerrissen; es kann dies nur stattfinden, wenn n eine gerade Zahl ist. Zugleich folgt dann aus dem Gleichungssystem (9), dass die Coefficienten a_i mit ungeraden Indices verschwinden, dass also v nach geraden Potenzen fortschreitet. Wir werden im nächsten Paragraphen sehen, dass der Fall $\frac{\mu^2}{2\lambda\alpha} = 0$ noch einer anderen Behandlung fähig ist, welche zu demselben Resultat führt und die directe Anwendung der **Hermite**'schen Integrationsmethode gestattet; ja wir werden zeigen, dass das Zerfällen von v nur auf eine einzige Art geschehen darf. Für die übrig bleibenden, mit einem Stern versehenen, Zeilen jedoch — und diese bilden bei dem weiteren Ausbau der Tabellen gerade die Mehrzahl — liegt eine Art der Zerlegung von v vor, die sich meines Wissens bisher noch nicht dargeboten hat.

Als Beispiel und Beweis für die Richtigkeit unserer Deduction wählen wir den letzten der in der Tabelle angegebenen Fälle, also $\nu = 5$, $\frac{\mu^2}{2\lambda\alpha} = 2$, $p = 3$ bez. 1. Wir setzen also an:

$$y_1 = v_1 s^{-1} e^{-\frac{1}{2}\frac{\lambda\alpha}{s}}$$
$$y_2 = v_2 s e^{\frac{1}{2}\frac{\lambda\alpha}{s}}$$

und $v_1 v_2 = v = s^4 - a_1 s^3 + a_2 s^2 - a_3 s + a_4$.

Berechnet man die Coefficienten a_p aus dem System (9), so findet man

$$v = s^4 + \frac{\lambda\alpha}{2} s^3 + \frac{\lambda^2\alpha^2}{16} s^2 - \frac{\lambda^3\alpha^3}{48} s - \frac{\lambda^4\alpha^4}{96},$$

oder

$$v = v_1 v_2 = (s^3 + \tfrac{3}{4}\lambda\alpha s^2 + \tfrac{1}{4}\lambda^2\alpha^2 s + \tfrac{1}{24}\lambda^3\alpha^3)\left(s - \frac{\lambda\alpha}{4}\right).$$

Daher

$$y_1 = (s^3 + \tfrac{3}{4}\lambda\alpha s^2 + \tfrac{1}{4}\lambda^2\alpha^2 s + \tfrac{1}{24}\lambda^3\alpha^3) s^{-1} e^{-\frac{1}{2}\frac{\lambda\alpha}{s}}$$
$$y_2 = \left(s - \frac{\lambda\alpha}{4}\right) s e^{\frac{1}{2}\frac{\lambda\alpha}{s}}$$

und beide Functionen genügen in der That der Differentialgleichung:

$$4s^4 \frac{d^2y}{ds^2} + 8s^3 \frac{dy}{ds} - \{24s^2 - 4\lambda a s + \lambda^2 a^2\} y = 0;$$

speciell ist v_1 ein Integral der Gleichung:

$$s^2 \frac{d^2 v_1}{ds^2} + \lambda a \frac{dv_1}{ds} - 6v_1 = 0$$

und v_2 ein solches der Gleichung:

$$s^2 \frac{d^2 v_2}{ds^2} + (4s - \lambda a) \frac{dv_2}{ds} - 4v_2 = 0.$$

Kommen wir schliesslich auf die noch nicht benutzten Werthe von $2p$ aus Gleichung (24) zurück, so sind dieselben

$$2p = \quad \frac{\mu^2}{2\lambda a} - 1 - (n+1), \quad \text{bez.}$$

$$2p = -\frac{\mu^2}{2\lambda a} - 1 - (n+1).$$

Sie besagen, dass in dem einen oder anderen Falle von den beiden Integralen der hyper-Bessel'schen Transcendente das eine das Product einer Exponentialfunction in eine von selbst abbrechende Reihe ist. Hierauf hat schon Herr Karl Baer auf S. 19—20 seiner früher citirten Abhandlung aufmerksam gemacht[1]).

§ 6.

Der specielle Fall der Bessel'schen Transcendente.

Erinnern wir uns der Erörterungen im § 4 des zweiten Abschnitts, so gelangt man zu Fourier-Bessel'schen Functionen, wenn man ausser $\varepsilon = 0$ noch $\lambda a = 0$ setzt. Daneben ergiebt aber die Determinante (10a), dass dann gleichzeitig $\mu = 0$ ist. Aus dem System (9) folgt, dass v sich zusammenzieht zu

$$v = s^n.$$

Also ist die Hermite'sche Integrationsmethode nicht anwendbar und

---

[1]) Zur Vergleichung der gegebenen Resultate mit denen des Herrn Baer sei bemerkt, dass derselbe $\nu = n+1$ mit m; $\frac{\mu^2}{2\lambda a}$ mit n; $\frac{\lambda a}{2s}$ mit r bezeichnet.

es ist:

$$(19a)\qquad \begin{cases} y_1 = \sqrt{v} = s^{\frac{n}{2}} \\ y_2 = s^{\frac{n}{2}} \int \frac{ds}{s^{n+2}} = -\frac{1}{\nu} s^{-\frac{n}{2}-1}. \end{cases}$$

Wird statt s die Variabele $\frac{1}{u^2}$ eingeführt, so ist

$$y_1 = u^{-n}, \quad y_2 = -\frac{1}{\nu} u^{n+2},$$

also

$$\frac{y_1}{u} = \varphi_1 = u^{-\nu}$$

$$\frac{y_2}{u} = \varphi_2 = -\frac{1}{\nu} u^{\nu};$$

endlich $v = \varphi\sqrt{u} = u^{\frac{1}{2}}(\alpha u^{\nu} + \beta u^{-\nu})$ in Uebereinstimmung mit S. 44 meiner Dissertation.

Wir gelangen aber zweitens zu Bessel'schen Functionen, wenn wir $\varepsilon = 0$ und $\mu = 0$ setzen. Für diesen Fall leitet man aus (10a) die Nebenbedingung ab:

$$[10a]\quad \begin{cases} 0 = \lambda^2\alpha^2 n . \lambda^2\alpha^2(n-2) . \lambda^2\alpha^2(n-4) \dots . \\ \qquad \dots 1(2n+1)n . 3(2n-1)(n-2) . 5(2n-3)(n-4) \dots . \end{cases}$$

Unterscheiden wir nun zwei Fälle. Erstens n ist eine ungerade Zahl, also $n = 2r+1$; dann ist $\nu = 2r+2$ eine gerade Zahl. Der Gleichung [10a] kann jetzt nicht anders genügt werden, als wenn man $\lambda\alpha = 0$ setzt. Wir erhalten daher den soeben besprochenen Fall noch einmal mit den in (19a) niedergeschriebenen Integralen.

Interessanter ist aber die andere Annahme, dass n eine gerade Zahl, also $n = 2r$, ist. Dann ist $\nu = n+1 = 2r+1$ eine ungerade Zahl. Die Gleichung [10a] wird jetzt von selbst erfüllt, welchen Werth auch $\lambda\alpha$ hat. Aus Abschnitt II, § 4 ersehen wir, dass

$$(28)\quad y = u\varphi = u\left\{G J_{\frac{2r+1}{2}}\left(\frac{i\lambda\alpha}{2} u^2\right) + G' K_{\frac{2r+1}{2}}\left(\frac{i\lambda\alpha}{2} u^2\right)\right\}$$

oder in Heine'scher Bezeichnung

$$y = u^2\left\{G\psi_r\left(\frac{i\lambda\alpha}{2} u^2\right) + G'\Psi_r\left(\frac{i\lambda\alpha}{2} u^2\right)\right\}$$

ist. Die Function y ist also wesentlich zusammengesetzt aus jener Bessel'schen Transcendente, deren Index die Hälfte einer ungeraden Zahl ist. Wir erhielten direkt eine Darstellung dieser Function in (26), worauf soeben in § 5 aufmerksam gemacht worden war. Diese Function ist vielfach behandelt worden. Zuerst hat wohl Poisson in seiner Théorie mathématique de la chaleur, Paris 1835, S. 161 Nr. 82 eine Reihenentwickelung derselben gegeben. Herr Kummer[1]) weist ein Jahr später auf den Zusammenhang der Function mit der hypergeometrischen Reihe hin. Serret[2]) stellt sie als vielfachen Differentialquotienten einer gewissen Function dar. Heine kommt mehrfach in seinem Handbuch (Bd. I, S. 82, 239, 344; Bd. II, S. 213, 324) auf dieselbe zurück; doch bezeichnet er sie im zweiten Bande aus Versehen als Cylinderfunction dritter Ordnung, während sie doch eine solche der zweiten Ordnung ist. Im Anschluss an Heine widmet ihr Herr Otto Baer[3]) eine genauere Untersuchung; auch Herr Lommel behandelt sie in seiner „Theorie der Bessel'schen Functionen". Besonders hervorzuheben ist aber, dass die genannte Function ein functionentheoretischer Grenzfall der Lamé-Hermite'schen Gleichung vom I. Typus ist. Geht man also aus von

$$\frac{d^2\varphi}{du'^2} = \{r(r+1)(\wp u' - e_\lambda) - h^2\}\varphi$$

und setzt die Invarianten g_2 und g_3 der $\wp$-Function gleich Null, so ergiebt sich:

$$\frac{d^2\varphi}{du'^2} = \left\{\frac{r(r+1)}{u'^2} - h^2\right\}\varphi. \tag{29}$$

Die Substitution

$$\varphi = z\sqrt{u'}$$

lässt erkennen, dass z der Differentialgleichung genügt:

$$\frac{d^2z}{du'^2} + \frac{1}{u'}\frac{dz}{du'} + \left\{h^2 - \frac{(2r+1)^2}{4u'^2}\right\}z = 0$$

---

[1]) Kummer, Ueber die hypergeometrische Reihe. Crelle's Journal, Bd. 15.

[2]) Serret, Mémoire sur l'intégration d'une équation différentielle à l'aide des différentielles à indices quelconques. Journal de Liouville, Tome 9, p. 193. 1844; man vergl. auch Nicolas, Étude des Fonctions de Fourier. Annales de l'Ecole Normale Supérieure. II. Série. Tome 11, 1882.

[3]) O. Baer, Ueber die Bewegung der Wärme in einer homogenen Kugel. Wissenschaftliche Beilage zum Programm des Collège royal français. Berlin, 1878.

und mit der Function $[\varphi]_{\mu=0}$ aus Abschnitt II, Gleichung (22a), abgesehen von der Bezeichnung der Parameter, identisch ist.

Macht man in (29) $\frac{1}{u'^2} = s'$ zur unabhängigen Variablen, so ist

$$4s'^2 \frac{d^2\varphi}{ds'^2} + 6s'^2 \frac{d\varphi}{ds'} - \{r(r+1)s' - h^2\}\varphi = 0.$$

Das Product der beiden Particularlösungen φ_1 und φ_2, also

$$v = \varphi_1 \varphi_2,$$

genügt daher der Differentialgleichung:

$$2s'^3 v''' + 9s'^2 v'' + 6s' v' = 2\{r(r+1)s' - h^2\}v' + r(r+1)v,$$

welche durch die ganze Function:

$$v = s'^r - a_1' s'^{r-1} + a_2' s'^{r-2} - \cdots + (-1)^p a_p' s'^{r-p} \cdots + (-1)^r a_r'$$

befriedigt wird. Die Coefficienten der letzteren sind durch die Gleichung verbunden:

$$p(2r-p+1)(2r-2p+1)a_p' + 2h^2(r-p+1)a_{p-1}' = 0.$$
$$p = 1, 2, \ldots r.$$

Demnach ist nach Herrn Hermite unter den bekannten Voraussetzungen:

$$\varphi_1 = \sqrt{v}\, e^{\frac{C}{2}\int \frac{ds'}{vs'\sqrt{s'}}},$$
$$\varphi_2 = \sqrt{v}\, e^{-\frac{C}{2}\int \frac{ds'}{vs'\sqrt{s'}}}.$$

Weiter ist:

$$C = \pm v'(s_\tau')s_\tau'\sqrt{s_\tau'}$$

oder

$$C = \pm hi(-1)^r a_r'.$$

Daraus ergiebt sich nun:

$$\varphi_1 = \sqrt{v}\prod_{\tau=1}^{\tau=r}\left(\frac{\sqrt{s'}-\sqrt{s_\tau'}}{\sqrt{s'}+\sqrt{s_\tau'}}\right)^{\frac{1}{2}} e^{-\frac{hi}{\sqrt{s'}}} = \prod_{\tau=1}^{\tau=r}(\sqrt{s'}-\sqrt{s_\tau'})e^{-\frac{hi}{\sqrt{s'}}},$$

$$\varphi_2 = \sqrt{v}\prod_{\tau=1}^{\tau=r}\left(\frac{\sqrt{s'}+\sqrt{s_\tau'}}{\sqrt{s'}-\sqrt{s_\tau'}}\right)^{\frac{1}{2}} e^{\frac{hi}{\sqrt{s'}}} = \prod_{\tau=1}^{\tau=r}(\sqrt{s'}+\sqrt{s_\tau'})e^{\frac{hi}{\sqrt{s'}}}.$$

Will man diese Lösung mit (26) in Einklang bringen, so bedenke man, dass $s' = s^2$, $s'_\tau = s_\tau^2$, $hi = \frac{\lambda a}{2}$ ist. Alsdann folgt:

$$\varphi_1 = \prod_{\tau=1}^{\tau=r} (s - s_\tau) e^{-\frac{\lambda a}{2s}},$$

$$\varphi_2 = \prod_{\tau=1}^{\tau=r} (s + s_\tau) e^{\frac{\lambda a}{2s}},$$

also genau die in (26) gegebenen Integrale für $\mu^2 = 0$, und zugleich ist gezeigt worden, dass die Trennung von v in zwei dem Grade nach gleiche Hälften nur auf eine Weise geschehen darf, nämlich — die Realität der Wurzeln von $v = 0$ für den Augenblick vorausgesetzt — so, dass auf der einen Seite sich nur die positiven, auf der anderen nur die negativen Wurzeln befinden.

B. Entwickelung der Heine'schen Function in Reihen.

§ 7.

Legen wir die Differentialgleichung zu Grunde:

$$(1)\quad 4s^3(s-\varepsilon^2)\frac{d^2y}{ds^2} + 2s^2(4s-3\varepsilon^2)\frac{dy}{ds} - \left\{(\nu^2-1)s^2 - \left(\mu^2 - \frac{\varepsilon^2}{4}\right)s + \lambda^2 a^2\right\}y = 0,$$

so erkennen wir, dass der Grad der Vielfachheit der singulären Stelle $s = 0$, für deren Umgebung wir die Function y entwickeln wollen, die Ordnung der Differentialgleichung übersteigt, und dass ausserdem sich für dieselbe eine determinirende Fundamentalgleichung nicht bilden lässt. Diese beiden Merkmale lassen den Punkt $s = 0$ als eine Stelle der Unbestimmtheit im Giltigkeitsbereich des Integrals erscheinen. Wir wollen uns vornehmen das erste Merkmal fortzuschaffen. Dazu ist von y der determinirende Factor abzusondern, der sich uns bereits in (18) von selbst dargeboten hat; es ist die Exponentialfunction

$$(30)\qquad f = e^{\pm\frac{\lambda a}{\varepsilon^2}\frac{\sqrt{s^2-\varepsilon^2 s}}{s}}.$$

Wenn man nun

$$(31)\qquad y = f.\zeta$$

setzt, so genügt ζ einer gewissen Differentialgleichung, in welcher der Coefficient von $\frac{d^2\zeta}{ds^2}$ nur proportional mit s^2 ist. Aber in der gedachten Differentialgleichung ist wegen der Natur des Exponenten von f der Coefficient von $\frac{d\zeta}{ds}$ irrational, deshalb ist f vorher so zu transformiren, dass diese Irrationalität verschwindet. Dazu hat uns das im § 3 für $n=0$ behandelte Beispiel bereits einen Wink gegeben, denn es ist wegen der Bedeutung von s

$$f = e^{\pm \frac{\lambda a}{\varepsilon^2} \cos \varepsilon u}.$$

Darum führen wir am einfachsten die neue Veränderliche

$$(32) \qquad v_1 = \frac{1}{\cos \varepsilon u} = \frac{1}{\varrho} = \frac{s}{\sqrt{s^2 - \varepsilon^2 s}},$$

demnach

$$s = \frac{\varepsilon^2 v_1^2}{v_1^2 - 1}$$

in die Differentialgleichung (15) des II. Abschnittes, also in

$$(1-\varrho^2)\frac{d^2\varphi}{d\varrho^2} - 2\varrho\frac{d\varphi}{d\varrho} + \left\{\frac{\mu^2}{\varepsilon^2} - \frac{1}{4} - \frac{\nu^2}{1-\varrho^2} - \frac{\lambda^2 a^2}{\varepsilon^4}(1-\varrho^2)\right\}\varphi = 0$$

ein und erhalten:

$$v_1^4(v_1^2-1)^2\frac{d^2\varphi}{dv_1^2} + 2v_1^5(v_1^2-1)\frac{d\varphi}{dv_1} + \left\{\left(\frac{\mu^2}{\varepsilon^2} - \frac{1}{4}\right)v_1^2(v_1^2-1) - \nu^2 v_1^4 - \frac{\lambda^2 a^2}{\varepsilon^4}(v_1^2-1)^2\right\}\varphi = 0.$$

Nun war

$$\varphi = y s^{\frac{1}{2}} = y\frac{\varepsilon v_1}{\sqrt{v_1^2 - 1}},$$

daher genügt y der Differentialgleichung:

$$(33) \quad \begin{cases} v_1^4(v_1^2-1)^2\dfrac{d^2y}{dv_1^2} + 2v_1^3(v_1^2-1)^2\dfrac{dy}{dv_1} \\ + \left\{\left(\dfrac{\mu^2}{\varepsilon^2} - \dfrac{1}{4}\right)v_1^2(v_1^2-1) - (\nu^2-1)v_1^4 - \dfrac{\lambda^2 a^2}{\varepsilon^4}(v_1^2-1)^2\right\}y = 0. \end{cases}$$

Wir substituiren

$$(34) \qquad y = \zeta e^{\pm \frac{\lambda a}{\varepsilon^2}\frac{1}{v_1}}$$

und dies ergiebt:

$$(35) \quad \begin{cases} v_1^2(v_1^2-1)^2\dfrac{d^2\zeta}{dv_1^2} + 2(v_1^2-1)^2\left(v_1 \mp \dfrac{\lambda a}{\varepsilon^2}\right)\dfrac{d\zeta}{dv_1} \\ + \left\{v_1^2\left(\dfrac{\mu^2}{\varepsilon^2} + \dfrac{3}{4} - \nu^2\right) - \left(\dfrac{\mu^2}{\varepsilon^2} - \dfrac{1}{4}\right)\right\}\zeta = 0. \end{cases}$$

Damit ist für die Stelle $v_1 = 0$, die dem Punkte $s = 0$ entspricht, jenes erste Merkmal für eine Stelle der Unbestimmtheit verschwunden, aber das zweite ist geblieben; für unsere Differentialgleichung lässt sich eine determinirende Fundamentalgleichung nicht bilden. Wir wissen daher nicht, zu welchem Exponenten das erste particuläre Integral ζ_1 gehört. Wir werden, wie im fünften Theile, ζ_1 zum Exponenten Null gehörig betrachten — der Factor $\left(v_1 \mp \frac{\lambda\alpha}{\varepsilon^2}\right)$ macht dies sogar notwendig — und für diese Function die Entwickelbarkeit in die Potenzreihe $\zeta_1 = \sum\limits_{p=0}^{p=\infty} \beta_p v_1^p$ annehmen.

Um aber genau in Uebereinstimmung mit den Resultaten des Abschnittes (A) zu bleiben, sondern wir von ζ den Factor $(v_1^2-1)^{-\frac{n}{2}}$ ab, setzen also in (35) ein:

$$\zeta = \psi(v_1^2-1)^{-\frac{n}{2}}, \tag{36}$$

wodurch

$$y = \psi(v_1^2-1)^{-\frac{n}{2}} e^{\pm\frac{\lambda\alpha}{\varepsilon^2}\frac{1}{v_1}} \tag{34a}$$

und die adjungirte Function

$$\varphi = \psi \varepsilon v_1 (v_1^2-1)^{-\frac{(n+1)}{2}} e^{\pm\frac{\lambda\alpha}{\varepsilon^2}\frac{1}{v_1}} \tag{37}$$

werden, führen ausserdem der Abkürzung wegen

$$k = \frac{\mu^2}{\varepsilon^2} - \tfrac{1}{4} = \varkappa(\varkappa+1) \tag{38}$$

ein und erkennen, dass ψ der Differentialgleichung genügt:

$$\tag{39}\left\{\begin{aligned} & v_1^2(v_1^2-1)^2\frac{d^2\psi}{dv_1^2} + 2(v_1^2-1)\left[(1-n)v_1^3 \mp \frac{\lambda\alpha}{\varepsilon^2}v_1^2 - v_1 \pm \frac{\lambda\alpha}{\varepsilon^2}\right]\frac{d\psi}{dv_1} \\ & + \left\{n(n-1)v_1^4 \pm 2n\frac{\lambda\alpha}{\varepsilon^2}v_1^3 + (k-n(n-1))v_1^2 \mp 2n\frac{\lambda\alpha}{\varepsilon^2}v_1 - k\right\}\psi = 0. \end{aligned}\right.$$

Indem wir nun für das erste particuläre Integral die Reihe

$$\psi_1 = b_0 + b_1 v_1 + b_2 v_1^2 + \cdots + b_p v_1^p + \cdots \tag{40}$$

in (39) einführen und den Coefficienten von v_1^p gleich Null setzen, erhalten wir die Recursionsformel:

$$
(41)\left\{\begin{aligned}
&b_{p-4}\{(p-4)(p-3)+n(n+7-2p)\}\pm\frac{2\lambda\alpha}{\varepsilon^2}\,b_{p-3}(n-p+3)\\
&-b_{p-2}\{2(p-2)(p-1)+n(n+3-2p)-k\}\pm\frac{2\lambda\alpha}{\varepsilon^2}\,b_{p-1}(2p-2-n)\\
&\qquad\qquad+b_p(p(p+1)-k)\mp\frac{2\lambda\alpha}{\varepsilon^2}\,b_{p+1}(p+1)=0.
\end{aligned}\right.
$$

Aus derselben folgt:

$$
(42)\left\{\begin{aligned}
&b_1=\mp\frac{k\varepsilon^2}{2\lambda\alpha}\,b_0,\\
&b_2=\frac{k(k-2)\varepsilon^4-4\lambda^2\alpha^2 n}{2!(2\lambda\alpha)^2}\,b_0,\\
&b_3=\mp\frac{k(k-2)(k-6)\varepsilon^6-4\lambda^2\alpha^2\varepsilon^2[k(3n-2)-2n(n+2)]}{3!(2\lambda\alpha)^3}\,b_0,\\
&b_4=\frac{k(k-2)(k-6)(k-12)\varepsilon^8-8\lambda^2\alpha^2\varepsilon^4 k[(3n-4)k-4n^2-14n+12]+48\lambda^2\alpha^2 n[\lambda^2\alpha^2(n-2)-2\varepsilon^4(n+2)]}{4!(2\lambda\alpha)^4}\\
&\ldots\ldots\ldots\ldots\ldots\ldots\ldots\ldots
\end{aligned}\right.
$$

Daraus gehen durch Trennen der oberen von den unteren Vorzeichen die folgenden beiden ersten particulären Integrale hervor:

$$
(43)\left\{\begin{aligned}
\bar{y}_1&=b_0(v_1^2-1)^{-\frac{n}{2}}e^{\frac{\lambda\alpha}{\varepsilon^2}\frac{1}{v_1}}\\
&\left\{1-\frac{k\varepsilon^2}{1!}\left(\frac{v_1}{2\lambda\alpha}\right)+\frac{[k(k-2)\varepsilon^4-4\lambda^2\alpha^2 n]}{2!}\left(\frac{v_1}{2\lambda\alpha}\right)^2\mp\cdots\right\},\\
y_1^*&=b_0'(v_1^2-1)^{-\frac{n}{2}}e^{-\frac{\lambda\alpha}{\varepsilon^2}\frac{1}{v_1}}\\
&\left\{1+\frac{k\varepsilon^2}{1!}\left(\frac{v_1}{2\lambda\alpha}\right)+\frac{[k(k-2)\varepsilon^4-4\lambda^2\alpha^2 n]}{2!}\left(\frac{v_1}{2\lambda\alpha}\right)^2+\cdots\right\}.
\end{aligned}\right.
$$

Zugleich erkennen wir aus (42), dass der Zähler von

b_1 für $n=0$ lautet: $\mu^2-\frac{\varepsilon^2}{4}$,

b_2 „ $n=1$ „ : $\left(\mu^2-\frac{9}{4}\varepsilon^2\right)\left(\mu^2-\frac{\varepsilon^2}{4}\right)-4\lambda^2\alpha^2$,

b_3 „ $n=2$ „ : $\left(\mu^2-\frac{25}{4}\varepsilon^2\right)\left(\mu^2-\frac{9}{4}\varepsilon^2\right)\left(\mu^2-\frac{\varepsilon^2}{4}\right)$

$-16\lambda^2\alpha^2\left(\mu^2-\frac{17}{4}\varepsilon^2\right)$,

b_4 „ $n=3$ „ : $\left(\mu^2-\frac{49}{4}\varepsilon^2\right)\left(\mu^2-\frac{25}{4}\varepsilon^2\right)\left(\mu^2-\frac{9}{4}\varepsilon^2\right)\left(\mu^2-\frac{\varepsilon^2}{4}\right)$

$-8\lambda^2\alpha^2\left(\mu^2-\frac{\varepsilon^2}{4}\right)\left(5\left(\mu^2-\frac{\varepsilon^2}{4}\right)-66\varepsilon^2\right)-1440\lambda^2\alpha^2\varepsilon^4+144\lambda^4\alpha^4$,

. . . .

so dass wir also **genau auf die linken Seiten der Gleichungen** (11) gekommen sind.

Zur Entwickelung der zugehörigen zweiten particulären Integrale erinnern wir an die Formel

$$\psi_2 = C\psi_1 \int \frac{e^{-\int P dv_1} dv_1}{\psi_1^2},$$

welche hier ergiebt:

$$\psi_2 = C\psi_1 \int e^{\mp\frac{2\lambda\alpha}{\varepsilon^2}\frac{1}{v_1}} \frac{(v_1^2-1)^n}{v_1^2} \frac{dv_1}{\psi_1^2}.$$

Wird für $\frac{1}{\psi_1^2}$ die obige Potenzreihe eingeführt und $(v_1^2-1)^n$ entwickelt, so kann man die einzelnen Theilintegrale sämmtlich auf den Integrallogarithmus reduciren und man erhält:

$$(44)\left\{\begin{aligned}\int e^{\mp\frac{2\lambda\alpha}{\varepsilon^2}\frac{1}{v_1}} \frac{(v_1^2-1)^n}{v_1^2}\frac{dv_1}{\psi_1^2} &= C_1 e^{\mp\frac{2\lambda\alpha}{\varepsilon^2}\frac{1}{v_1}}\left(\pm\frac{\varepsilon^2}{2\lambda\alpha}+a_1'v_1+a_2'v_1^2+\cdots\right)\\ &\quad +B\int e^{\mp\frac{2\lambda\alpha}{\varepsilon^2}\frac{1}{v_1}}\frac{dv_1}{v_1},\end{aligned}\right.$$

wo B eine Constante ist, welche sich als eine nach Potenzen von $\left(\pm\frac{2\lambda\alpha}{\varepsilon^2}\right)$ ansteigende Reihe darstellt. (Man vergl. die entsprechenden Entwickelungen von Theil 5.) Demnach ist ψ_2 von der Form

$$(45)\quad \psi_2 = e^{\mp\frac{2\lambda\alpha}{\varepsilon^2}\frac{1}{v_1}}(l_0+l_1v_1+l_2v_1^2+\cdots+l_pv_1^p+\cdots)+B\psi_1\int e^{\mp\frac{2\lambda\alpha}{\varepsilon^2}\frac{1}{v_1}}\frac{dv_1}{v_1}$$

und es verbleibt die Bestimmung der Coefficienten $l_1, l_2 \dots l_p \dots$. Dazu führe man ψ_2 in die Differentialgleichung (39) ein, so gelangt man zu der folgenden Gleichung:

$$(46)\left\{\begin{aligned}&\left\{n(n-1)v_1^4\mp 2n\frac{\lambda\alpha}{\varepsilon^2}v_1^3+(k-n(n-1))v_1^2\pm 2n\frac{\lambda\alpha}{\varepsilon^2}v_1-k\right\}\times\\ &\qquad\qquad \{l_0+l_1v_1+l_2v_1^2+\cdots+l_pv_1^p+\cdots\}\\ &+2(v_1^2-1)\left\{(1-n)v_1^3\pm\frac{\lambda\alpha}{\varepsilon^2}v_1^2-v_1\mp\frac{\lambda\alpha}{\varepsilon^2}\right\}\times\\ &\qquad\qquad \{l_1+2l_2v_1+3l_3v_1^2+\cdots+pl_pv_1^{p-1}+\cdots\}\\ &+v_1^2(v_1^2-1)^2\{2.1l_2+3.2l_3v_1+\cdots+p(p-1)l_pv_1^{p-2}+\cdots\}\\ &-B(v_1^2-1)\{b_0+3b_1v_1+(5b_2+(2n-1)b_0)v_1^2\\ &+(7b_3+(2n-3)b_1)v_1^3+\cdots+((2p+1)b_p+(2n-2p+3)b_{p-2})v_1^p\cdots\},\end{aligned}\right.$$

wo die Coefficienten $b_1, b_2, b_3 \ldots$ aus (42) zu entnehmen sind. Indem man den Coefficienten von v_1^p der Null gleich setzt, erhält man zwischen je sechs der Coefficienten l_p die folgende Relation:

$$(47)\left\{\begin{array}{l}\pm\frac{2\lambda\alpha}{\varepsilon^2}(p+1)l_{p+1}+(p(p+1)-k)l_p\mp\frac{2\lambda\alpha}{\varepsilon^2}(2p-2-n)l_{p-1}\\ -\{(n-p+2)(n-p+1)-k+(p-2)(p-1)\}l_{p-2}\\ \pm\frac{2\lambda\alpha}{\varepsilon^2}(p-3-n)l_{p-3}+(n-p+4)(n-p+3)l_{p-4}\\ \quad+B[(2p+1)b_p+2(n-2p+3)b_{p-2}-(2n-2p+7)b_{p-4}]=0.\end{array}\right.$$

Im besonderen ergiebt sich:

$$(48)\left\{\begin{array}{l}l_1=\pm\frac{k\varepsilon^2 l_0-Bb_0\varepsilon^2}{1!(2\lambda\alpha)},\\ l_2=\frac{[k(k-2)\varepsilon^4-4\lambda^2\alpha^2 n]l_0+2Bb_0\varepsilon^4(k+1)}{2!(2\lambda\alpha)^2},\\ l_3=\pm\frac{[k(k-2)(k-6)\varepsilon^6-4\lambda^2\alpha^2\varepsilon^2(k(3n-2)-2n(n+2))]l_0+3Bb_0\varepsilon^2(4\lambda^2\alpha^2 n-\varepsilon^4(k^2+4))}{3!(2\lambda\alpha)^3},\\ \ldots\ldots\ldots\ldots\ldots\ldots\end{array}\right.$$

indem die ersten aus (47) fliessenden Gleichungen lauten:

$$(49)\left\{\begin{array}{lllll}B.b_0 & \pm\frac{2\lambda a}{\varepsilon^2}l_1 & & & =kl_0\\ B.3b_1 & -(k-2)l_1 & \pm\frac{2\lambda a}{\varepsilon^2}\cdot 2l_2 & & =\mp\frac{2\lambda a}{\varepsilon^2}nl_0\\ B[5b_2+2(n-1)b_0] & \pm\frac{2\lambda a}{\varepsilon^2}(n-2)l_1 & -(k-6)l_2 & \pm\frac{2\lambda a}{\varepsilon^2}\cdot 3l_3 & =(n(m-1)-k\\ B[7b_3+2(n-3)b_1] & -[(n-1)(n-2)-(k-2)]l_1 & \pm\frac{2\lambda a}{\varepsilon^2}(n-4)l_2 & -(k-12)l_3 & \\ & & \pm\frac{2\lambda a}{\varepsilon^2}\cdot 4l_4 & & =\pm\frac{2\lambda a}{\varepsilon^2}nl_0\\ B[9b_4+2(n-5)b_2-(2n-1)b_0] & \mp\frac{2\lambda a}{\varepsilon^2}(n-1)l_1 & -[(n-2)(n-3)-(k-6)]l_2 & \pm\frac{2\lambda a}{\varepsilon^2}(n-6)l_3 & \\ & & -(k-20)l_4 & \pm\frac{2\lambda a}{\varepsilon^2}\cdot 5l_5 & =-m(n-1)l_0\\ B[11b_5+2(n-7)b_3-(2n-3)b_1] & +(n-1)(n-2)l_1 & \mp\frac{2\lambda a}{\varepsilon^2}(n-2)l_2 & -[(n-3)(n-4)-(k-12)]l_3 & \\ & & \multicolumn{3}{l}{\pm\frac{2\lambda a}{\varepsilon^2}(n-8)l_4-(k-30)l_5\pm\frac{2\lambda a}{\varepsilon^2}\cdot 6l_6=0}\\ \ldots & \ldots & \ldots & \ldots & \ldots\end{array}\right.$$

Wir haben also in derselben Weise zu verfahren wie im fünften Theile auf S. 105. Berechnet man speciell $B.b_0$, so stellt sich der Zähler dieser Grösse in Form einer Determinante dar, welche heisst:

$$(50)\quad \varDelta = l_0 \begin{vmatrix} k & \pm\frac{2\lambda a}{\varepsilon^2} & 0 & 0 & 0 & \dots \\ \mp\frac{2\lambda a}{\varepsilon^2}n & -(k-2) & \pm\frac{2\lambda a}{\varepsilon^2}\cdot 2 & 0 & 0 & \dots \\ n(n-1)-k & \pm\frac{2\lambda a}{\varepsilon^2}(n-2) & -(k-6) & \pm\frac{2\lambda a}{\varepsilon^2}\cdot 3 & 0 & \dots \\ \pm\frac{2\lambda a}{\varepsilon^2}n & -[(n-1)(n-2)-(k-2)] & \pm\frac{2\lambda a}{\varepsilon^2}(n-4) & -(k-12) & \pm\frac{2\lambda a}{\varepsilon^2}\cdot 4 & \dots \\ -n(n-1) & \mp\frac{2\lambda a}{\varepsilon^2}(n-1) & -[(n-2)(n-3)-(k-6)] & \pm\frac{2\lambda a}{\varepsilon^2}(n-6) & -(k-20) & \dots \\ 0 & (n-1)(n-2) & \mp\frac{2\lambda a}{\varepsilon^2}(n-2) & -[(n-3)(n-4)-(k-12)] & \pm\frac{2\lambda a}{\varepsilon^2}(n-8) & \dots \\ 0 & 0 & \cdot & \cdot & \cdot & \dots \\ 0 & 0 & \cdot & \cdot & \cdot & \dots \\ \cdot & \cdot & \cdot & \cdot & \cdot & \dots \\ \cdot & \cdot & \cdot & \cdot & \cdot & \dots \\ \cdot & \cdot & \cdot & \cdot & \cdot & \dots \end{vmatrix}$$

oder nach einigen leichten Umformungen

$$(51)\quad -\varDelta = l_0 \begin{vmatrix} -k & \pm\frac{2\lambda a}{\varepsilon^2} & 0 & 0 & 0 & \dots \\ \pm\frac{2\lambda a}{\varepsilon^2}n & -(k-2) & \pm\frac{2\lambda a}{\varepsilon^2}\cdot 2 & 0 & 0 & \dots \\ -n(n-1) & \pm\frac{2\lambda a}{\varepsilon^2}(n-1) & -(k-6) & \pm\frac{2\lambda a}{\varepsilon^2}\cdot 3 & 0 & \dots \\ 0 & -(n-1)(n-2) & \pm\frac{2\lambda a}{\varepsilon^2}(n-2) & -(k-12) & \pm\frac{2\lambda a}{\varepsilon^2}\cdot 4 & \dots \\ 0 & 0 & -(n-2)(n-3) & \pm\frac{2\lambda a}{\varepsilon^2}(n-3) & -(k-20) & \dots \\ 0 & 0 & 0 & \cdot & \cdot & \dots \\ \cdot & \cdot & \cdot & \cdot & \cdot & \dots \\ \cdot & \cdot & \cdot & \cdot & \cdot & \dots \\ \cdot & \cdot & \cdot & \cdot & \cdot & \dots \end{vmatrix}$$

Es ist also nach dem Determinantensatz von Laplace für

$$(52)\begin{cases} n=0, & \varDelta = \frac{l_0}{\varepsilon^2}\, k\varepsilon^2 \varDelta_1, \\ n=1, & -\varDelta = \frac{l_0}{\varepsilon^4}\,(k(k-2)\varepsilon^4 - 4\lambda^2 a^2 n)\varDelta_2, \\ n=2, & \varDelta = \frac{l_0}{\varepsilon^6}\,\{k(k-2)(k-6)\varepsilon^6 - 4\lambda^2 a^2 \varepsilon^2 [k(3n-2)-2n(n+2)]\}\varDelta_3, \\ \dots & \dots \end{cases}$$

wo $\varDelta_1$, $\varDelta_2$, $\varDelta_3$, ... die den voranstehenden Factoren correspondirenden Unterdeterminanten sind. Hingegen ist der Nenner von Bb_0 diejenige Determinante D, die aus (50) hervorgeht, wenn dort die Elemente der ersten Colonne durch die Coefficienten von Bb_0 im Gleichungssystem (49) ersetzt werden. Daher ist wie auf S. 106 im fünften Theil

$$(53)\qquad B b_0 = \frac{\varDelta}{D}, \quad \text{oder} \quad -\varDelta + B b_0 D = 0.$$

Wieder liesse sich zeigen, dass durch Spalten der in den Elementen von $\varDelta$ und D vorkommenden doppelten Vorzeichen zwei Werthe von B, nämlich $\overline{B}$ und B^*, sich ergeben, die sich nur durch das Vorzeichen selbst von einander unterscheiden; wir kommen gleich darauf zurück, stellen vorher aber die zweiten particulären Integrale unserer beiden gesuchten Fundamentalsysteme auf. Mit Rüçksicht auf (45) und (34a) ergiebt sich:

$$(54)\begin{cases} \overline{y}_2 = l'(v_1^2-1)^{-\frac{n}{2}} e^{-\frac{\lambda a}{\varepsilon^2}\frac{1}{v_1}} \Big\{ l_0 + \frac{k\varepsilon^2 l_0 - \overline{B} b_0 \varepsilon^2}{1!}\left(\frac{v_1}{2\lambda a}\right) \\ \qquad + \frac{[k(k-2)\varepsilon^4 - 4\lambda^2 a^2 n] l_0 + 2\overline{B} b_0 \varepsilon^4 (k+1)}{2!}\left(\frac{v_1}{2\lambda a}\right)^2 + \cdots \Big\} \\ \qquad\qquad + \overline{B}.\overline{y}_1 \int e^{-\frac{2\lambda a}{\varepsilon^2}\frac{1}{v_1}} \frac{dv_1}{v_1} \\ y_2^* = l_1'(v_1^2-1)^{-\frac{n}{2}} e^{\frac{\lambda a}{\varepsilon^2}\frac{1}{v_1}} \Big\{ l_0 - \frac{k\varepsilon^2 l_0 - B^* b_0 \varepsilon^2}{1!}\left(\frac{v_1}{2\lambda a}\right) \\ \qquad + \frac{[k(k-2)\varepsilon^4 - \lambda^2 a^2 n] l_0 + 2B^* b_0 \varepsilon^4 (k+1)}{2!}\left(\frac{v_1}{2\lambda a}\right)^2 \mp \cdots \Big\} \\ \qquad\qquad + B^*.y_1^* \int e^{+\frac{2\lambda a}{\varepsilon^2}\frac{1}{v_1}} \frac{dv_1}{v_1}. \end{cases}$$

Damit haben wir für die Heine'sche Function, definirt durch die Differentialgleichung (33) zwei von einander verschiedene Fundamentalsysteme von Integralen in der Umgebung der Stelle der Unbestimmtheit $v_1 = 0$ bez. $s = 0$ abgeleitet. Es sind irreguläre Integrale, die zur Klasse der Thomé'schen Normalintegrale gehören; aber die in ihnen vorkommenden Reihen sind divergent, wie der Integrallogarithmus sofort anzeigt. Die Beziehung der beiden Systeme gegen einander zu ermitteln, gelang noch nicht; sie scheinen von einander unabhängig zu sein; sie haben nur eine formelle Bedeutung, denn keines von beiden ist im Stande, die Heine'sche Function in der Umgebung von $s = 0$ darzustellen. Eine Bedeutung erhalten (43) und (54) erst, wenn das logarithmische Glied aus $\overline{y}_2$ und y_2^* verschwindet. Dies geschieht, wenn

$$(55)\qquad \overline{B} = 0 \quad \text{bez.} \quad B^* = 0$$

ist. Dann ist

$$\bar{y}_1 = y_2^* \quad \text{und} \quad \bar{y}_2 = y_1^*, \tag{56}$$

die beiden Systeme gehen also in einander über. Die Bedingung $B = 0$ zieht nach (53) die andere

$$\varDelta = 0 \tag{57}$$

nach sich. Aber aus (52) müssen wir schliessen: Ist $n = 0 (\nu = 1)$ und $\varDelta = 0$, so ist entweder $\varepsilon^2 k = \mu^2 - \frac{\varepsilon^2}{4} = 0$ oder $\varDelta_1 = 0$. Die erste Bedingungsgleichung ist in (11) zuerst aufgetreten; sie betrifft den Fall, dass die Heine'sche Function für $n = 0$ ein geschlossenes Normalintegral ist, was wir im § 2 und § 3 behandelt haben. Es liegt nach der Klassification auf S. 117 eine besondere Art des Bruns'schen Falles vor. Die zweite Bedingungsgleichung $\varDelta_1 = 0$ ist transcendenter Natur, da jene Determinante (51) unter Abscheidung der ersten Zeile und Colonne bis ins Unendliche fortzusetzen und alsdann $n = 0$ zu setzen ist. Es liegt der eigentliche Brunssche Fall vor, so dass beide Fälle hier nebeneinander für $n = 0$ bestehen. In derselben Weise haben wir für $n = 1 (\nu = 2)$, für $n = 2 (\nu = 3)$ zu deduciren. In dem einen Falle kommen wir auf das System (11) von algebraischen Bedingungsgleichungen und zu geschlossenen Normalintegralen (18), — also der besondere Brunssche Fall — in dem anderen kommen wir zu transcendenten Bedingungsgleichungen, damit das logarithmische Glied in (54) verschwindet — es ist der eigentliche Bruns'sche Fall. Als Potenzreihen von v_1 brechen die Reihen (43) in keinem der verschiedenen Fälle ab; nur in dem besonderen Brunsschen Falle ist das Product $\bar{y}_1 . y_2$ eine ganze Function und zwar von s.

Da wegen Gleichung (7) $\nu = n + 1$ ist, so ist im Falle $\nu = 0$ für n die Zahl (-1) zu setzen. Soll nun aus (54) für $\nu = 0$ das logarithmische Glied verschwinden, so muss in der vollen Determinante $\varDelta$ gesetzt werden $n = -1$, und alsdann muss sie selbst gleich Null sein; dies führt, da die Determinante unendlich viele Zeilen und Colonnen hat, zu einer transcendenten Bedingungsgleichung; daher das Resultat: Für $\nu = 0 (n = -1)$ bedeutet das Verschwinden von B das Eintreten des eigentlichen Bruns'schen Falles, der hier der einzig mögliche ist. Die „Heine'sche Function für $\nu = 0$“

entspricht also der Function des elliptischen Cylinders, wo wir dasselbe oben nachgewiesen haben.

§ 8.

Die soeben gegebenen Entwickelungen müssen nun noch dahin vervollständigt werden, dass wir y auch nach Potenzen von

$$v=\sqrt{s}=\frac{\varepsilon}{\sin(\varepsilon u)} \tag{58}$$

aufsteigen lassen. Dazu werde v als neue Variable in (1) eingeführt, so ergiebt sich:

$$v^4(v^2-\varepsilon^2)\frac{d^2y}{dv^2}+v^3(3v^2-2\varepsilon^2)\frac{dy}{dv}-\left\{(\nu^2-1)v^4-\left(\mu^2-\frac{\varepsilon^2}{4}\right)v^2+\lambda^2\alpha^2\right\}y=0. \tag{59}$$

Durch die im fünften Theile gegebene Methode ermittelt man, dass

$$y=e^{\pm\frac{\lambda\alpha i}{\varepsilon}\frac{1}{v}}\psi \tag{60}$$

zu setzen ist, wo ψ der Differentialgleichung genügt:

$$\left\{\begin{aligned}&v^2(v^2-\varepsilon^2)\frac{d^2\psi}{dv^2}+\left(3v^3\mp\frac{2\lambda\alpha i}{\varepsilon}v^2-2\varepsilon^2v\pm2\lambda\alpha i\varepsilon\right)\frac{d\psi}{dv}\\&\qquad-\left\{(\nu^2-1)v^2\pm\frac{\lambda\alpha i}{\varepsilon}v-\left(\mu^2-\frac{\varepsilon^2}{4}-\frac{\lambda^2\alpha^2}{\varepsilon^2}\right)\right\}\psi=0.\end{aligned}\right. \tag{61}$$

Wir trennen noch von ψ den Factor $\frac{1}{\sqrt[4]{v^2-\varepsilon^2}}$ ab und substituiren:

$$\psi=\frac{\chi}{\sqrt[4]{v^2-\varepsilon^2}}, \tag{62}$$

so ist χ ein Integral der Differentialgleichung:

$$\left\{\begin{aligned}&v^2(v^2-\varepsilon^2)^2\frac{d^2\chi}{dv^2}+2(v^2-\varepsilon^2)^2\left(v\mp\frac{\lambda\alpha i}{\varepsilon}\right)\frac{d\chi}{dv}\\&-\left\{(\nu^2-\tfrac{1}{4})v^4+\left(\frac{\lambda^2\alpha^2}{\varepsilon^2}-\mu^2-\frac{\varepsilon^2}{4}-\varepsilon^2\nu^2\right)v^2-\varepsilon^2\left(\frac{\lambda^2\alpha^2}{\varepsilon^2}-\mu^2+\frac{\varepsilon^2}{4}\right)\right\}\chi=0,\end{aligned}\right. \tag{63}$$

welche gewissermassen der Gleichung (35) entspricht.[1])

---

[1]) Für $\nu=\frac{1}{2}$ geht diese Gleichung über in die Gleichung (33) meiner Abhandlung über die Function des elliptischen Cylinders von Ostern 1889.

Wir können derselben durch die Potenzreihe genügen:

(64) $$\chi_1 = a_0 + a_1 v + a_2 v^2 + \cdots + a_p v^p + \cdots,$$

deren Coefficienten durch die Relation zusammenhängen:

(65) $$\left\{\begin{aligned} &[(p-3)(p-4)-(\nu^2-\tfrac{1}{4})]a_{p-4} \mp 2\frac{\lambda a i}{\varepsilon^2}(p-3)a_{p-3} \\ &-\left[2\varepsilon^2(p-1)(p-2)+\frac{\lambda^2 a^2}{\varepsilon^2}-\mu^2-\frac{\varepsilon^2}{4}-\varepsilon^2\nu^2\right]a_{p-2} \\ &\pm 4\lambda a i\varepsilon(p-1)a_{p-1}+\varepsilon^2\left(\frac{\lambda^2 a^2}{\varepsilon^2}-\mu^2+\frac{\varepsilon^2}{4}+\varepsilon^2 p(p+1)\right)a_p \\ &\mp 2\lambda a i\varepsilon^3(p+1)a_{p+1} = 0, \end{aligned}\right.$$

aus welcher man im besonderen ableitet, wenn

(66) $$m = \frac{\lambda^2 a^2}{\varepsilon^2} - \mu^2 + \frac{\varepsilon^2}{4}$$

gesetzt wird,

$$a_1 = \pm \frac{m}{2\lambda a i\varepsilon} a_0,$$

$$a_2 = \frac{m(m+2\varepsilon^2)}{2!(2\lambda a i\varepsilon)^2} a_0,$$

$$a_3 = \pm \frac{m(m+2\varepsilon^2)(m+6\varepsilon^2) - 8\lambda^2 a^2\left(m+\varepsilon^2\nu^2+\frac{\varepsilon^2}{2}\right)}{3!(2\lambda a i\varepsilon)^3} a_0,$$

. . . .

Durch Trennen der unteren und oberen Vorzeichen ergiebt sich daher:

(67) $$\left\{\begin{aligned} \bar{y}_1 = \frac{a_0 e^{\frac{\lambda a i}{\varepsilon}\frac{1}{v}}}{\sqrt[4]{v^2-\varepsilon^2}} &\left\{1+\frac{m}{1!}\left(\frac{v}{2\lambda a i\varepsilon}\right)+\frac{m(m+2\varepsilon^2)}{2!}\left(\frac{v}{2\lambda a i\varepsilon}\right)^2\right. \\ &\left.+\frac{\left\{m(m+2\varepsilon^2)(m+6\varepsilon^2)-8\lambda^2 a^2\left(m+\varepsilon^2\nu^2+\frac{\varepsilon^2}{2}\right)\right\}}{3!}\left(\frac{v}{2\lambda a i\varepsilon}\right)^3+\cdots\right\}, \end{aligned}\right.$$

(68) $$\left\{\begin{aligned} y_1^* = a_0' \frac{e^{-\frac{\lambda a i}{\varepsilon}\frac{1}{v}}}{\sqrt[4]{v^2-\varepsilon^2}} &\left\{1-\frac{m}{1!}\left(\frac{v}{2\lambda a i\varepsilon}\right)+\frac{m(m+2\varepsilon^2)}{2!}\left(\frac{v}{2\lambda a i\varepsilon}\right)^2\right. \\ &\left.-\frac{\left\{m(m+2\varepsilon^2)(m+6\varepsilon^2)-8\lambda^2 a^2\left(m+\varepsilon^2\nu^2+\frac{\varepsilon^2}{2}\right)\right\}}{3!}\left(\frac{v}{2\lambda a i\varepsilon}\right)^3\pm\cdots\right\}. \end{aligned}\right.$$

Zur Ermittelung der zugehörigen zweiten particulären Integrale haben wir zu setzen:

$$\chi_2 = \chi_1 \int \frac{dv}{v^2} \frac{e^{\mp \frac{2\lambda ai}{\varepsilon} \frac{1}{v}}}{\chi_1^2} .$$

Nun ist, wenn für χ_1 die gegebene Potenzreihe eingesetzt wird, das eben niedergeschriebene Integral in der Form darstellbar:

$$(69) \begin{cases} \int \frac{dv}{v^2} \frac{e^{\mp \frac{2\lambda ai}{\varepsilon} \frac{1}{v}}}{\chi_1^2} \\ = C e^{\mp \frac{2\lambda ai}{\varepsilon} \frac{1}{v}} \left(\pm \frac{\varepsilon}{2\lambda ai} + b_1 v + b_2 v^2 + \cdots \right) + B \int \frac{dv}{v} e^{\mp \frac{2\lambda ai}{\varepsilon} \frac{1}{v}}, \end{cases}$$

wo B eine gewisse Constante bedeutet.

Demnach ist:

$$(70) \begin{cases} \chi_2 = \\ e^{\pm \frac{2\lambda ai}{\varepsilon} \frac{1}{v}} (l_0' + l_1' v + l_2' v^2 + \cdots + l_p' v^p + \cdots) + B \chi_1 \int \frac{dv}{v} e^{\mp \frac{2\lambda ai}{\varepsilon} \frac{1}{v}}, \end{cases}$$

welcher Ausdruck in (63) behufs Bestimmung der Coefficienten l' einzuführen ist.

Geschieht dies, so gelangt man zu der Gleichung:

$$(71) \begin{cases} \left[\varepsilon^2 m - \left(\frac{\lambda^2 a^2}{\varepsilon^2} - \mu^2 - \frac{\varepsilon^2}{4} - \varepsilon^2 \nu^2 \right) v^2 - (\nu^2 - \tfrac{1}{4}) v^4 \right] \\ \qquad \times (l_0' + l_1' v + l_2' v^2 + \cdots + l_p' v^p + \cdots) \\ + 2 \left(v \pm \frac{\lambda ai}{\varepsilon} \right) (v^2 - \varepsilon^2)^2 (l_1' + 2 l_2' v + 3 l_3' v^2 + \cdots + p\, l_p' v^{p-1} + \cdots) \\ + (v^2 - \varepsilon^2)^2 (2.1 l_2' v^2 + 3.2 l_3' v^3 + \cdots + p(p-1) l_p' v^p + \cdots) \\ + B (v^2 - \varepsilon^2)^2 (a_0 + 3 a_1 v + 5 a_2 v^2 + \cdots + (2p+1) a_p v^p + \cdots) = 0, \end{cases}$$

in der die Coefficienten a_0, a_1, $a_2 \ldots$ aus (64) zu entnehmen sind. Wird wie früher der Coefficient von v^p gleich Null gesetzt, so erhält man zwischen je sechs der Coefficienten l' die Beziehungsgleichung:

$$(72) \begin{cases} \pm 2\lambda ai \varepsilon^3 (p+1) l_{p+1}' + \varepsilon^2 (m + p(p+1) \varepsilon^2) l_p' \mp 4\lambda ai \varepsilon (p-1) l_{p-1}' \\ - \left[m - \frac{\varepsilon^2}{2} - \varepsilon^2 \nu^2 + 2\varepsilon^2 (p-1)(p-2) \right] l_{p-2}' \pm \frac{2\lambda ai}{\varepsilon} (p-3) l_{p-3}' \\ + [(p-3)(p-4) - (\nu^2 - \tfrac{1}{4})] l_{p-4}' \\ \qquad + B [(2p-7) a_{p-4} - 2\varepsilon^2 (2p-3) a_{p-2} + \varepsilon^4 (2p+1) a_p] = 0, \end{cases}$$

aus welcher im besonderen folgt:

$$
(73)\quad \begin{cases}
l_1' = \mp \dfrac{(m l_0' + B \varepsilon^2 a_0)}{1!(2\lambda \alpha i \varepsilon)}, \\[2ex]
l_2' = \dfrac{m(m+2\varepsilon^2) l_0' - 2 B \varepsilon^2 (m - \varepsilon^2) a_0}{2!(2\lambda \alpha i \varepsilon)^2}, \\[2ex]
l_3' = \mp \dfrac{\left\{ m(m+2\varepsilon^2)(m+6\varepsilon^2) - 8\lambda^2 \alpha^2 \left(m + \dfrac{\varepsilon^2}{2} + \varepsilon^2 \nu^2\right)\right\} l_0' + 3 B \varepsilon^2 (m^2 + 4\varepsilon^4) a_0}{3!(2\lambda \alpha i \varepsilon)^3}, \\
\cdots\cdots\cdots\cdots\cdots\cdots\cdots\cdots
\end{cases}
$$

Deshalb ist

$$
(74)\quad \begin{cases}
\overline{y}_2 = \dfrac{e^{-\frac{\lambda \alpha i}{\varepsilon} \frac{1}{v}}}{\sqrt[4]{v^2 - \varepsilon^2}} \left\{ l_0' - \dfrac{(m l_0' + \overline{B} \varepsilon^2 a_0)}{1!} \left(\dfrac{v}{2\lambda \alpha i \varepsilon}\right) \right. \\[2ex]
\qquad \left. + \dfrac{m(m+2\varepsilon^2) l_0' - 2\overline{B} \varepsilon^2 (m - \varepsilon^2) a_0}{2!} \left(\dfrac{v}{2\lambda \alpha i \varepsilon}\right)^2 \mp \cdots \right\} \\[2ex]
\qquad + \overline{B} \dfrac{e^{\frac{\lambda \alpha i}{\varepsilon} \frac{1}{v}}}{\sqrt[4]{v^2 - \varepsilon^2}} a_0 \left\{ 1 + \dfrac{m}{1!} \left(\dfrac{v}{2\lambda \alpha i \varepsilon}\right) \right. \\[2ex]
\qquad \left. + \dfrac{m(m+2\varepsilon^2)}{2!} \left(\dfrac{v}{2\lambda \alpha i \varepsilon}\right)^2 + \cdots \right\} \displaystyle\int \dfrac{dv}{v} e^{-\frac{2\lambda \alpha i}{\varepsilon} \frac{1}{v}}.
\end{cases}
$$

$$
(75)\quad \begin{cases}
y_2^* = \dfrac{e^{\frac{\lambda \alpha i}{\varepsilon} \frac{1}{v}}}{\sqrt[4]{v^2 - \varepsilon^2}} \left\{ l_0' + \dfrac{(m l_0' + B^* \varepsilon^2 a_0)}{1!} \left(\dfrac{v}{2\lambda \alpha i \varepsilon}\right) \right. \\[2ex]
\qquad \left. + \dfrac{m(m+2\varepsilon^2) l_0' - 2 B^* \varepsilon^2 (m - 2\varepsilon^2) a_0}{2!} \left(\dfrac{v}{2\lambda \alpha i \varepsilon}\right)^2 + \cdots \right\} \\[2ex]
\qquad + B^* \dfrac{e^{-\frac{\lambda \alpha i}{\varepsilon} \frac{1}{v}}}{\sqrt[4]{v^2 - \varepsilon^2}} a_0' \left\{ 1 - \dfrac{m}{1!} \left(\dfrac{v}{2\lambda \alpha i \varepsilon}\right) \right. \\[2ex]
\qquad \left. + \dfrac{m(m+2\varepsilon^2)}{2!} \left(\dfrac{v}{2\lambda \alpha i \varepsilon}\right)^2 \mp \cdots \right\} \displaystyle\int \dfrac{dv}{v} e^{\frac{2\lambda \alpha i}{\varepsilon} \frac{1}{v}}.
\end{cases}
$$

Damit sind auch hier wieder zwei Fundamentalsysteme von Integralen gefunden und wiederum sei auf den besonderen Fall

$$
(76)\qquad \overline{B} = 0 \quad \text{bez.} \quad B^* = 0
$$

aufmerksam gemacht, für welchen die beiden Systeme in ein einziges zusammenfallen.

Indem wir schliessen, hoffen wir die Untersuchung bald durch die Entwickelung der Heine'schen Function in trigonometrische Reihen, die wir auf S. 149 nur andeuteten, vervollständigen zu können.

Verbesserungen.

S. 64, Zeile 11 von oben: es ist jedes Mal ...

S. 107, Zeile 5 von oben: und Bd. 68 mit Recht beruft, so darf das doch im allgemeinen für Stellen der Unbestimmtheit nicht geschehen, denn ...

S. 142 ersetze man die Gleichung (6) durch die Gleichung:

$$(6)\quad \frac{d^2 y}{du^2} - \varepsilon \operatorname{ctg} \varepsilon u \frac{dy}{du} = \left\{ \frac{(\nu^2-1)\varepsilon^2}{\sin^2 \varepsilon u} + \frac{\lambda^2 \alpha^2}{\varepsilon^2} \sin^2 \varepsilon u - \left(\mu^2 - \frac{\varepsilon^2}{4}\right) \right\} y.$$

Bei Fragen zur Produktsicherheit wenden Sie sich bitte an:
If you have any questions regarding product safety,
please contact:

Walter de Gruyter GmbH
Genthiner Straße 13
10785 Berlin
productsafety@degruyterbrill.com